中国电子教育学会高教分会推荐
普通高等教育电子信息类"十三五"课改规划教材

数字电子技术

主　编　吴德刚　陈乾辉
副主编　赵利平　董爱华　晋会杰

西安电子科技大学出版社

内 容 简 介

  本书共包括 6 个项目，由浅入深地介绍了组合逻辑电路和时序逻辑电路的应用，主要内容有表决器的制作与调试、编码显示电路的制作、抢答器的制作与调试、数字时钟的设计、电子秤的制作与调试及综合设计与制作。每一个项目均配有专项理论知识和实际项目的设计与制作部分。

  本书可作为普通高等院校理工科相关专业"数字电子技术"课程的教材，也可供从事电子技术工作的工程技术人员学习参考。

图书在版编目(CIP)数据

数字电子技术/吴德刚，陈乾辉主编 . —西安：西安电子科技大学出版社，2017.12
ISBN 978 - 7 - 5606 - 4677 - 0

Ⅰ. ① 数… Ⅱ. ① 吴… ② 陈… Ⅲ. ① 数字电路—电子技术 Ⅳ. ① TN79

中国版本图书馆 CIP 数据核字(2017)第 251600 号

策　　划　刘小莉
责任编辑　唐小玉　雷鸿俊
出版发行　西安电子科技大学出版社(西安市太白南路 2 号)
电　　话　(029)88242885　88201467　　　邮　　编　710071
网　　址　www.xduph.com　　　　　电子邮箱　xdupfxb001@163.com
经　　销　新华书店
印刷单位　陕西华沐印刷科技有限责任公司
版　　次　2017 年 12 月第 1 版　2017 年 12 月第 1 次印刷
开　　本　787 毫米×1092 毫米　1/16　印张 15.5
字　　数　365 千字
印　　数　1～2000 册
定　　价　32.00 元
ISBN 978 - 7 - 5606 - 4677 - 0/TN

XDUP 4969001 - 1

* * * 如有印装问题可调换 * * *

前　言

高等学校教材是传授知识与培养专业技能的重要工具，既要讲述理论知识，又要突出应用。编者针对当前教材普遍重理论、轻实践的现状，采用项目化教学模式，以项目为载体，介绍数字电子技术的基本理论和应用。

在本书中，项目是理论知识的载体，每个项目又包含若干个任务，具体任务既包含基本理论知识的介绍，又重点涉及实际项目的设计与制作。例如，项目四——数字时钟的设计就包含了两个任务：任务一是该项目所涉及的基本理论知识，如计数器、寄存器、脉冲发生器等；任务二是数字时钟的设计与制作，如设计要求、方案设计、元器件选择、电路仿真等。全书将数字电子技术的组合逻辑电路和时序逻辑电路的应用融合到了 6 个项目之中，避免了重理论、轻实践的弊端，真正体现了教、学、做一体化的全新教学理念。

本书具有以下特点：

· 工程性

（1）实际工程需要证明理论知识的可行性，所以本书强调了应用性分析和设计。

（2）数字电路主要是数字芯片在不同实际工程中的应用，所以本书重点介绍了数字芯片的应用。

· 实践性

（1）常用电子仪器的使用方法。

（2）数字电路芯片的引脚识别。

（3）数字电路芯片的实际应用。

本书共包括 6 个项目，主要内容有表决器的制作与调试、编码显示电路的制作、抢答器的制作与调试、数字时钟的设计、电子秤的制作与调试及综合设计与制作。

本书由商丘工学院吴德刚、陈乾辉担任主编，赵利平、董爱华、晋会杰担任副主编，编写分工如下：项目一"表决器的制作与调试"由陈乾辉编写，项目二"编码显示电路的制作"由晋会杰编写，项目三"抢答器的制作与调试"由董爱华编写，项目四"数字时钟的设计"由吴德刚编写，项目五"电子秤的制作与调试"和项目六"综合设计与制作"由赵利平编写。

由于编者水平有限，书中内容难免存在不够妥善之处，希望读者，特别是使用本书的教师和同学积极提出批评与改进意见，以便今后修订完善。

编　者
2017 年 9 月

目　　录

绪论 ………………………………………………………………………… 1

项目一　表决器的制作与调试 ……………………………………………… 3

　任务一　数制与编码 ………………………………………………………… 3

　　一、数制 ………………………………………………………………… 3

　　二、不同数制间的相互转换 …………………………………………… 5

　　三、几种常用的编码 …………………………………………………… 7

　任务二　逻辑代数及应用 ………………………………………………… 8

　　一、基本逻辑关系 ……………………………………………………… 9

　　二、逻辑代数的基本公式和定理 …………………………………… 13

　　三、逻辑函数及其表示方法 ………………………………………… 15

　　四、逻辑函数几种表示方法之间的转换 …………………………… 17

　　五、逻辑函数的化简方法 …………………………………………… 19

　任务三　基本逻辑门电路 ………………………………………………… 31

　　一、半导体二极管、三极管和 MOS 管的开关特性 ……………… 31

　　二、分立元器件门电路 ……………………………………………… 36

　　三、CMOS 集成门电路 ……………………………………………… 38

　　四、TTL 集成门电路 ………………………………………………… 41

　任务四　组合逻辑电路 …………………………………………………… 47

　　一、组合逻辑电路的分析方法 ……………………………………… 47

　　二、组合逻辑电路的设计方法 ……………………………………… 50

　　三、组合逻辑电路中的竞争冒险 …………………………………… 53

　任务五　项目设计 ………………………………………………………… 55

　　一、概述 ……………………………………………………………… 55

　　二、设计任务和要求 ………………………………………………… 56

　　三、设计方案分析 …………………………………………………… 56

　　四、设计步骤 ………………………………………………………… 56

　　五、安装注意事项 ……………………………………………… 58

　　六、表决器的调试 ……………………………………………… 58

　习题 …………………………………………………………………… 59

项目二　编码显示电路的制作 ………………………………………… 61

　任务一　常用组合逻辑器件介绍 ………………………………… 61

　　一、编码器 ……………………………………………………… 61

　　二、译码器 ……………………………………………………… 67

　　三、数据选择器 ………………………………………………… 73

　　四、数据分配器 ………………………………………………… 75

　　五、加法器 ……………………………………………………… 76

　　六、数值比较器 ………………………………………………… 79

　任务二　编码显示电路的设计 …………………………………… 82

　　一、概述 ………………………………………………………… 82

　　二、设计任务及要求 …………………………………………… 82

　　三、设计方案 …………………………………………………… 82

　　四、显示电路的设计 …………………………………………… 82

　习题 …………………………………………………………………… 84

项目三　抢答器的制作与调试 ………………………………………… 85

　任务一　触发器概述 ……………………………………………… 85

　　一、分立元件触发器 …………………………………………… 86

　　二、集成基本触发器 …………………………………………… 89

　任务二　几种触发器介绍 ………………………………………… 92

　　一、RS 触发器 ………………………………………………… 92

　　二、JK 触发器 ………………………………………………… 96

　　三、D 触发器 …………………………………………………… 98

　　四、集成触发器的主要参数与逻辑功能转换 ………………… 100

　　五、触发器的应用 ……………………………………………… 102

　任务三　项目设计 ………………………………………………… 111

　　一、数字抢答器的逻辑电路设计 ……………………………… 111

　　二、制作 ………………………………………………………… 117

　　三、调试 ………………………………………………………… 123

　习题 …………………………………………………………………… 124

项目四　数字时钟的设计 ··· 127

　　任务一　常用时序逻辑器件 ··· 127

　　　一、计数器 ··· 127

　　　二、寄存器 ··· 153

　　　三、移位寄存器型计数器 ··· 161

　　　四、顺序脉冲发生器 ··· 164

　　　五、单稳态触发器 ··· 168

　　　六、施密特触发器 ··· 171

　　　七、555 定时器 ··· 173

　　任务二　项目设计 ··· 176

　　　一、设计要求 ··· 176

　　　二、方案设计 ··· 176

　　　三、元器件选择 ··· 179

　　　四、电路仿真 ··· 181

　　习题 ··· 182

项目五　电子秤的制作与调试 ··· 184

　　任务一　D/A 和 A/D 转换器概述 ····································· 184

　　　一、D/A 转换 ··· 184

　　　二、A/D 转换 ··· 187

　　任务二　D/A 和 A/D 转换器分析 ····································· 191

　　　一、D/A 转换器分析 ··· 191

　　　二、A/D 转换器分析 ··· 191

　　　三、典型例题 ··· 191

　　任务三　项目设计 ··· 200

　　　一、概述 ··· 200

　　　二、设计任务和要求 ··· 201

　　　三、设计方案分析 ··· 201

　　　四、总原理图及元器件清单 ······································· 211

　　　五、安装与调试 ··· 214

　　习题 ··· 215

项目六　综合设计与制作 ··· 216

　　任务一　通信数据检测电路 ··· 216

一、串行输入序列脉冲检测电路设计方案的论证 ·········· 216

二、各串行输入序列脉冲检测电路单元电路的设计 ·········· 217

三、整体电路设计 ·· 220

四、电路设计总结 ·· 220

任务二　门铃设计 ·· 220

一、常见的几种实用门铃 ······································ 221

二、电路的设计与工作原理 ···································· 223

三、电路的调试 ·· 224

四、总结 ·· 225

任务三　温度检测电路的设计与装调 ···························· 226

一、电路方框图 ·· 226

二、单元电路设计和器件选择 ·································· 226

三、整机电路及其工作原理介绍 ································ 229

四、电路的组装调试 ·· 230

任务四　循环流水灯的制作 ······································ 230

一、循环流水灯的逻辑电路设计 ································ 231

二、流水灯的各部分电路设计 ·································· 232

三、总体电路 ·· 236

四、组装及调试过程 ·· 238

习题 ·· 239

参考文献 ·· 240

绪　　论

在电子技术中，电子电路可分为模拟电路和数字电路两大类。模拟电路是传输和处理模拟信号的电路；数字电路是传输和处理数字信号的电路。模拟信号是指在时间和数值上都连续变化的信号，如交流放大电路的电信号；数字信号是指在时间和数值上都不连续变化的离散的脉冲信号。

数字电路的功能是利用数字信号实现电路参数的测量、运算、控制等。电子计算机、数字式仪表、工业逻辑系统和通信、数字控制装置等都是以数字电路为基础，利用数字电路的逻辑控制关系实现和逻辑控制有关的各种门电路。

1. 数字信号与数字电路

数字信号是脉冲信号，持续时间短暂。在数字电路中，最常见的数字信号是矩形波和尖顶波。数字电路通常是根据脉冲信号的有无、个数、频率、宽度来进行工作的，而与脉冲幅度无关，所以抗干扰能力强，准确度高。虽然数字信号的处理电路比较复杂，但信号本身波形十分简单，只有有或无两种状态，在电路中具体表现为高电位和低电位(通常用 1 和 0 表示)。用于数字电路的晶体管不是工作在放大状态而是工作在开关状态，要么饱和导通，要么截止，因此制作时要求低、功耗小，易于集成化。随着数字集成电路制作技术的发展，数字电路获得了广泛的应用。数字电路中广泛采用二进制计数，其优点是：只有两个状态，容易实现；运算法则简单。

2. 数字电路的分类

1) 根据电路结构进行分类

根据电路结构的不同，数字电路可分为分立元件电路和集成电路。分立元件电路是将晶体管、电阻、电容等元器件用导线在线路板上连接起来的电路；集成电路则是将上述元器件和导线通过半导体制造工艺做在一块硅片上而成为一个不可分割的整体电路。

2) 根据半导体的导电类型进行分类

根据半导体的导电类型的不同，数字电路可分为双极型数字集成电路和单极型数字集成电路。双极型数字集成电路以双极型晶体管作为基本器件，例如 TTL、ECL；单极型数字集成电路则以单极型晶体管作为基本器件，例如 CMOS。

3) 根据集成密度进行分类

根据集成电路规模的大小，数字电路可分为小规模集成电路(SSI)、中规模集成电路(MSI)、大规模集成电路(LSI)和超大规模集成电路(VLSI)，分类的依据是一片集成电路芯片上包含的逻辑门个数或元件个数。

小规模集成电路(Small Scale Integration，SSI)通常是指含逻辑门数小于 10 门(或含元件数小于 100 个)的数字电路；中规模集成电路(Medium Scale Integration，MSI)通常是指含逻辑门数为 10 门～99 门(或含元件数为 100 个～999 个)的数字电路；大规模集成电路(Large Scale Integration，LSI)通常是指含逻辑门数为 100 门～9999 门(或含元件数为 1000 个～99 999 个)的数字电路；超大规模集成电路(Very Large Scale Integration，VLSI) 通常是指含逻辑门数大于 10 000 门(或含元件数大于 100 000 个)的数字电路。

3. 数字电路的特点

(1) 数字电路中的晶体管工作在饱和或截止状态。

(2) 数字电路是根据信号的有无、个数、宽度和频率进行工作的，其准确度高，抗干扰 能力强。

(3) 数字电路研究电路的输入与输出之间的逻辑关系，采用逻辑代数的分析方法。

(4) 数字电路具有便于高度集成化、工作可靠性高、抗干扰能力强和保密性好等优点。

项目一　表决器的制作与调试

【问题导入】

在中国达人秀比赛中，选手表演结束后，由三位评委按一下自己面前的按钮来决定是否同意选手晋级。当两位及两位以上评委按下按钮时，表明选手成功晋级。如何设计这一电路？

【学习目标】

(1) 了解常见的几种数制以及相互之间的转换方法。

(2) 掌握逻辑代数的基本概念、公式和定理。

(3) 掌握逻辑函数的化简方法。

(4) 掌握几种常见逻辑函数的表示方法及其相互间的转换方法。

(5) 掌握逻辑门电路的工作原理。

(6) 掌握逻辑电路的分析和设计方法。

【技能目标】

(1) 学会数字集成电路的资料查阅、识别及选用方法。

(2) 能熟练使用电子仪表对集成电路的质量进行检查。

(3) 掌握表决器的安装、调试与检测方法。

(4) 掌握数字电路的故障检修方法。

任务一　数 制 与 编 码

数制是计数进位制的简称。在人们的日常生活和工作中，最常使用的是十进制进位计数制。而在数字系统和计算机中，只能识别"0"和"1"构成的数码，所以通常采用二进制数；有时也采用十六进制数或八进制数。这种多位数码的构成方式以及从低位到高位的进位规则称为数制。

一、数制

（一）十进制

十进制数由 0、1、2、3、4、5、6、7、8、9 十个数码构成。数制中用于表示数量特征的数为基数。任何一个十进制数都可以用这十个数码中的一个或几个按一定规律排列起来表示，其基数为十。超过 9 的数需要用多位数表示，其进位规则是"逢十进一"，故称为十进制。

因此，每一数码处于不同位置时，所代表的数值不同。n 位十进制数中，第 i 位所表示的数值就是处在第 i 位的数字乘上基数的 i 次幂（第 i 位的位权）。

例如：

$$(3568.29)_{10} = 3 \times 10^3 + 5 \times 10^2 + 6 \times 10^1 + 8 \times 10^0 + 2 \times 10^{-1} + 9 \times 10^{-2}$$

式中，10^3、10^2、10^1 和 10^0 分别为千位、百位、十位和个位数码的权，而小数点以右数码的权值是 10 的负幂。

任意一个正的十进制数 D 都可表示为

$$D = \sum k_i \times 10^i \tag{1-1}$$

式中：k_i 为基数"10"的第 i 次幂的系数，它可以是 0~9 中任何一个数字；10^i 为第 i 位位权；$k_i \times 10^i$ 为第 i 位的数值。

若将式(1-1)中的 10 用字母 N 来代替，就可以得到任意进制数的表达式：

$$D = \sum k_i \times N^i \tag{1-2}$$

式中，k_i 为基数"N"的第 i 次幂的系数，它可以是 0~($N-1$)中任何一个数字。

(二) 二进制

二进制数在数字电路和计算机系统中应用最为广泛。在二进制数中，只有 0 和 1 两个数码，所以计数基数为 2。低位和相邻高位间的进位规则是"逢二进一"，故称为二进制。

根据式(1-2)，任意二进制数均可表示为

$$D = \sum k_i \times 2^i \tag{1-3}$$

式中，k_i 为基数"2"的第 i 次幂的系数，它可以是 0 或 1。

通过式(1-3)可以计算出一个二进制数所表示的十进制数的大小。

例如：

$$(1011.01)_B = 1 \times 2^3 + 0 \times 2^2 + 1 \times 2^1 + 1 \times 2^0 + 0 \times 2^{-1} + 1 \times 2^{-2} = (11.25)_D$$

式中，分别使用下脚注 B(Binary) 和 D(Decimal) 表示括号里的数是二进制数和十进制数，也可用 2 和 10 分别代替 B 和 D 这两个脚注。

二进制只有 0 和 1 两个数码，基本运算规则简单。不过，由于二进制数"逢二进一"的进位规则，当用二进制表示一个数时，位数太多，不便于书写和阅读，因此，通常在书写和阅读时采用十进制数。在数字电路和计算机系统中可将十进制数转换成数字系统能接受的二进制数，经运算处理后再转换成十进制数输出。

另外，二进制数的每一位只有两个状态，可表示任何具有两个不同稳定状态的元件，如开关的断开和闭合、三极管的饱和和截止、灯的亮与不亮、是与非等。只要规定其中一种状态表示 1，另一种状态表示 0，就可以将二进制数用于数码的存储、传输和分析。

(三) 八进制

由于二进制数使用时位数较多，不便于书写和阅读，因此在数字电路和计算机中常采用八进制和十六进制表示二进制数。

在八进制数中，每一位用 0~7 八个数字表示，所以计数基数为 8。低位和相邻高位间的进位规则是"逢八进一"，故称为八进制。

根据式(1-2)，任意八进制数均可表示为

$$D = \sum k_i \times 8^i \tag{1-4}$$

式中，k_i 为基数"8"的第 i 次幂的系数，它可以是 0~7 中任何一个数字。

通过式(1-4)可以计算出一个八进制数所表示的十进制数的大小。

例如：

$$(27.6)_8 = 2 \times 8^1 + 7 \times 8^0 + 6 \times 8^{-1} = (23.75)_{10}$$

式中，使用下脚注 8 表示括号里的数是八进制数，也可用 O(Octal)代替脚注 8。

（四）十六进制

十六进制数由 0、1、2、3、4、5、6、7、8、9、A(10)、B(11)、C(12)、D(13)、E(14)、F(15)十六个数码构成。因此，任意十六进制数均可表示为

$$D = \sum k_i \times 16^i \tag{1-5}$$

式中，k_i 为基数"16"的第 i 次幂的系数，它可以是 0～F 中任何一个数字。

通过式(1-5)可以计算出一个十六进制数所表示的十进制数的大小。

例如：

$$(6B.C)_{16} = 6 \times 16^1 + B \times 16^0 + C \times 16^{-1} = (107.75)_{10}$$

二、不同数制间的相互转换

（一）十-二转换

由上述介绍可知，同一个数可以有不同的表示形式。若将二进制数按式(1-3)展开，可以得到等值的十进制数。将二进制数转换为等值的十进制数称为二-十转换。同理，十-二转换就是将十进制数转换为等值的二进制数。

首先讨论整数的转换，其转换方式如下：

(1) 假定十进制数为$(N)_{10}$，等值的二进制数为$(b_n b_{n-1} \cdots b_0)_2$，由式(1-3)可知

$$(N)_{10} = b_n \times 2^n + b_{n-1} \times 2^{n-1} + \cdots + b_1 \times 2^1 + b_0 \times 2^0 \tag{1-6}$$

式中，b_n、b_{n-1}、$\cdots$、b_1、b_0 为二进制各位数字。

(2) 将等式两边分别除以 2，则得到$(N)_{10}$的商为 $b_n \times 2^{n-1} + b_{n-1} \times 2^{n-2} + \cdots + b_1$，而余数为 b_0。

将式(1-6)得到的商写成

$$b_n \times 2^{n-1} + b_{n-1} \times 2^{n-2} + \cdots + b_1 = 2(b_n 2^{n-2} + b_{n-1} 2^{n-3} + \cdots + b_2) + b_1 \tag{1-7}$$

由式(1-7)可知，若将$(N)_{10}$除以 2 的商再除以 2，则所得余数为 b_1。

(3) 依此类推，将十进制整数每除以一次 2，就根据余数求得二进制数的 1 位数字，连续除以 2 直到商为 0，所得余数由低位到高位排列，即可得到该十进制数等值的二进制数。

例如，将$(39)_{10}$转化为二进制数的过程如下：

$$
\begin{array}{r|l}
2 & 39 \quad \cdots\cdots\cdots\cdots \quad 余1\cdots\cdots b_0 \\
2 & 19 \quad \cdots\cdots\cdots\cdots \quad 余1\cdots\cdots b_1 \\
2 & 9 \quad \cdots\cdots\cdots\cdots \quad 余1\cdots\cdots b_2 \\
2 & 4 \quad \cdots\cdots\cdots\cdots \quad 余0\cdots\cdots b_3 \\
2 & 2 \quad \cdots\cdots\cdots\cdots \quad 余0\cdots\cdots b_4 \\
2 & 1 \quad \cdots\cdots\cdots\cdots \quad 余1\cdots\cdots b_5 \\
& 0
\end{array}
$$

故 $(39)_{10}=(100111)_2$

若熟记 $2^0\sim2^{10}$ 的数值为 $1\sim1024$，则可用降幂比较法获得一个十进制数的二进制转换值。

例如：

$$(26)_{10}=16+8+2=2^4+2^3+2^1=(11010)_2$$

其次讨论小数的转换，其转换方式如下：

(1) 若 $(N)_{10}$ 为十进制小数，对应的二进制小数为 $(0.b_{-1}b_{-2}\cdots b_{-m})_2$，则 $(N)_{10}$ 可写成

$$(N)_{10}=b_{-1}\times2^{-1}+b_{-2}\times2^{-2}+\cdots+b_{-m}\times2^{-m}$$

式中，b_{-1}、b_{-2}、$\cdots$、b_{-m} 为二进制各位数字。

(2) 将等式两边分别乘以 2，得到

$$2(N)_{10}=b_{-1}+(b_{-2}\times2^{-1}+b_{-3}\times2^{-2}+\cdots+b_{-m}\times2^{-m+1}) \tag{1-8}$$

由式(1-8)可知，将小数 $(N)_{10}$ 乘以 2 所得乘积的整数部分为 b_{-1}。

同理，将式(1-8)的小数部分再乘以 2，可得

$$2(b_{-2}\times2^{-1}+b_{-3}\times2^{-2}+\cdots+b_{-m}\times2^{-m+1})=b_{-2}+(b_{-3}\times2^{-1}+\cdots+b_{-m}\times2^{-m+2})$$

$$\tag{1-9}$$

由式(1-9)可知，$(N)_{10}$ 乘以 2 的小数部分再乘以 2 的整数部分是 b_{-2}。

(3) 不难推知，将每次乘以 2 后所得小数部分再乘以 2，直到满足误差要求进行"四舍五入"为止，就可完成十进制小数和二进制小数的转换。

例如，将 $(0.875)_{10}$ 化为二进制数的过程如下：

$$0.875\times2=1.75 \quad\cdots\cdots\quad b_{-1}=1$$
$$0.75\times2=1.5 \quad\cdots\cdots\quad b_{-2}=1$$
$$0.5\times2=1.0 \quad\cdots\cdots\quad b_{-3}=1$$

故 $(0.875)_{10}=(0.111)_2$

(二) 二-八转换

二-八转换就是将二进制数转换为等值的八进制数。3 位二进制数的 8 个状态恰好相当于 1 位八进制数的 8 个不同的数码，因此在把二进制数转换为八进制数时，只需将二进制数的整数部分从低位(2^0)每 3 位分为一组，不足高位补 0；小数部分则是从高位到低位每 3 位分为一组，不足低位补 0，并把每一组用一位八进制数代替即可。

例如，将 $(1101110011.10011101)_2$ 转换为八进制数的过程如下：

$$(001 \quad 101 \quad 110 \quad 011 \ . \ 100 \quad 111 \quad 010)_2$$
$$\downarrow \quad\quad \downarrow \quad\quad \downarrow \quad\quad \downarrow \quad\quad\quad \downarrow \quad\quad \downarrow \quad\quad \downarrow$$
$$=(1 \quad 5 \quad 6 \quad 3 \ . \ 4 \quad 7 \quad 2)_8$$

(三) 八-二转换

将八进制数转换为等值的二进制数就是八-二转换。转换过程比较简单，只要将八进制数的每一位以等值二进制数代替即可。

例如，将 $(5362.471)_8$ 转换为二进制数的过程如下：

$$(5 \quad 3 \quad 6 \quad 2 \ . \ 4 \quad 7 \quad 1)_8$$
$$\downarrow \quad\quad \downarrow \quad\quad \downarrow \quad\quad \downarrow \quad\quad\quad \downarrow \quad\quad \downarrow \quad\quad \downarrow$$
$$=(101 \quad 011 \quad 110 \quad 010 \ . \ 100 \quad 111 \quad 001)_2$$

（四）二-十六转换

同二-八转换，将二进制数转换为等值的十六进制数称为二-十六转换。4 位二进制数的 16 个状态恰好相当于 1 位十六进制数的 16 个不同的数码，因此将二进制数转换为十六进制数时，只要将二进制数的整数部分从右到左每 4 位一组，不足高位补 0；小数部分从左到右每 4 位一组，不足低位补 0，并把每一组用一位十六进制数代替即可。

例如，将 $(1011110011.10101101)_2$ 转换为十六进制数的过程如下：

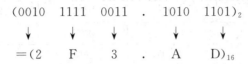

$$(0010 \quad 1111 \quad 0011 \quad . \quad 1010 \quad 1101)_2$$
$$= (2 \quad F \quad 3 \quad . \quad A \quad D)_{16}$$

（五）十六-二转换

与八-二转换相仿，将十六进制数转换为等值的二进制数就是十六-二转换。转换过程同样比较简单，只要将十六进制数的每一位以等值 4 位二进制数代替即可。

例如，将 $(5E6F.4B1)_{16}$ 转换为二进制数的过程如下：

$$(5 \quad E \quad 6 \quad F \quad . \quad 4 \quad B \quad 1)_{16}$$
$$= (0101 \quad 1110 \quad 0110 \quad 1111 \quad . \quad 0100 \quad 1011 \quad 0001)_2$$

三、几种常用的编码

以一定的规则编制代码，用以表示十进制数值、字母、符号等的过程称为编码。将代码还原成所表示的十进制数、字母、符号等的过程称为解码或译码。若所需编码的信息为 N 项，则需要的二进制数码的位数 n 满足 $2^{n-1} \leqslant N \leqslant 2^n$。

（一）二-十进制码

在数字系统中，不仅仅要处理数值信息，还要处理包括控制符在内的很多文字符号。与数值信息的标识方法类似，文字符号信息亦采用二进制码表示，这种用二进制数表示文字、符号等信息的过程称为二进制编码。用来进行编码的二进制数称为二进制代码。

在日常生活中用得最多的是十进制代码，但二进制数用电路实现较易。为了用二进制代码表示 0～9 这十个状态，则至少应当有 4 位二进制代码。4 位二进制代码有 16 种（0000～1111）不同的组合方式，即 16 种代码。二-十进制码就是用 4 位二进制数来表示 1 位十进制数的 0～9 十个数码，即二进制编码的十进制码（Binary Coded Decimal，BCD 码），然后根据不同的规则从中选择 10 种以表示十进制的 10 个数码。表 1-1 中列出了编码规则不同的几种 BCD 码。

1. 有权 BCD 码

8421 码是最常见的有权 BCD 码。在这种编码方式中，每一位二值代码的 1 都代表一个固定数值。将每一位的 1 代表的十进制数加起来的结果就是它所代表的十进制数码，正好是 4 位自然二进制数 0000(0)～1111(15)16 种组合中的前 10 种组合，即 0000(0)～1001(9)；后 6 种组合无效。由于代码中从左到右每一位的 1 分别表示 8、4、2、1，因此这种代码称为 8421BCD 码。由于编码中每位的值是固定不变的，所以该码是有权码。

表 1 - 1　几种常见的 BCD 码

十进制数	有权码			无权码	
	8421 码	2421 码	5211 码	余 3 码	余 3 循环码
0	0000	0000	0000	0011	0010
1	0001	0001	0001	0100	0110
2	0010	0010	0100	0101	0111
3	0011	0011	0101	0110	0101
4	0100	0100	0111	0111	0100
5	0101	1011	1000	1000	1100
6	0110	1100	1001	1001	1101
7	0111	1101	1100	1010	1111
8	1000	1110	1101	1011	1110
9	1001	1111	1111	1100	1010

2421 码也是有权码，对应高位到低位的权值分别为 2、4、2、1。从表 1 - 1 中可以看出，它的 0 和 9、1 和 8、2 和 7、3 和 6、4 和 5 互为反码，即任意一个十进制数 N 的代码各位取反，所得代码正好表示 N 的 9 的补码（$9-N$ 的代码）。

5211 码是另一种有权码，它各位的权值依次为 5、2、1、1。

综上所述，三种有权码的十进制数与二进制数之间满足：

$$(N)_D = W_3 b_3 + W_2 b_2 + W_1 b_1 + W_0 b_0$$

其中，$W_3 \sim W_0$ 为二进制码各位的权。

2. 无权 BCD 码

余 3 码是无权码。当两个十进制的和是 10 时，相应的二进制正好是 16，可自动产生进位信号，而不需修正。1 和 9、2 和 8、……、6 和 4 的余 3 码互为反码，求 10 的补码很方便。

余 3 循环码是一种变权码。相邻的两个代码之间仅一位的状态不同。按余 3 循环码组成计数器时，每次转换过程只有一个触发器翻转，译码时不会发生竞争-冒险现象。

（二）ASCII 码

ASCII 码是国际标准化组织认定的国际通用的标准代码，由 7 位二进制代码组成，共 128 个，可以表示大、小写英文字母，十进制数，标点符号，运算符号，控制符号等，普遍用于计算机的键盘指令输入和数据等。

任务二　逻辑代数及应用

数字电路是一种开关电路，输入、输出量是高、低电平，可以用二值变量（取值只能为 0、1）来表示。输入量和输出量之间的关系是一种逻辑上的因果关系。仿效普通函数的概念，数字电路可以用逻辑函数的数学工具来描述。

逻辑代数又称布尔代数，是分析和设计逻辑电路时常用的数学工具，其变量用字母表示。与普通代数不同，逻辑代数中的变量只有 0 和 1 两个可取值，分别用来表示两个对立的逻辑状态，如电平的高低、开关的闭合和断开、电机的启动和停止、电灯的亮和灭等。这种只有两种对立逻辑状态的逻辑关系，称为二值逻辑。

逻辑代数是布尔代数在数字电路中二值逻辑的应用，是由英国数学家乔治·布尔（George Boole）提出的，起初用于逻辑运算，后来用在数字电路中，被称为开关代数或逻辑代数，是逻辑函数的基础。

用二进制数码"0"和"1"表示二值逻辑，并按某种因果关系进行运算，就称为逻辑运算。最基本的三种逻辑运算为"与""或""非"。由于运算是一种函数关系，因此我们既可以用语言来描述，亦可以用逻辑代数来描述，还可以用表格或图形来描述。其描述方式有逻辑函数表达式、真值表、逻辑图、卡诺图、波形图和硬件描述语言（VHDL）等。

一、基本逻辑关系

（一）与运算

与运算也称逻辑乘或逻辑与，其逻辑关系为：当一事件的所有条件都满足时，事件才会发生，即"缺一不可"。

图 1-1 所示电路为一简单与逻辑电路，两个串联开关控制一盏灯的状态。只有开关 A 和 B 同时闭合，灯才会亮；只要开关 A 和 B 有一个断开或者两个均断开，灯都不会亮。电路的与逻辑运算功能表如表 1-2 所示。若开关闭合用"1"表示，断开用"0"表示，灯亮用"1"表示，灯灭用"0"表示，即逻辑赋值，则可得到与逻辑运算的输入、输出的逻辑关系，称为真值表。真值表即为经过设定变量和状态赋值后，得到的反映输入变量与输出变量之间因果关系的数学表达形式，如表 1-3 所示。

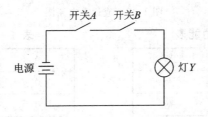

图 1-1 与运算电路图

表 1-2 与运算功能表

A	B	Y
断	断	灭
断	合	灭
合	断	灭
合	合	亮

表 1-3 与运算真值表

A	B	Y
0	0	0
0	1	0
1	0	0
1	1	1

由表 1-3 可知，电路的逻辑服从"有 0 出 0，全 1 为 1"的规律，其逻辑表达式为

$$Y = A \cdot B \text{ 或 } Y = AB \tag{1-10}$$

式中，"·"表示 A 与 B 的与运算，也称逻辑乘。书写时表示与或乘的符号"·"常省略。

若有 n 个逻辑变量做与运算，则逻辑表达式为

$$Y=A_1A_2\cdots A_n$$

能实现与运算的逻辑电路称为与门，其逻辑符号如图 1-2 所示。

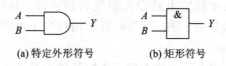

(a) 特定外形符号　　　　(b) 矩形符号

图 1-2　与运算符号

（二）或运算

或运算也称逻辑加或逻辑或，其逻辑关系为：决定某一事件的诸条件中，只要有一个或一个以上具备，该事件就发生，即"有一即可"。

图 1-3 所示电路为一简单或逻辑电路，两个并联开关控制一盏灯的状态。若开关 A 和 B 同时断开，则灯不会亮；只要开关 A 和 B 有一个闭合，灯就会亮。电路或逻辑运算功能表如表 1-4 所示。若对或运算逻辑赋值，开关闭合用"1"表示，断开用"0"表示，灯亮用"1"表示，灯灭用"0"表示，则可得或逻辑运算的真值表，如表 1-5 所示。

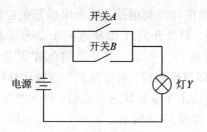

图 1-3　或运算电路图

表 1-4　或运算功能表

A	B	Y
断	断	灭
断	合	亮
合	断	亮
合	合	亮

表 1-5　或运算真值表

A	B	Y
0	0	0
0	1	1
1	0	1
1	1	1

由表 1-5 可知，电路的逻辑服从"有 1 出 1，全 0 为 0"的规律，其逻辑表达式为

$$Y=A+B \qquad\qquad (1-11)$$

若有 n 个逻辑变量做或运算，则逻辑表达式为

$$Y=A_1+A_2+\cdots+A_n$$

能实现或运算的逻辑电路称为或门，其逻辑符号如图 1-4 所示。

(a) 特定外形符号　　　　(b) 矩形符号

图 1-4　或运算符号

（三）非运算

非运算也称逻辑非或逻辑求反，即输出变量是输入变量的相反状态。其逻辑关系为：决定某一事件的条件满足时，事件不发生；反之，事件发生。

图 1-5 所示电路为一简单非逻辑电路，一个开关控制一盏灯状态。开关 A 闭合时灯不会亮，开关 A 断开时灯会亮，其逻辑运算功能表如表 1-6 所示。若对非运算逻辑赋值，开关闭合用"1"表示，断开用"0"表示，灯亮用"1"表示，灯灭用"0"表示，则可得非逻辑运算的真值表，如表 1-7 所示。

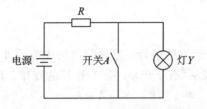

图 1-5　非运算电路图

<table>
<tr><td colspan="2">表 1-6　非运算功能表</td></tr>
<tr><td>A</td><td>Y</td></tr>
<tr><td>断</td><td>亮</td></tr>
<tr><td>合</td><td>灭</td></tr>
</table>

<table>
<tr><td colspan="2">表 1-7　非运算真值表</td></tr>
<tr><td>A</td><td>Y</td></tr>
<tr><td>0</td><td>1</td></tr>
<tr><td>1</td><td>0</td></tr>
</table>

由表 1-7 可知，电路的逻辑服从"有 0 出 1，有 1 出 0"的规律，其逻辑表达式为

$$Y = \overline{A} \tag{1-12}$$

能实现非运算的逻辑电路称为非门，其逻辑符号如图 1-6 所示。

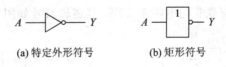

(a) 特定外形符号　　　　(b) 矩形符号

图 1-6　非运算符号

（四）几种常见的逻辑运算

上述的与、或、非运算是最基本的三种逻辑运算。除此之外，根据实际逻辑问题，还经常使用一些由基本逻辑运算组合实现的复合逻辑运算。最常见的复合逻辑运算有与非、或非、与或非、异或、同或等。

1. 与非（NAND）运算

与非运算是与运算和非运算的组合，运算顺序为先与后非，其真值表如表 1-8 所示。由表 1-8 可知，与非逻辑服从"有 0 出 1，全 1 出 0"的规律，其逻辑表达式为

$$Y = \overline{AB} \tag{1-13}$$

能实现与非运算的逻辑电路称为与非门,其逻辑符号如图 1-7 所示。

表 1-8　与非运算真值表

A	B	Y
0	0	1
0	1	1
1	0	1
1	1	0

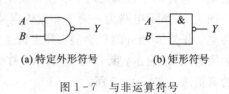

(a) 特定外形符号　　　(b) 矩形符号

图 1-7　与非运算符号

2. 或非(NOR)运算

或非运算是或运算和非运算的组合,运算顺序为先或后非,其真值表如表 1-9 所示。由表 1-9 可知,或非逻辑服从"有 1 出 0,全 0 出 1"的规律,其逻辑表达式为

$$Y=\overline{A+B} \tag{1-14}$$

能实现或非运算的逻辑电路称为或非门,其逻辑符号如图 1-8 所示。

表 1-9　或非运算真值表

A	B	Y
0	0	1
0	1	0
1	0	0
1	1	0

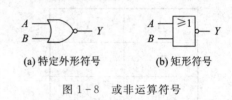

(a) 特定外形符号　　　(b) 矩形符号

图 1-8　或非运算符号

3. 与或非运算

与或非运算是"先与后或再非"三种运算的组合。以四变量为例,其逻辑表达式为

$$Y=\overline{AB+CD} \tag{1-15}$$

式(1-15)说明:当输入变量 A、B 同时为 1 或 C、D 同时为 1 时,输出 Y 才为 0。在工程应用中,与或非运算由与或非门电路来实现,其逻辑符号如图 1-9 所示。与或非运算真值表略。

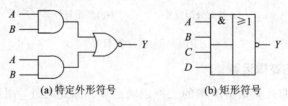

(a) 特定外形符号　　　　　(b) 矩形符号

图 1-9　与或非运算符号

4. 异或运算

异或运算的逻辑关系为:当两个输入状态不同时,输出为 1;而当两个输入状态相同时,输出为 0,其真值表如表 1-10 所示。由表 1-10 可知,异或逻辑服从"相同为 0,不同为 1"的规律。异或运算符号为"⊕",其逻辑表达式为

$$Y=\overline{A}B+A\overline{B}=A\oplus B \tag{1-16}$$

能实现异或运算的逻辑电路称为异或门,其逻辑符号如图 1-10 所示。

表 1-10　异或运算真值表

A	B	Y
0	0	0
0	1	1
1	0	1
1	1	0

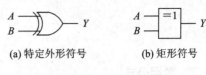

(a) 特定外形符号　　　(b) 矩形符号

图 1-10　异或运算符号

异或运算具有以下 4 种性质:

- 交换律:$A \oplus B = B \oplus A$
- 结合律:$A \oplus (B \oplus C) = (A \oplus B) \oplus C$
- 分配律:$A(B \oplus C) = AB \oplus AC$
- $A \oplus \overline{A} = 1$,$A \oplus A = 0$,$A \oplus 1 = \overline{A}$,$A \oplus 0 = A$

5. 同或运算

同或运算的逻辑关系为:当两个输入状态相同时,输出为 1;而当两个输入状态不同时,输出为 0,其真值表如表 1-11 所示。由表 1-11 可知,同或逻辑服从"相同为 1,不同为 0"的规律。同或运算符号为"$\odot$",其逻辑表达式为

$$Y = AB + \overline{A}\,\overline{B} = A \odot B = \overline{A \oplus B} \tag{1-17}$$

能实现同或运算的逻辑电路称为同或门,其逻辑符号如图 1-11 所示。

表 1-11　同或运算真值表

A	B	Y
0	0	1
0	1	0
1	0	0
1	1	1

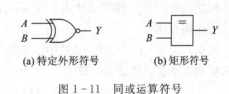

(a) 特定外形符号　　　(b) 矩形符号

图 1-11　同或运算符号

二、逻辑代数的基本公式和定理

(一)基本公式

0、1 律:$A + 0 = A$,$A + 1 = 1$,$A \cdot 1 = A$,$A \cdot 0 = 0$

互补律:$A + \overline{A} = 1$,$A \cdot \overline{A} = 0$

交换律:$A + B = B + A$,$AB = BA$

结合律:$A + B + C = (A + B) + C$,$A \cdot B \cdot C = (A \cdot B) \cdot C$

分配律:$A(B + C) = AB + AC$,$A + BC = (A + B)(A + C)$

同一律:$A + A = A$,$A \cdot A = A$

还原律:$\overline{\overline{A}} = A$

反演律:$\overline{A + B} = \overline{A}\,\overline{B}$,$\overline{AB} = \overline{A} + \overline{B}$

基本公式可以通过证明左右两边等式相等获得，比如分配律 $A+BC=(A+B)(A+C)$ 的证明过程如下：

$$(A+B)(A+C)=AA+AC+AB+BC$$
$$=A+AC+AB+BC$$
$$=A(1+C+B)+BC$$
$$=A+BC$$

（二）常用公式

吸收律：$A+AB=A$，$A(A+B)=A$，$A+\overline{A}B=A+B$，$(A+B)(A+C)=A+BC$

其他常用恒等式：$AB+\overline{A}C+BC=AB+\overline{A}C$，$AB+\overline{A}C+BCD=AB+\overline{A}C$

常用公式可通过列出等式左右两边的函数真值表相同的方法获得，也可通过公式的灵活应用获得，比如 $AB+\overline{A}C+BC=AB+\overline{A}C$ 的证明过程如下：

$$AB+\overline{A}C+BC=AB+\overline{A}C+(A+\overline{A})BC$$
$$=AB+\overline{A}C+ABC+\overline{A}BC$$
$$=AB(1+C)+\overline{A}C(1+B)$$
$$=AB+\overline{A}C$$

（三）基本定理

1. 代入定理

在任何包括变量 A 的逻辑等式中，若用一个函数代替两边出现的某变量 A，则等式仍然成立，这就是所谓的代入定理。

由于变量和函数都有 0 和 1 两种可能状态，因此，用函数取代等式中的变量时，等式自然成立。由于将已知等式中某一变量用任意函数代替后，得到了新的等式，因此扩大了等式的应用范围。

例如，$A(B+C)=AB+AC$ 中，将所有出现 C 的地方都用函数 $Y=D+E$ 代替，根据代入规则，等式仍然成立，即

$$A[B+(D+E)]=AB+AD+AE$$

代入规则同样适合于逻辑代数的基本定律和定理。例如摩根定理 $\overline{A+B}=\overline{A}\ \overline{B}$，将所有出现 B 的位置都用函数 $L=C+D$ 代替左边等式中的变量 B，则 $\overline{A+C+D}=\overline{A}\cdot\overline{C+D}$。由此可推出任意多个变量的摩根定理亦成立。

此外，在进行复杂的逻辑运算时，需遵循与普通代数一样的运算优先级。

2. 反演定理

对于任意一个逻辑函数表达式 Y，若将 Y 中所有的"·"换成"＋"，"＋"换成"·"，"0"换成"1"，"1"换成"0"，原变量换成反变量，反变量换成原变量，那么所得到的表达式就是 Y 的反函数 $\overline{Y}$，这个规则称为反演定理。

逻辑函数表达式中字母上面无反号的变量称为原变量，有反号的变量称为反变量。利用反演定理可以比较容易地求出逻辑函数的反函数。例如 $Y=A(B+C)+CD$，在使用反演定理时，应遵循以下两个原则：

（1）需遵循"先括号，再与运算，后或运算"的运算优先级。

（2）不属于单个变量的非号应保留不变。

例如，若 $Y=\overline{\overline{A\,\overline{B}}+\overline{C+D}+C+0}$，则 $\overline{Y}=\overline{(\overline{A}+B)\cdot\overline{C}\cdot\overline{D}\cdot 1}$；若 $Y=(A+B)(\overline{C}+\overline{D})$，则 $\overline{Y}=\overline{A}\,\overline{B}+CD$。

3. 对偶定理

设 Y 为任一逻辑表达式，若将式中的"·"换成"+"，"+"换成"·"，"0"换成"1"，"1"换成"0"，则得到一个新的表达式 Y^D，这就是 Y 的对偶式，亦可称 Y^D 和 Y 互为对偶式。变换时需保持原式"先括号，然后与，最后或"的运算优先级。

所谓对偶定理，是指逻辑表达相等时，其对偶式亦相等。对偶性也意味着逻辑代数中的逻辑恒等式可以用两种不同的表达式表示，即为了证明两个逻辑式相等，亦可以通过证明它们的对偶式相等来完成。

例如，分配律 $A+BC=(A+B)(A+C)$，可以通过等式两边的对偶式相等来证明。等式左边 $A+BC$ 的对偶式为 $A(B+C)$，等式右边 $(A+B)(A+C)$ 的对偶式为 $AB+AC$。由于 $A(B+C)=AB+AC$，因此 $A+BC=(A+B)(A+C)$ 成立。

三、逻辑函数及其表示方法

（一）逻辑函数

逻辑函数是指以逻辑变量作为输入，以运算结果作为输出的一种函数关系，其表达式为

$$Y=F(A,B,C,\cdots)$$

其中，变量和输出的取值只有 0 和 1 两种状态。因此，这里讨论的函数都是二值逻辑函数。

任何具有因果关系的事件都可以用一个逻辑函数表达式来描述。例如四人表决电路，若以 1 表示同意、0 表示不同意，以 1 表示通过、以 0 表示不通过，则表决结果 Y 是表决人 A、B、C、D 的二值逻辑函数，即

$$Y=F(A,B,C,D)$$

（二）逻辑函数的几种表示方法

常用的逻辑函数表示方法有真值表、逻辑函数表达式、逻辑图、波形图和卡诺图等。这里主要介绍前四种表示方法，卡诺图将在后面的章节介绍。

1. 真值表

将变量的各种可能取值与相应的函数值以表格的形式一一列举出来，即可得到相应的真值表。由于每一个变量都有 0 和 1 两种取值，因此 n 个变量共有 2^n 种组合。将它们按二进制递增顺序排列起来，并在对应位置写上函数值，即可得到逻辑函数的真值表。

真值表以表格形式表示逻辑函数，可以直观明了地表述输入、输出之间的一一对应关系。而当把一个实际逻辑问题抽象为数学表达式时，使用真值表亦是最为方便的。在进行数字电路逻辑功能分析时，常根据真值表描述其逻辑功能；而在数字电路逻辑分析过程中，首先也要列出真值表。

然而，真值表难以用逻辑代数的公式和定理进行运算和变换，而且当变量的个数较多时，列写真值表亦相当繁琐。

以一 T 形走廊为例，设在相会处有一路灯，进入走廊的 A、B、C 三地各有控制开关，且都能独立进行控制。任意闭合一个开关，灯亮；任意闭合两个开关，灯灭；三个开关同时闭合，灯亮。

设 A、B、C 代表三个开关，Y 代表灯。若以 1 表示开关闭合、0 表示开关断开，以 1 表示灯亮、0 表示灯灭，则 A、B、C 取值的 8 种组合分别为 000、001、010、011、100、101、110、111，对应确定输出 Y 的值，则 Y 与 A、B、C 的逻辑函数的真值表如表 1-12 所示。

表 1-12　T 形走廊路灯电路真值表

A	B	C	Y
0	0	0	0
0	0	1	1
0	1	0	1
0	1	1	0
1	0	0	1
1	0	1	0
1	1	0	0
1	1	1	1

2. 逻辑函数表达式

逻辑函数表达式是用与、或、非等运算描述输入与输出之间逻辑关系的代数式。逻辑函数表达式可以用逻辑代数的公式和定理进行运算和变换，书写简洁、方便。然而，当逻辑函数较复杂时，难以直观地从变量取值看出函数值。

以上述 T 形走廊路灯为例，由表 1-12 所示真值表可知，在 A、B、C 的八种不同组合中，只有 001、010、100、111 四种组合才能使灯亮（$Y=1$）。若输入变量为 1 时取其原变量（如 A），输入变量为 0 时取其反变量（如 $\bar{A}$），则这四种组合对应的乘积项 $\bar{A}\bar{B}C$、$\bar{A}B\bar{C}$、$A\bar{B}\bar{C}$、ABC 均为 1，即 $Y=1$。于是可得 T 形走廊路灯电路的逻辑函数表达式：

$$Y=\bar{A}\bar{B}C+\bar{A}B\bar{C}+A\bar{B}\bar{C}+ABC \tag{1-18}$$

由此可知，根据真值表书写逻辑函数表达式的方法为：逻辑变量之间是与的关系，而输出状态之间的组合是或的关系。在输入、输出变量中，凡取 1 值的用原变量表示，取 0 值的用反变量表示。

3. 逻辑图

用基本和常用的逻辑符号表示逻辑函数表达式中各变量的与、或、非等逻辑关系，就可以画出函数的逻辑图。

逻辑图和逻辑函数表达式是一一对应的。逻辑图中的逻辑符号都有与之对应的门电路的实际电路器件存在，因此，逻辑图是比较接近工程实际的。

在实际工作中，为了了解数字系统或数控装置的逻辑功能，常用逻辑图把繁琐的实际电路层次分明地表示出来。而在制作数字设备时，也是通过逻辑图变成实际电路的。然而，逻辑图不能直观地表示逻辑关系，也难以用逻辑代数的公式和定理进行运算与变换。

将式(1-18)中所有的与、或、非运算符号用相应的逻辑符号代替，并按照逻辑运算的先后次序将各个逻辑符号连接起来，可得上述 T 形走廊路灯电路的逻辑图，如图 1-12 所示。

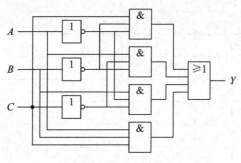

图 1-12　T 形走廊路灯控制逻辑图

4. 波形图

将逻辑函数中输入和输出变量的对应取值随时间按照一定规律变化依次排列起来得到的图形就是波形图，也称为时序图。即在给出输入变量随时间变化的波形后，根据函数中变量之间的对应关系，可以对应地画出输出函数随时间变化的波形。在逻辑分析仪和计算机仿真中会以波形图的形式给出分析结果，可以通过观察波形图检验逻辑电路的正确性。

另外，画波形图时，横坐标是时间轴，纵坐标是变量取值。由于时间是相同的，而变量的取值只有 0 和 1，因此，波形图中都不画坐标轴，但在画具体波形图时，一定要对应起来画。

若用波形图描述式(1-18)的逻辑函数，则只需将表 1-12 给出的输入变量与对应的输出变量取值依时间顺序排列起来，就可以得到 T 形走廊路灯电路的波形图，如图 1-13 所示。

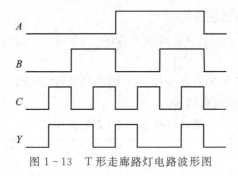

图 1-13　T 形走廊路灯电路波形图

四、逻辑函数几种表示方法之间的转换

（一）真值表和逻辑函数表达式之间的相互转换

1. 真值表转换成逻辑函数表达式

真值表转换成逻辑函数表达式的一般步骤为：首先，找出真值表中使逻辑函数为 1 的那些输入变量取值的组合；其次，每组输入变量取值的组合对应一个乘积项，其中取值为 1 的写入原变量，取值为 0 的写入反变量；最后，将这些乘积项相加，得到真值表对应的逻辑函数表达式。

【例 1-1】 已知一致性电路真值表如表 1-13 所示,试写出其逻辑函数表达式。

表 1-13 一致性电路真值表

A	B	C	Y
0	0	0	1
0	0	1	0
0	1	0	0
0	1	1	0
1	0	0	0
1	0	1	0
1	1	0	0
1	1	1	1

解 由表 1-13 可知,只有当 A、B、C 三个输入变量取值相同时,Y 才为 1。即在输入变量的取值为 $A=0$,$B=0$,$C=0$ 和 $A=1$,$B=1$,$C=1$ 两种情况时,Y 将等于 1。

当 $A=0$、$B=0$、$C=0$ 时,对应的乘积项 $\overline{A}\,\overline{B}\,\overline{C}=1$;而当 $A=1$、$B=1$、$C=1$ 时,对应的乘积项 $ABC=1$。因此,Y 的逻辑函数表达式为

$$Y=\overline{A}\,\overline{B}\,\overline{C}+ABC$$

2. 逻辑函数表达式转换成真值表

逻辑函数表达式转换成真值表相对比较简单,只需将输入变量取值的所有组合状态逐一代入逻辑函数表达式求出对应的函数值,列写成表格,即可得到逻辑函数表达式所对应的真值表。

【例 1-2】 已知逻辑函数表达式为

$$Y=\overline{A}BC+A\overline{B}C+AB\overline{C}$$

求它对应的真值表。

解 将 A、B、C 的各种取值逐一代入 Y 的表达式中进行计算,将计算结果列写成表格,即得到如表 1-14 所示的真值表。

表 1-14 例 1-2 的真值表

A	B	C	Y
0	0	0	0
0	0	1	0
0	1	0	0
0	1	1	1
1	0	0	0
1	0	1	1
1	1	0	1
1	1	1	0

注意：若表达式不是标准与或表达式（以后章节会介绍），如 $Y=\overline{A}+\overline{B}C+AB\overline{C}$，初学时为避免出错，可逐项计算，然后再相加获得输出值。

（二）逻辑函数表达式和逻辑图之间的相互转换

1. 逻辑函数表达式转换成逻辑图

逻辑函数表达式转换成逻辑图的方法为：用逻辑符号代替逻辑函数表达式中的逻辑运算符号，并按照运算优先级将逻辑符号连接起来。

2. 逻辑图转换成逻辑函数表达式

逻辑图转换成逻辑函数表达式的方法为：从逻辑图的输入端到输出端逐级写出每个图形符号的输出表达式，即可得到逻辑图所对应的逻辑函数表达式。

（三）真值表与逻辑图之间的相互转换

1. 真值表转换成逻辑图

真值表转换成逻辑图的一般步骤为：首先根据真值表写出函数的与或表达式或者画出卡诺图；其次，用公式法或图形法进行化简，求出函数的最简与或表达式；最后，根据需要对逻辑表达式进行适当变换，画出所需逻辑图。

2. 逻辑图转换成真值表

逻辑图转换成真值表的一般步骤为：首先逐级推导，写出输出函数的逻辑表达式；其次，对所得逻辑表达式进行化简，写出函数的最简与或表达式；最后，将变量各种可能取值代入与或式中进行计算，列写函数的真值表。

（四）真值表和波形图之间的相互转换

1. 真值表转换成波形图

真值表转换成波形图的方法为：将真值表中所有的输入变量与对应的输出变量取值依次排列画成以时间为横轴的波形，即可得到真值表所对应的波形图。

2. 波形图转换成真值表

将从波形图中得到的每个时间段中输入变量和对应的输出函数的取值列写成表格，即可得到波形图对应的真值表。

五、逻辑函数的化简方法

在数字电路中，逻辑函数表达式越简单，实现该表达式的数字电路亦越简单。然而，由于逻辑函数表达式的形式不唯一，因此需要对复杂的逻辑函数表达式进行化简。逻辑函数的化简主要有公式化简法和卡诺图化简法两种。前者是利用逻辑代数中的公式和定理实现逻辑函数的化简；后者则是一种图形化简法，常用的图形化简工具是卡诺图。

（一）逻辑函数的标准与或表达式

标准与或表达式是由若干乘积项进行或逻辑运算构成的表达式，且表达式中的与项都是标准形式。例如 $Y=F(A,B,C)=\overline{A}BC+\overline{A}B\overline{C}+AB\overline{C}+ABC$ 就是逻辑函数 Y 的标准与或表达式。我们把这种标准形式的乘积项称为最小项。

1. 最小项

1）最小项的概念

在 n 个变量的逻辑函数中，若有一个乘积项包含全部的 n 个变量，这 n 个变量作为一个因子在乘积项中均以原变量或反变量的形式出现且仅出现一次，则称该乘积项为最小项。

例如，3 个变量的最小项有 $\overline{A}\,\overline{B}\,\overline{C}$、$\overline{A}\,\overline{B}C$、$\overline{A}B\overline{C}$、$\overline{A}BC$、$A\overline{B}\,\overline{C}$、$A\overline{B}C$、$AB\overline{C}$、$ABC$ 8 个，而 $\overline{A}B$、$\overline{A}C$、BC 都不是最小项。

由于每个变量都有原变量和反变量两种形式，因此 n 个变量一共有 2^n 个最小项。

2）最小项的编号

为了书写和叙述的方便，最小项通常用 m_i 表示，下标 i 即最小项的编号，用十进制表示。编码的方法为：把与最小项对应的变量取值当成二进制数，原变量用 1 表示，反变量用 0 表示，与之对应的十进制数即是最小项的编号。

例如，在 3 变量 A、B、C 的最小项中，当 $A=0$、$B=1$、$C=1$ 时，$m_3=\overline{A}BC=1$。按照最小项编号的规则，可得出如表 1-15 所示的 3 变量最小项编号表。

表 1-15　3 变量最小项编号表

最小项	$A\ \ B\ \ C$	对应的十进制数	Y
$\overline{A}\,\overline{B}\,\overline{C}$	0　0　0	0	m_0
$\overline{A}\,\overline{B}C$	0　0　1	1	m_1
$\overline{A}B\overline{C}$	0　1　0	2	m_2
$\overline{A}BC$	0　1　1	3	m_3
$A\overline{B}\,\overline{C}$	1　0　0	4	m_4
$A\overline{B}C$	1　0　1	5	m_5
$AB\overline{C}$	1　1　0	6	m_6
ABC	1　1　1	7	m_7

3）最小项的性质

最小项具有如下重要性质：

(1) 在输入变量的任何取值下，有且仅有一个最小项的值为 1。

(2) 任意两个不同的最小项之积恒为 0。

(3) 变量全部最小项之和恒为 1。

4）标准与或表达式

由若干最小项相或构成的逻辑表达式称为最小项表达式，也称为标准与或表达式。

【例 1-3】　将逻辑函数 $Y(A,B,C)=AB+AC$ 变换成最小项之和的表达式。

解　利用公式 $A+\overline{A}=1$，将逻辑函数中的每一个乘积项都化成包含所有变量 A、B、C 的项，即

$$Y(A,B,C)=AB+AC=AB(C+\overline{C})+A(B+\overline{B})C$$
$$=ABC+AB\overline{C}+ABC+A\overline{B}C$$
$$=ABC+AB\overline{C}+A\overline{B}C$$

用最小项的编号表示可写为

$$Y(A, B, C) = m_5 + m_6 + m_7 = \sum m(5, 6, 7)$$

【例 1 - 4】 将逻辑函数 $Y(A, B, C) = \overline{(\overline{AB} + A\overline{B} + C)\,\overline{AB}}$ 变换成最小项表达式。

解 $Y(A, B, C) = \overline{(\overline{AB} + A\overline{B} + C)\,\overline{AB}} = \overline{\overline{AB} + A\overline{B} + C} + AB$

$$= (\overline{\overline{AB}} \cdot \overline{A\overline{B}} \cdot \overline{C}) + AB$$

$$= (A + \overline{B})(\overline{A} + B)\overline{C} + AB \text{ (摩根定理)}$$

$$= AB\overline{C} + \overline{A}\,\overline{B}\,\overline{C} + AB(\overline{C} + C)$$

$$= AB\overline{C} + \overline{A}\,\overline{B}\,\overline{C} + ABC \text{ (分配律、配项)}$$

$$= m_0 + m_6 + m_7 = \sum m(0, 6, 7)$$

2. 最大项

1）最大项的概念

在 n 个变量的逻辑函数中，若有一个或项包含了全部的 n 个变量，这 n 个变量作为一个因子在或项中均以原变量或反变量的形式出现且仅出现一次，则称该或项为最大项。

例如，3 个变量的最大项有 $\overline{A} + B + C$、$A + \overline{B} + C$、$A + B + \overline{C}$、$A + B + C$、$\overline{A} + \overline{B} + \overline{C}$、$\overline{A} + \overline{B} + C$、$\overline{A} + B + \overline{C}$、$A + \overline{B} + \overline{C}$ 8 个，而 $\overline{A} + B$、$\overline{A} + C$，$B + C$ 都不是最大项。

2）最大项的编号

由于每个变量都有原变量和反变量两种形式，因此 n 个变量一共有 2^n 个最大项。最大项通常用 M_i 表示，下标 i 即最大项的编号，用十进制表示。编码的方法为：输入变量只有一组二进制数使最大项取值为 0，与之对应的十进制数即是最大项的编号。

例如，在 3 变量 A、B、C 的最大项中，当 $A = 0$、$B = 1$、$C = 1$ 时，$A + \overline{B} + \overline{C} = 0$。按照最大项编号的规则，可得出如表 1 - 16 所示的 3 变量最大项编号表。

3）最大项的性质

最大项具有如下重要性质：

（1）在输入变量的任何取值下，有且仅有一个最大项的值为 0。

（2）任意两个不同的最大项之和恒为 1。

（3）变量全部最大项之积恒为 0。

表 1 - 16 3 变量最大项编号表

最大项	A B C	对应的十进制数	Y
$A + B + C$	0 0 0	0	M_0
$A + B + \overline{C}$	0 0 1	1	M_1
$A + \overline{B} + C$	0 1 0	2	M_2
$A + \overline{B} + \overline{C}$	0 1 1	3	M_3
$\overline{A} + B + C$	1 0 0	4	M_4
$\overline{A} + B + \overline{C}$	1 0 1	5	M_5
$\overline{A} + \overline{B} + C$	1 1 0	6	M_6
$\overline{A} + \overline{B} + \overline{C}$	1 1 1	7	M_7

3. 最小项和最大项的关系

由上述分析可知，n 个变量的最小项和最大项数目相等，且相同变量构成的最小项和最大项之间存在互补关系，即 $M_i = \overline{m_i}(\overline{M_i} = m_i)$。例如，若 $m_3 = \overline{A}BC$，则 $M_3 = \overline{\overline{A}BC} = A + \overline{B} + \overline{C}$，即任一个逻辑函数经过变换都能表示成唯一的最大项表达式。

【例 1-5】 将逻辑函数 $Y(A, B, C) = \overline{A}B + AC$ 变换成最大项之积的表达式。

解 （1）利用摩根定理将与或式变换成或与式，即

$$Y(A, B, C) = \overline{\overline{\overline{A}B + AC}} = \overline{\overline{\overline{A}B} \cdot \overline{AC}} = \overline{(A + \overline{B})(\overline{A} + \overline{C})}$$

$$= \overline{A \cdot \overline{A} + A \cdot \overline{C} + \overline{A} \cdot \overline{B} + \overline{B} \cdot \overline{C}} = (\overline{A} + C)(A + B)(B + C)$$

（2）利用公式 $A \cdot \overline{A} = 0$ 和 $A + BC = (A + B)(A + C)$，将式中非最大项扩展成最大项，即

$$Y(A, B, C) = (\overline{A} + C + 0)(A + B + 0)(B + C + 0)$$
$$= (\overline{A} + C + B \cdot \overline{B})(A + B + C \cdot \overline{C})(B + C + A \cdot \overline{A})$$
$$= (\overline{A} + C + B)(\overline{A} + C + \overline{B})(A + B + C)(A + B + \overline{C})(B + C + A)(B + C + \overline{A})$$
$$= (A + B + C)(A + B + \overline{C})(\overline{A} + B + C)(\overline{A} + \overline{B} + C)$$

用最大项标号表示可写为

$$Y(A, B, C) = M_0 \cdot M_1 \cdot M_4 \cdot M_6 = \prod M(0, 1, 4, 6)$$

（二）逻辑函数的最简形式

一个逻辑函数可以有多种不同的最简表达式，按照变量间运算关系的不同，分为最简与或式、最简与非-与非式、最简或与式、最简或非-或非式及最简与或非式五种。

1. 最简与或式

包含乘积项个数最少，且每个乘积项中变量的个数也最少的与或式称为最简与或式。最简与或式可通过化简求得。

例如，在 $Y = AC + \overline{A}B + BC + BCE = AC + \overline{A}B + BC = AC + \overline{A}B$ 中，$Y = AC + \overline{A}B$ 符合最简与或式的定义，故为最简与或式。

2. 最简与非-与非式

包含非号最少，且每个非号下面乘积项中变量个数也最少的与非-与非式称为最简与非-与非式。最简与非-与非式可以通过对最简与或式两次取反，并利用反演定理得到。

例如：

$$Y = AC + \overline{A}B = \overline{\overline{AC + \overline{A}B}} = \overline{\overline{AC} \cdot \overline{\overline{A}B}}$$

注：单个变量的非号不算，可直接作为反变量存在。

3. 最简或与式

包含括号最少，且每个括号中或项的变量也最少的或与式称为最简或与式。最简或与式可在反函数最简与或表达式的基础上求得，亦可直接利用反演规则直接写出。

例如，若

$$\overline{Y} = \overline{AC + \overline{A}B} = \overline{AC} \cdot \overline{\overline{A}B} = \overline{A}\,\overline{B} + A\overline{C}$$

则

$$Y = AC + \overline{A}B = \overline{\overline{AC + \overline{A}B}} = \overline{\overline{\overline{A}\,\overline{B} + A\overline{C}}} = \overline{\overline{A}\,\overline{B} \cdot \overline{A\overline{C}}} = (A + B) \cdot (\overline{A} + C)$$

4. 最简或非-或非式

包含非号最少，且非号下面或项中变量的个数也最少的或非-或非式称为最简或非-或非式。最简或非-或非式可在最简或与式的基础上两次取反求得。

例如：

$$Y = AC + \overline{A}B = (A + B) \cdot (\overline{A} + C) = \overline{\overline{(A + B) \cdot (\overline{A} + C)}} = \overline{\overline{A + B} + \overline{\overline{A} + C}}$$

5. 最简与或非式

非号下面相加的乘积项个数最少，且每个乘积项中相乘的变量个数最少的与或非式称为最简与或非式。最简与或非式可通过最简或非-或非式或反函数最简与或式求得。

例如：

$$Y = AC + \overline{A}B = \overline{\overline{A + B} + \overline{\overline{A} + C}} = \overline{\overline{A}\,\overline{B} + A\overline{C}}$$

由上述几种最简式的介绍可知，通常与或表达式易于转化为其他类型的函数表达式。只要得到函数的最简与或式，通过反演定理的适当变换就可得到其他几种类型的最简式。后面章节的公式及图形化简法亦是说明在与或式的基础上如何获得最简与或式。

（三）逻辑函数的公式化简法

逻辑函数表达式越简单，所表示的逻辑关系就越明显，实现逻辑函数时所用的电子器件就越少。因此，需要通过化简求出逻辑函数的最简式。逻辑函数的化简就是消去与或表达式中多余的乘积项及乘积项中多余的变量。其中，公式化简法就是反复利用公式和定理求出函数的最简表达式。若给定函数不是与或式，则可通过公式和定理进行适当变换获得。化简中没有固定步骤，经常使用的方法有下面几种。

1. 并项法

利用公式 $A + \overline{A} = 1$ 及 $AB + A\overline{B} = A$ 可以将两个乘积项合并为一项，并消去一个变量。

【例 1-6】　试用并项法化简逻辑函数表达式 $Y = ABC + A\overline{B}\,\overline{C} + AB\overline{C} + A\overline{B}C$。

解　　$Y = ABC + A\overline{B}\,\overline{C} + AB\overline{C} + A\overline{B}C = AB(C + \overline{C}) + A\overline{B}(\overline{C} + C)$
　　　　$= AB + A\overline{B} = A(B + \overline{B}) = A$

2. 吸收法

利用公式 $A + AB = A$ 可吸收掉多余的乘积项 AB。根据代入定理，A 和 B 可以是任何复杂的逻辑式。

【例 1-7】　试用吸收法化简逻辑函数表达式 $Y = A\overline{B} + A\overline{B}\,\overline{C} + A\overline{B}\,\overline{C}DE$。

解　　　　　　　$Y = A\overline{B} + A\overline{B}\,\overline{C} + A\overline{B}\,\overline{C}DE = A\overline{B}$

3. 消因子法

利用公式 $A + \overline{A}B = A + B$ 消去乘积项中多余的因子。同样的，A 和 B 可以是任何复杂的逻辑式。

【例 1-8】 试用消因子法化简逻辑函数表达式 $Y = AC + \overline{A}D + \overline{C}D$。

解　$Y = AC + \overline{A}D + \overline{C}D = AC + (\overline{A} + \overline{C})D = AC + \overline{AC}D = AC + D$

4. 配项法

利用公式 $A + A = A$，在逻辑函数式中重复写入某一项；或利用公式 $A + \overline{A} = 1$，在逻辑函数式的某一项上乘以 $(A + \overline{A})$，以获得更加简单的化简结果。

【例 1-9】 试用配项法化简下列逻辑函数表达式：

(1) $Y_1 = AB + \overline{A}\,\overline{C} + B\overline{C}$；(2) $Y_2 = ABC + \overline{A}BC + AB\overline{C}$。

解　(1) $Y_1 = AB + \overline{A}\,\overline{C} + B\overline{C} = AB + \overline{A}\,\overline{C} + B\overline{C}(A + \overline{A})$

$= AB + AB\overline{C} + \overline{A}\,\overline{C} + \overline{A}B\overline{C} = AB + \overline{A}\,\overline{C}$

(2) $Y_2 = ABC + \overline{A}BC + AB\overline{C} = ABC + \overline{A}BC + AB\overline{C} + ABC = BC + AC$

5. 消项法

利用公式 $AB + \overline{A}C + BC = AB + \overline{A}C$，可将 BC 项消去。

【例 1-10】 试用消项法化简逻辑函数表达式 $Y = AC + A\overline{B} + \overline{B} + \overline{C}$。

解　$Y = AC + A\overline{B} + \overline{B} + \overline{C} = AC + A\overline{B} + \overline{B}\,\overline{C} = AC + \overline{B}\,\overline{C}$

实际解题中，常常需要灵活、交替地综合应用上述各种方法得到函数的最简与或式。

【例 1-11】 化简逻辑函数 $Y = ABC + ABD + \overline{A}B\overline{C} + CD + B\overline{D}$。

解　$Y = ABC + ABD + \overline{A}B\overline{C} + CD + B\overline{D} = ABC + \overline{A}B\overline{C} + CD + B(\overline{D} + AD)$

$= ABC + \overline{A}B\overline{C} + CD + B\overline{D} + AB = AB(1 + C) + \overline{A}B\overline{C} + CD + B\overline{D}$

$= AB + \overline{A}B\overline{C} + CD + B\overline{D} = B(A + \overline{A}\,\overline{C}) + CD + B\overline{D}$

$= AB + B\overline{C} + CD + B\overline{D} = AB + B(\overline{C} + \overline{D}) + CD$

$= AB + B\overline{CD} + CD = AB + B + CD = B + CD$

【例 1-12】 证明 $ABC\overline{D} + ABD + BC\overline{D} + ABC + BD + B\overline{C} = B$。

证明　$ABC\overline{D} + ABD + BC\overline{D} + ABC + BD + B\overline{C}$

$= ABC(1 + \overline{D}) + BD(1 + A) + BC\overline{D} + B\overline{C}$

$= ABC + BD + BC\overline{D} + B\overline{C} = B(AC + D + C\overline{D} + \overline{C})$

$= B(AC + D + C + \overline{C}) = B(AC + D + 1) = B$

(四) 逻辑函数的卡诺图化简法

卡诺图化简法又称为图形化简法。该方法简单、直观、容易掌握，因而在逻辑设计中得到广泛应用。

1. 逻辑变量的卡诺图

卡诺图是一种平面方格图，每个小方格代表一个最小项，故又称为最小项方格图。

1) 卡诺图的结构特点

卡诺图中最小项的排列方案不是唯一的，图 1-14(a)、(b)、(c)、(d) 分别为 2 变量、3 变量、4 变量、5 变量卡诺图的一种排列方案。做法如下：在卡诺图的行和列分别标出变量及其状态，变量的坐标值 0 表示相应的变量的反变量，1 表示相应变量的原变量；变量状态的次序是 00、01、11、10，而不是二进制递增的次序 00、01、10、11，这样排列是为了使任意两个相邻最小项之间只有一个变量改变（即满足相邻性）；各小方格依变量顺序取坐标值，所得二进制数对应的十进制数即相应最小项的下标 i。

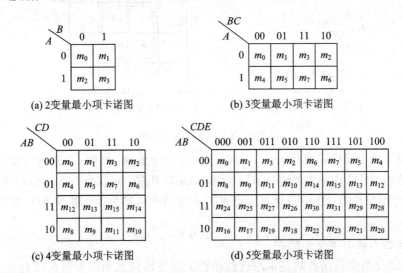

图 1-14　2 到 5 变量最小项的卡诺图

从图 1-14 所示的各卡诺图可以看出，卡诺图上变量的排列规律使最小项的相邻关系能在图形上清晰地反映出来。具体地说，在 n 个变量的卡诺图中，能从图形上直观、方便地找到每个最小项的 n 个相邻最小项。以 4 变量卡诺图为例，图 1-14(c) 中每个最小项都有 4 个相邻最小项，如 m_5 的 4 个相邻最小项分别是 m_1、m_4、m_7、m_{13}，这 4 个最小项对应的小方格与 m_5 对应的小方格分别相邻，也就是说在几何位置上是相邻的，这种相邻称为几何相邻。而 m_2 则不完全相同，它的 4 个相邻最小项除了与之几何相邻的 m_3 和 m_6 之外，另外两个是处在"相对"位置的 m_{10}（同一列的两端）和 m_0（同一行的两端）。这种相邻似乎不太直观，但只要把这个图的上、下边缘连接，卷成圆筒状，便可看出 m_{10} 和 m_2 在几何位置上是相邻的。同样，把图的左、右边缘连接，便可使 m_2 和 m_0 相邻。通常把这种相邻称为相对相邻。除此之外，还有"相重"位置的最小项相邻，如 5 变量卡诺图中的 m_3，除了几何相邻的 m_1、m_2、m_{11} 和相对相邻的 m_{19} 外，还与 m_7 相邻。对于这种情形，可以把卡诺图左边的矩形重叠到右边矩形之上来看，凡上下重叠的最小项即为相邻，这种相邻称为重叠相邻。

归纳起来，卡诺图在构造上具有以下两个特点：

(1) n 个变量的卡诺图由 2^n 个小方格组成，每个小方格代表一个最小项。

(2) 卡诺图上处在相邻、相对、相重位置的小方格所代表的最小项为相邻最小项。

卡诺图的主要缺点是随着变量的增加，仅用几何图形二维空间的相邻性表示逻辑相邻性已不够，不足以能辨认其逻辑相邻，因此没有实用价值。

2) 卡诺图的性质

卡诺图的构造特点使卡诺图具有一个重要性质，即可以从图形上直观地找出相邻最小项并将之合并。合并的理论依据是并项定理 $AB + A\overline{B} = A$，如图 1-15(a) 所示。

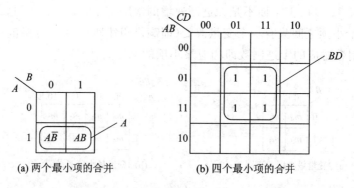

(a) 两个最小项的合并　　　　　　(b) 四个最小项的合并

图 1-15　最小项的合并

　　两个相邻最小项可以合并为一个与项并消去一个变量。例如，4 变量的最小项 $ABCD$ 和 $AB\bar{C}D$ 相邻，可以合并为 ABD；$\bar{A}BCD$ 和 $\bar{A}B\bar{C}D$ 相邻，可以合并为 $\bar{A}BD$；而与项 ABD 和 $\bar{A}BD$ 又为相邻与项，故按同样道理可进一步将两个相邻与项合并为 BD，如图 1-15(b) 所示。

　　3）卡诺图上最小项合并规律

　　用卡诺图化简逻辑函数的基本原理就是把上述逻辑依据和图形特征结合起来，通过把卡诺图上表征相邻最小项的相邻小方格"圈"在一起进行合并，达到用一个简单"与"项代替若干最小项的目的。通常把用来包围那些能由一个简单"与"项代替的若干最小项的"圈"称为卡诺圈。

　　由上述分析可知变量卡诺图中最小项的合并规律为：两个小方格相邻，或处于某行(列)两端时，所代表的最小项可以合并，合并后可消去一个变量(如图 1-15(a)所示)；四个小方格组成一个大方格，或组成一行(列)，或处于相邻两行(列)的两端，或处于四角时，所代表的最小项可以合并，合并后可消去两个变量(如图 1-15(b)所示)；八个小方格组成一个大方格，或组成相邻的两行(列)，或处于两个边行(列)时，所代表的最小项可以合并，合并后可消去三个变量(如图 1-16 所示)，即 2^n 个最小项合并成一项时可以消去 n 个变量。

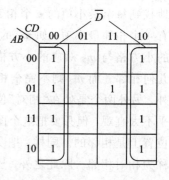

图 1-16　八个最小项的合并

　　归纳起来，n 个变量卡诺图中最小项的合并规律如下：

　　(1)卡诺圈中小方格的个数必须为 2^m 个，m 为小于或等于 n 的整数。

　　(2)卡诺圈中的 2^m 个小方格有一定的排列规律。具体地说，它们含有 m 个不同变量，$n-m$ 个相同变量。

　　(3)卡诺圈中的 2^m 个小方格对应的最小项可用 $n-m$ 个变量的"与"项表示，该"与"项由这些最小项中的相同变量构成。

　　(4)当 $m=n$ 时，卡诺圈包围了整个卡诺图，可用 1 表示，即 n 个变量的全部最小项之和为 1。

2. 逻辑函数的卡诺图

任何一个逻辑函数都能表示为若干最小项之和的形式。因此，可以设法用卡诺图表示任意一个逻辑函数。

1）逻辑函数的卡诺图画法

（1）画出函数变量的卡诺图。

（2）在函数的每一个乘积项所包含的最小项处填 1，其余的填上 0 或者用空格表示，从而得到逻辑函数的卡诺图，即任何一个逻辑函数都等于其卡诺图中为 1 的方格所对应的最小项之和。

2）逻辑函数为标准与或表达式

当逻辑函数为标准与或表达式时，只需在卡诺图上找出和表达式中最小项对应的小方格填上 1，其余小方格填上 0，即可得到该函数的卡诺图。

【例 1 - 13】 用卡诺图表示逻辑函数 $Y(A, B, C) = \sum m(5, 6, 7)$。

解 （1）画出 3 变量卡诺图，如图 1 - 17(a)所示。

（2）在对应于函数式中各最小项的位置填 1，其余位置填 0，就得到如图 1 - 17(b)所示的函数 Y 的卡诺图。

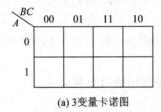 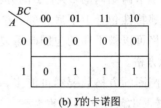

(a) 3 变量卡诺图   (b) Y 的卡诺图

图 1 - 17 例 1 - 13 的卡诺图

【例 1 - 14】 已知逻辑函数 Y 的卡诺图如图 1 - 18 所示，试写出其逻辑函数表达式。

解 由于函数 Y 等于卡诺图中填入 1 的那些最小项之和，因此可知

$$Y(A, B, C) = \overline{A}\,\overline{B}C + \overline{A}B\overline{C} + \overline{A}BC + ABC$$

3）逻辑函数为一般与或表达式

当逻辑函数为一般与或表达式时，可根据"与"的公共性和"或"的叠加性作出相应卡诺图。

【例 1 - 15】 用卡诺图表示逻辑函数 $Y(A, B, C) = \sum m(3, 7, 11, 12, 13, 14, 15)$。

解 （1）画出 4 变量卡诺图，如图 1 - 19(a)所示。

（2）在对应于函数式中各最小项的位置填 1，其余位置不填，就得到如图 1 - 19(b)所示的函数 Y 的卡诺图。

注：填写该函数卡诺图时，只需在 4 变量卡诺图上依次找出和"与项"AB、CD、ABC对应的小方格并填上 1，便可得到该函数的卡诺图。

当逻辑函数表达式为其他形式时，可将其变换成上述形式后再作卡诺图。

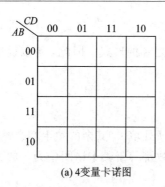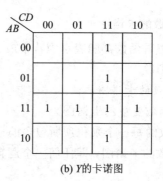

(a) 4变量卡诺图　　　　　　(b) Y的卡诺图

图 1-19　例 1-15 的卡诺图

3. 用卡诺图化简逻辑函数

用卡诺图化简逻辑函数时应正确画出函数的卡诺圈，然后根据卡诺图的合并规律化简逻辑函数。

1）n 个变量卡诺圈画圈应遵循的原则

（1）画在一个卡诺圈内的 1 的方格数必须是 2^m 个（m 为大于或等于 0 的整数）。

（2）画在一个卡诺圈内的 2^m 个 1 的方格必须排列成方阵或矩阵。

（3）循环相邻特性包括上下底相邻、左右边相邻和四角相邻。

（4）同一方格可以被不同的包围圈重复包围多次，但新增的包围圈中一定要有原有包围圈未曾包围的方格。

（5）一个包围圈的方格数要尽可能多，包围圈的数目要尽可能少。

2）利用卡诺图化简逻辑函数的步骤

（1）画出逻辑函数的卡诺图。

（2）圈完卡诺图中所有的"1"，且圈数最少。

（3）利用消去法写出每个圈的最简乘积项（与项）。

① 找出没有相邻项的独立 1 方格，单独画圈。

② 找出只能按一条路径合并的两个相邻方格，画圈。

③ 找出只能按一条路径合并的四个相邻方格，画圈。

④ 找出只能按一条路径合并的八个相邻方格，画圈。

⑤ 依此类推，若还有 1 方格未被圈，则找出合适的圈画出。

（4）把各个最简乘积项相加，即为逻辑函数的最简与或式（乘积和）。

【例 1-16】　用卡诺图化简法将逻辑函数 $Y(A, B, C, D) = \sum m(0, 2, 5, 7, 8, 10, 13, 15)$ 化成最简与或式。

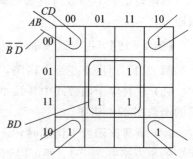

图 1-20　例 1-16 的卡诺图

解　（1）画出函数的卡诺图，如图 1-20 所示。

（2）画包围圈，合并最小项。

（3）写出最简与或表达式，即

$$Y = BD + \overline{B}\,\overline{D}$$

【**例 1 - 17**】 用卡诺图化简法化简逻辑函数：$Y_1 = A\overline{B} + B\overline{C} + \overline{A}B + \overline{B}C$ 和 $Y_2 = \overline{B}CD + B\overline{C} + \overline{A}\,\overline{C}D + A\overline{B}C$。

解 （1）画出函数 Y_1、Y_2 的卡诺图，分别如图 1 - 21 和图 1 - 22 所示。

（2）画包围圈，合并最小项。

（3）写出 Y_1、Y_2 的最简与或表达式，即

$$Y_1 = A\overline{B} + \overline{A}C + B\overline{C} \text{ 或 } Y_1 = \overline{A}B + A\overline{C} + \overline{B}C$$

$$Y_2 = B\overline{C} + \overline{A}\,\overline{B}D + A\overline{B}C$$

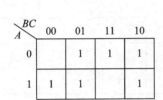

图 1 - 21 函数 Y_1 的卡诺图

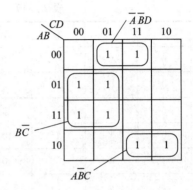

图 1 - 22 函数 Y_2 的卡诺图

【**例 1 - 18**】 用图形法求 $Y = AB + BC + AC$ 反函数的最简与或表达式。

解 （1）画出函数的卡诺图，如图 1 - 23 所示。

（2）画包围圈，合并函数值为 0 的最小项。

（3）写出 Y 的反函数的最简与或表达式，即

$$\overline{Y} = \overline{A}\,\overline{B} + \overline{B}\,\overline{C} + \overline{A}\,\overline{C}$$

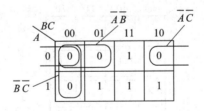

图 1 - 23 例 1 - 18 的卡诺图

卡诺图化简逻辑函数具有方便、直观、容易掌握等优点，缺点是带有试凑性。尤其当变量个数大于 6 时，画图以及对图形的识别都变得相当复杂。

（五）具有无关项的逻辑函数化简法

1. 任意项、约束项和逻辑函数式中的无关项

在真值表内对应于变量的某些取值下，函数的值可能是任意的，也可能根本不会出现，这些变量取值所对应的最小项称为任意项，在卡诺图中用"×"表示。然而，在分析某些具体的逻辑函数时，经常会遇到由有约束的变量所决定的逻辑函数，这种函数称为有约束的逻辑函数。在这类函数中，逻辑变量之间有一定约束关系，我们把变量的取值不可能

出现的项称为约束项。逻辑函数式中的任意项和约束项统称为无关项。

在含有无关项逻辑函数的卡诺图化简中，它的值可以取 0，也可以取 1。具体取什么值，根据使函数尽量得到简化而定。

2. 具有无关项的逻辑函数的化简

【例 1-19】 用 8421BCD 码表示十进制数，当其代表的十进制数大于或等于 5 时，输出为"1"。求 Y 的最简表达式。

解 （1）列写真值表，如表 1-17 所示。

表 1-17　例 1-19 的真值表

A	B	C	D	Y	A	B	C	D	Y
0	0	0	0	0	1	0	0	0	1
0	0	0	1	0	1	0	0	1	1
0	0	1	0	0	1	0	1	0	×
0	0	1	1	0	1	0	1	1	×
0	1	0	0	0	1	1	0	0	×
0	1	0	1	1	1	1	0	1	×
0	1	1	0	1	1	1	1	0	×
0	1	1	1	1	1	1	1	1	×

（2）画出函数的卡诺图，如图 1-24 所示。

（3）画包围圈，合并最小项，如图 1-24 所示。

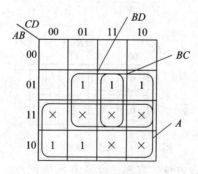

图 1-24　例 1-19 的卡诺图

（4）写出 Y 的最简与或表达式，即

$$Y = A + BC + BD$$

【例 1-20】 若逻辑变量 A、B、C 分别表示一台电动机的正转、反转和停止命令，写出表示电动机工作状态的逻辑函数 Y 的最简与或表达式。

解 （1）列写真值表，如表 1-18 所示。

（2）画出函数的卡诺图，如图 1-25 所示。

（3）画包围圈，合并最小项，如图 1-25 所示。

表 1 - 18　例 1 - 20 的真值表

A	B	C	Y
0	0	0	0
0	0	1	1
0	1	0	1
0	1	1	×
1	0	0	1
1	0	1	×
1	1	0	×
1	1	1	×

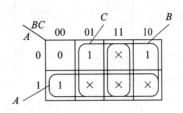

图 1 - 25　例 1 - 20 的卡诺图

（4）写出 Y 的最简与或表达式，即

$$Y = A + B + C$$

任务三　基本逻辑门电路

一、半导体二极管、三极管和 MOS 管的开关特性

（一）概述

1. 门电路

实现基本逻辑运算和常用逻辑运算的单元电路称为门电路。门电路的输入和输出之间存在一定的逻辑关系，所以门电路又称为逻辑门电路。逻辑门电路是组成各种数字电路的基本单元电路。常用的门电路有非门、与非门、或非门、异或门、与或非门等。

逻辑门电路按其内部有源器件的不同可以分为三大类。第一类为双极型晶体管逻辑门电路，包括 TTL、ECL 电路和 I2L 电路等几种类型；第二类为单极型 MOS 逻辑门电路，包括 NMOS、PMOS、LDMOS、VDMOS、VVMOS、IGT 等几种类型；第三类则是二者的组合 BICMOS 门电路。常用的是 CMOS 逻辑门电路。

2. 正负逻辑系统

在数字电路中，输入和输出信号都是用电位（或称电平）的高低表示的。高电平和低电平都不是一个固定的数值，而是有一定的变化范围。电平的高低一般用"1"和"0"两种状态区别，若高电平为"1"、低电平为"0"称为正逻辑，反之则称为负逻辑，如图 1 - 26 所示。其高低电平的获得通过开关电路来实现，如二极管或三极管电路组成。

同一逻辑电路采用不同的逻辑关系，其逻辑功能是完全不同的。正负逻辑对应的逻辑电路如表 1 - 19 所示，可知正负逻辑式互为对偶式。若给出一个正逻辑的逻辑式，则对偶式即为负逻辑的逻辑式，如正逻辑为或门，即 $Y = A + B$，则对偶式为 $Y^D = AB$。正负逻辑的使用依个人的习惯，但同一系统中应采用一种逻辑关系。若无特殊说明，均采用正逻辑。

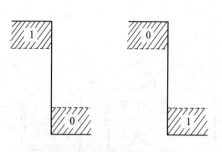

图 1-26　正负逻辑示意图

表 1-19　正负逻辑对应的门电路

正逻辑	负逻辑
与门	或门
或门	与门
与非门	或非门
或非门	与非门
异或门	同或门
同或门	异或门

3. 高低电平的实现

高低电平实现原理电路如图 1-27 所示，当开关 S 断开时，输出电压 $u_o=U_{CC}$，为高电平"1"；当开关闭合时，输出电压 $u_o=0$，为低电平"0"。若开关由三极管构成，则控制三极管工作在截止和饱和状态，起到开关 S 的断开和闭合作用。

由于开关 S 导通使输出 u_o 为低电平，电源电压全部加到电阻 R 上，功耗较大。为达到减小功耗的目的，这里用开关 S_1 取代电阻 R，形成如图 1-28 所示的互补开关电路。

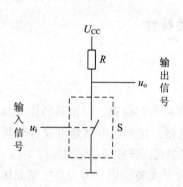

图 1-27　高低电平实现原理电路

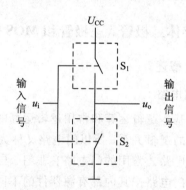

图 1-28　互补开关电路

互补开关电路的原理为：开关 S_1 和 S_2 受同一输入信号 u_i 的控制，且导通和断开的状态相反。当 S_1 闭合、S_2 断开时，输出为高电平"1"；相反当 S_1 断开、S_2 闭合时，输出为低电平"0"。

在互补开关电路中，由于两个开关总有一个是断开的，流过的电流为零，故电路的功耗非常低，因此在数字电路中得到了广泛的应用。

(二) 理想开关的开关特性

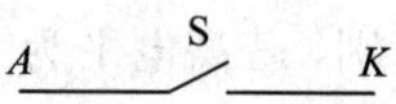

理想开关电路如图 1-29 所示，其静态和动态特性分别如下：

$$A\ \underline{\quad}^{S}\diagup\ K$$

图 1-29　理想开关

静态特性：

(1) 开关 S 断开时，无论 U_{AK} 在多大范围内变化，其等效电阻趋于无穷，通过其中的电流为零。

(2) 开关 S 闭合时，无论流过其中的电流在多大范围内变化，其等效电阻为零，U_{AK} 亦为零。

动态特性：

（1）当开关开通时间 $t_{on}=0$ 时，开关 S 由断开状态转换到闭合状态可以瞬间完成。

（2）当开关关断时间 $t_{off}=0$ 时，开关 S 由闭合状态转换到断开状态亦可以瞬间完成。

在实际生活中，理想开关是不存在的。在一定的电压和电流范围内，日常生活中使用的开关及一些低压电器，其静态特性与理想开关特性相接近，但动态特性较差，无法满足数字电路瞬间开关很多次的需要。因此，常用静态性能不如机械开关，但动态性能较好的半导体器件作为开关，取代静态特性较好的机械开关。

（三）半导体二极管的开关特性

由于半导体二极管具有单向导电特性，即外加正向电压时导通、外加反向电压时截止的性质，因此，二极管电路相当于受外加电压极性控制的开关，其开关电路如图 1-30 所示。

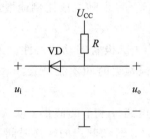

图 1-30 二极管开关电路

1. 静态特性

电路处于相对稳定状态下时，晶体二极管所呈现的开关特性称为稳态开关特性。

在二极管开关电路中，假定 u_i 的高电平为 $U_{IH}=U_{CC}$，低电平为 $U_{IL}=0$，且 VD 为理想元件，即正向导通电阻为 0，反向电阻无穷大，则稳态时当 $u_i=U_{IH}=U_{CC}$ 时，VD 截止，输出电压 $u_o=U_{OH}=U_{CC}$；当 $u_i=U_{IL}=0$ 时，VD 导通，输出电压 $u_o=U_{OL}=0$。即可以用输入电压 u_i 的高低电平控制二极管的开关状态，并在输出端得到相应的高低电平。

然而，实际电路分析时，二极管的特性并非理想开关特性。加在二极管两端的电压 U_D 和流过其中的电流 i_D 两者之间关系的曲线，称为二极管伏安特性曲线，简称为伏安特性，如图 1-31 所示。可知，二极管伏安特性是非线性的，且正向电阻不为零，反向电阻不是无穷。因此，在分析二极管模型电路时，通常通过近似的分析判断二极管的开关状态。

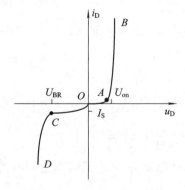

图 1-31 二极管伏安特性

2. 动态特性

当电路处于动态状态，即二极管两端电压突然反向时，半导体二极管所呈现的开关特性称为动态开关特性，简称动态特性。

1）二极管的电容效应

二极管中的 PN 结里有电荷存在，其电荷量的多少是受外加电压影响的。当外加电压改变时，PN 结里面电荷量也随之改变。这种现象与电容的作用很相似，用电容 C_j 表示，称之为结电容。

当二极管外加正向电压时，P 区中的多数载流子空穴和 N 区中的多数载流子电子越过 PN 结后，并不是立即全部复合掉，而是在 PN 结两边积累起来，形成一定浓度的梯度分布，且靠近结边界处浓度高，离边界越远浓度越低，即在 PN 结边界两边因扩散运动而积累了电荷，而且其电荷量（存储电荷量）也随之成比例地增加。这种现象与电容的作用也很相似，用 C_D 表示，称之为扩散电容。

C_j 和 C_D 的存在，极大地影响了二极管的动态特性。无论是开通还是关断，伴随着 C_j、C_D 的充、放电过程，都要经过一段延迟时间才能完成。

2）二极管的开关时间

图 1-32 所示是二极管动态电路 u 和 i 的波形。可知，在输入信号频率较低时，二极管的导通和截止的转换时间可以认为是瞬间完成的。但在输入信号频率较高时，此时间就不能忽略了。

将二极管由截止转向导通所需的时间称为正向恢复时间（开通时间）t_{on}，由导通转向截止所需的时间称为反向恢复时间（关断时间）t_{off}，两者统称为二极管的开关时间，一般 $t_{on} \ll t_{off}$。

这是由于在输入电压转换状态的瞬间，二极管由反向截止到正向导通时，内电场的建立需要一定的时间，所以二极管电流的上升是缓慢的；当二极管由正向导通到反向截止时，二极管的电流迅速衰减并趋向饱和电流也需要一定的时间。由于时间很短，在示波器中是无法看到的。

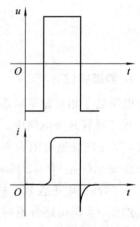

图 1-32 二极管动态电流波形

（四）半导体三极管的开关特性

半导体三极管最显著的特点是具有放大能力，能够通过基极电流 i_B 控制其工作状态，是一种具有放大特性的由基极电流控制的开关元件。

1. 静态特性

通过对图 1-33 所示三极管电路的分析可知，半导体三极管具有以下静态特性：

1）饱和导通条件及饱和时的特点

饱和导通条件：三极管基极电流 i_B 大于其临界饱和时的数值 I_{BS} 时，饱和导通。若 $i_B > I_{BS} \approx \dfrac{U_{CC}}{R_B}$ 时，三极管一定饱和。

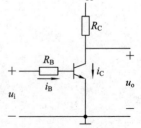

图 1-33 三极管开关电路

饱和导通时的特点：由三极管的输入特性和输出特性可知，以硅半导体三极管为例，饱和导通以后 $u_{BE}=0.7\ V$，$u_{CE}=U_{CES}\leqslant0.3\ V$，如同闭合的开关。

2）截止条件及截止时的特点

截止条件：$u_{BE}<U_。=0.5\ V$（$U_。$是硅管发射结的死区电压），当 $u_{BE}<U_。=0.5\ V$ 时，管子基本上是截止的。在数字电路的分析估算中，亦常把 $u_{BE}<0.5\ V$ 作为硅三极管截止的条件。

截止时的特点：$i_B=0$，$i_C=0$，如同断开的开关。

在数字电路中，半导体三极管不是工作在截止区，就是工作在饱和区，而放大区仅仅是一种瞬间即逝的工作状态。

2. 动态特性

半导体三极管和二极管一样，在开关过程中存在电容效应，都伴随着相应电荷的建立和消散过程，都需要一定时间。

1）开关电路中 u_i 和 i_C 的波形

在图 1-33 所示开关电路中，当 u_i 为矩形脉冲时，相应 i_C 的波形如图 1-34 所示。

2）开关时间

当 u_i 由 $U_L=-2\ V$ 跳变到 $U_H=3\ V$ 时，三极管需要经过导通延迟时间 t_d 和上升时间 t_r 之后，才能由截止状态转换到饱和导通状态，开通时间即为 $t_{on}=t_d+t_r$。

当 u_i 由 $U_H=3\ V$ 跳变到 $U_L=-2\ V$ 时，三极管需要经过存储时间 t_s 和下降时间 t_f 之后，才能由饱和导通状态转换到截止状态，关断时间即为 $t_{off}=t_s+t_f$。

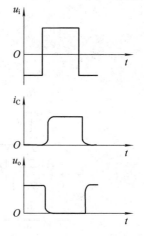

图 1-34　三极管动态电压电流波形

当输入信号使三极管在截止和饱和两种状态之间迅速转换时，三极管内部电荷的建立和消散都需要时间，因而集电极电流的变化将滞后于输入电压的变化，从而导致输出电压滞后于输入电压的变化。

在数字电路中，半导体三极管饱和导通时，其饱和程度均较深，基区存储电荷很多，因此在状态转换时，其消散时间即存储时间 t_s 较长。

而半导体三极管开关时间的存在将影响开关电路的工作速度。一般情况下，由于 $t_{off}>t_{on}$，因此，应尽可能地减少饱和和导通时基区存储电荷的数量，尽可能地加速其消散过程，缩短存储时间 t_s，这是提高半导体三极管开关速度的关键。

（五）MOS 管的开关特性

MOS 管最显著的特点与三极管一样，也具有放大能力。不过它是通过栅极电压 u_{GS} 控制其工作状态的，是一种具有放大特性的由电压 u_{GS} 控制的开关元件。

1. 静态特性

1）截止条件和截止时的特点

截止条件：当 MOS 管栅源电压 u_{GS} 小于其开启电压 u_{TN} 时处于截止状态，因为漏极和源极之间还未形成导电沟道。

截止时的特点：$i_D=0$，MOS 管如同一个断开的开关。

2）导通条件和导通时的特点

导通条件：当 $u_{GS}>u_{TN}$ 时，MOS 管将工作在导通状态。在数字电路中，MOS 管导通时，一般都工作在可变电阻区，其导通电阻 R_{ON} 较小，只有几百欧姆。

导通时的特点：MOS 管导通之后，如同一个具有一定导通电阻 R_{ON} 的闭合开关。

2. 动态特性

1）MOS 管极间电容

MOS 管三个电极之间都有电容存在，分别是栅源电容 C_{GS}、栅漏电容 C_{GD} 和漏源电容 C_{DS}。C_{GS}、C_{GD} 一般为 $1\sim3$ pF，C_{DS} 约为 $0.1\sim1$ pF。在数字电路中，MOS 管的动态特性是受上述电容充、放电过程制约的。

2）u_i 和 i_D 的波形

在如图 1-35 所示 MOS 管开关电路中，当 u_i 为矩形波时，相应 i_D 的波形如图 1-36 所示。

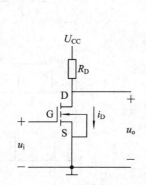

图 1-35 MOS 管开关电路

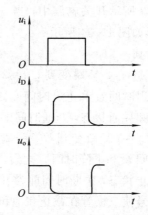

图 1-36 MOS 动态电压电流波形

3）开关时间

当 u_i 由 $U_L=0$ V 跳变到 $U_H=U_{DD}$ 时，MOS 管需要经过导通延迟时 t_{d1} 和上升时间 t_r 之后，才能由截止状态转换到导通状态，即开通时间为 $t_{on}=t_{d1}+t_r$。

当 u_i 由 $U_H=U_{DD}$ 跳变到 $U_L=0$ V 时，MOS 管经过关断延迟时间 t_{d2} 和下降时间 t_f 之后，才能由导通状态转换到截止状态，即关断时间为 $t_{off}=t_{d2}+t_f$。

需要特别说明的是，MOS 管电容上的电压不能突变是造成 $i_D(u_o)$ 滞后 u_i 变化的主要原因，且由于 MOS 管的导通电阻比半导体三极管的饱和导通电阻要大得多，因此，MOS 管的开通和关断时间比晶体管长，其动态特性也较差。

二、分立元器件门电路

（一）二极管与门

1. 电路组成和符号

图 1-37(a) 所示为二极管与门电路，它有两个输入端 A、B 和一个输出端 Y。也可以认为 A 和 B 是它的两个输入信号或输入变量，Y 是输出信号或输出变量。

2. 工作原理

设 $U = \pm 5$ V 当输入变量全为 1 时(设两个输入端的电位均为 3 V),电源经电阻 R 向两个输入端流通电流,VD_A 和 VD_B 两管都导通,输出端 Y 的电位略高于 3 V,因此输出变量 Y 为 1。

当输入变量不全为 1,即该输入端的电位在 0 V 附近时,输出为 0。例如 A 为 0、B 为 1 时,VD_A 优先导通。这时输出端 Y 的电位也在 0 V 附近,因此 Y 为 0,VD_B 因承受反向电压而截止。

图 1-37(a)电路有两个输入端,每个输入端有两种状态"0"和"1",因此有四种组合,其逻辑状态如表 1-20 所示,与门电路的逻辑符号如图 1-37(b)所示。

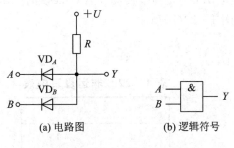

(a) 电路图   (b) 逻辑符号

图 1-37 二极管与门电路

表 1-20 与门真值表

A	B	Y
0	0	0
0	1	0
1	0	0
1	1	1

(二) 二极管或门

1. 电路组成和符号

图 1-38(a)所示为二极管或门电路,它有两个输入端 A、B 和一个输出端 Y。同样也认为 A 和 B 是它的两个输入信号或输入变量,Y 是输出信号或输出变量。

2. 工作原理

输入变量只要有一个为 1,输出就为 1。例如 A 为 1、B 为 0 时,VD_A 优先导通,输出变量 Y 也为 1。

只有当输入变量全为 0 时,输出变量 Y 才为 0,此时两个二极管都导通,Y 点电位比 0 略低。

该电路有两个输入端,每个输入端有两种状态"0"和"1",因此有四种组合,其逻辑状态如表 1-21 所示,或门电路的逻辑符号如图 1-38(b)所示。

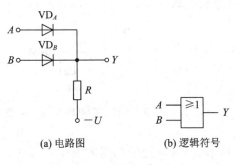

(a) 电路图   (b) 逻辑符号

图 1-38 二极管或门电路

表 1-21 或非运算真值表

A	B	Y
0	0	0
0	1	1
1	0	1
1	1	1

（三）三极管非门

1. 电路组成和符号

图 1-39(a)所示为晶体管非门电路，它由一个晶体管组成，有一个输入端 A 和一个输出端 Y。

2. 工作原理

晶体管非门电路不同于放大电路，管子的工作状态或从截止转为饱和，或从饱和转为截止。非门电路只有一个输入端 A，当 A 为 1(设其电位为 3 V)时，晶体管饱和，其集电极即输出端 Y 为 0(其电位在 0 V 附近)；当 A 为 0 时，晶体管截止，输出端 Y 为 1(其电位近似等于 U_{CC})。所以非门电路也称为反相器，加负电源 U_{BB} 是为了使晶体管可靠截止。其逻辑状态如表 1-22 所示，非门电路的逻辑符号如图 1-39(b)所示。

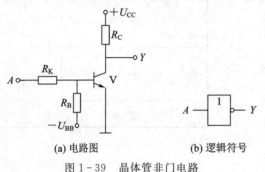

(a) 电路图　　　　(b) 逻辑符号

图 1-39　晶体管非门电路

表 1-22　非运算真值表

A	Y
0	1
1	0

三、CMOS 集成门电路

由单极型场效应管构成的集成逻辑门电路叫做 MOS 门电路，它具有制造工艺简单、集成度高、功耗低、抗干扰能力强等优点。MOS 门电路可分为 PMOS 门电路、NMOS 门电路及 CMOS 门电路三种类型。CMOS 门电路是一种互补对称场效应管集成电路，静态功耗低，抗干扰能力强，工作稳定性好，开关速度高，应用更为广泛。

（一）CMOS 反相器

1. 电路组成及工作原理

1) 电路组成

MOSFET 有 P 沟道和 N 沟道两种，每种又分为耗尽型和增强型。由 N 沟道和 P 沟道两种 MOSFET 组成的电路称为互补 MOS 或 CMOS 电路。

CMOS 反相器电路如图 1-40 所示，由两只增强型MOSFET 组成，其中一个为 N 沟道结构，另一个为 P 沟道结构。为了电路能正常工作，要求电源电压 U_{DD} 大于两个管子的开启电压的绝对值之和，即 $U_{DD} > (U_{TN} + |U_{TP}|)$。

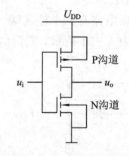

图 1-40　CMOS 反相器电路

2) 工作原理

(1) 当 u_i(输入电压)$=UI_{IL}$(低电平)$=0$ V 时，U_{GS1}(N 沟道管的漏源电压)$=0$ V，因此 N 沟道管截止。而此时 $|U_{GS2}|$(P 沟道管的漏源电压)$> |U_{TP}|$，所以 P 沟道管导通，且

导通内阻很低，所以 U_o（输出电压）$=U_{OH}$（高电平）$\approx U_{DD}$，即输出为高电平。

（2）当 $u_i = U_{IH} = U_{DD}$ 时，$U_{GS1} = U_{DD} > U_{TN}$，N 沟道管导通；而 $U_{GS2} = 0 < |U_{TP}|$，因此 P 沟道管截止。此时 $U_o = U_{OL}$（低电平）≈ 0，即输出为低电平。可见，CMOS 反相器实现了逻辑非的功能。

2. 传输特性

图 1-41 为 CMOS 反相器的传输特性图，其中 $U_{DD} = 10$ V，$U_{TN} = |U_{TP}| = U_T = 2$ V。由于 $U_{DD} > (U_{TN} + |U_{TP}|)$，因此，$U_{DD} - |U_{TP}| > u_i > U_{TN}$ 时，T_N 和 T_P 两管同时导通。考虑到电路是互补对称的，一器件可将另一器件视为它的漏极负载；且器件在放大区（饱和区）呈现恒流特性，两器件之一可当做高阻值的负载。因此，在过渡区域，传输特性变化比较急剧，两管在 $u_i = U_{DD}/2$ 处转换状态。

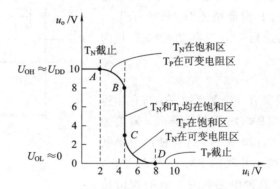

图 1-41 CMOS 反相器的传输特性

3. 工作速度

CMOS 反相器在电容负载情况下，其开通时间与关闭时间是相等的，这是因为电路具有互补对称的性质。图 1-42 表示当 $u_i = 0$ V 时，T_N 截止，T_P 导通，由 U_{DD} 通过 T_P 向负载电容 C_L 充电。由于在 CMOS 反相器中，两管的 g_m 值均设计得较大，因此其导通电阻较小，充电回路的时间常数较小。类似地，亦可分析电容 C_L 的放电过程。CMOS 反相器的平均传输延迟时间约为 10 ns。

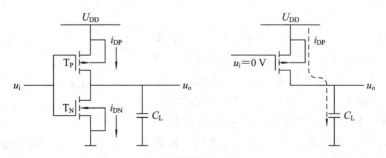

图 1-42 CMOS 反相器在电容负载下的工作情况

4. 反相器特点

（1）静态功耗极低。在稳定时总有一个 MOS 管处于截止状态，流过的电流为极小的漏电流。

（2）抗干扰能力较强。由于其阈值电平近似为 $0.5U_{DD}$，输入信号变化时，过渡变化陡峭，所以低电平噪声容限和高电平噪声容限近似相等，且随电源电压升高，抗干扰能力增强。

（3）电源利用率高。$U_{OH}=U_{DD}$，由于阈值电压随 U_{DD} 变化而变化，所以允许 U_{DD} 有较宽的变化范围，一般为 $+3\sim+18$ V。

（4）输入阻抗高，带负载能力强。

（二）其他类型 CMOS 门电路

1. CMOS 与非门

1）电路组成

图 1-43 是两输入端 CMOS 与非门电路的基本结构形式，由两个串联的 N 沟道增强型 MOS 管 T_{N1}、T_{N2} 和两个并联的 P 沟道增强型 MOS 管 T_{P1}、T_{P2} 组成。两个输入端连到一个 N 沟道和一个 P 沟道 MOS 管的栅极。

2）工作原理

输入端 A、B 中只要有一个为低电平，与它相连的 NMOS 管便会截止，PMOS 管便会导通，输出为高电平；仅当 A、B 全为高电平时，才会使两个串联的 NMOS 管都导通，两个并联的 PMOS 管都截止，输出为低电平。因此，这种电路具有与非的逻辑功

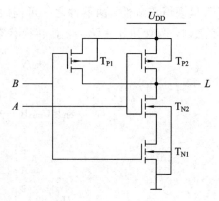

图 1-43　CMOS 与非门

能，且 $L=\overline{AB}$。若构成 n 输入端的与非门，则必须有 n 个 NMOS 管串联和 n 个 PMOS 管并联。

2. CMOS 或非门

1）电路组成

图 1-44 是两输入端 CMOS 或非门电路，由两个并联的 N 沟道增强型 MOS 管 T_{N1}、T_{N2} 和两个串联的 P 沟道增强型 MOS 管 T_{P1}、T_{P2} 组成。

2）工作原理

当输入端 A、B 中只要有一个为高电平，与它相连的 NMOS 管便会导通，PMOS 管便会截止，输出为低电平；仅当 A、B 全为低电平时，才会使两个并联 NMOS 管都截止，两个串联的 PMOS 管都导通，输出为高电平。因此，这种电路具有或非的逻辑功能，且 $L=\overline{A+B}$。若构成 n 输入端的或非门，则必须有 n 个 NMOS 管并联和 n 个 PMOS 管串联。

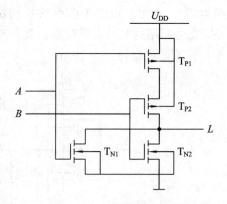

图 1-44　CMOS 或非门

比较 CMOS 与非门和或非门可知，与非门的工作管是彼此串联的，其输出电压随管子个数的增加而增加；或非门则相反，其工作管彼此并联，对输出电压不致有明显的影响，因而或非门用得较多。

3. CMOS 传输门

CMOS 传输门是一种能控制信号通过与否的开关,具有对所要传送的信号允许或禁止通过的功能。

CMOS 传输门电路及逻辑符号如图 1-45(a)、(b)所示。

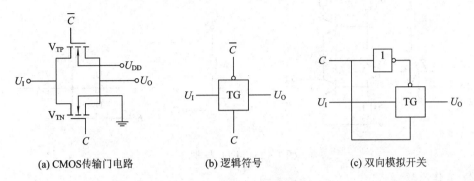

(a) CMOS传输门电路   (b) 逻辑符号   (c) 双向模拟开关

图 1-45 CMOS 传输门

当 $C=0$,即控制端 C 电压为 0、$\overline{C}$ 端加 U_{DD} 电压时,只要输入信号的变化范围不超过 $0 \sim U_{DD}$,V_{TN} 和 V_{TP} 同时截止,输入与输出之间呈高阻状态,相当于开关断开。反之,当 $C=1$,即在控制端 C 加 U_{DD} 电压,$\overline{C}$ 为 0 时,设两管开启电压为 U_T,若 $0 < U_I < (U_{DD} - U_T)$,V_{TN} 管导通;若 $U_T < U_I < U_{DD}$,V_{TP} 管导通,只要 U_I 在 $0 \sim U_{DD}$ 范围内,则至少有一个管子导通,电路呈低阻,相当于开关接通。

当 $C=1$、$\overline{C}=0$ 时,传输门导通,$U_O = U_I$;当 $C=0$、$\overline{C}=1$ 时,传输门截止,输出端呈高阻,即

$$\begin{cases} U_O = U_I & C=1, \overline{C}=0 \\ Z(\text{高阻}) & C=0, \overline{C}=1 \end{cases}$$

由于 CMOS 管的结构是对称的,源极和栅极可以互换,因此传输门的输入端和输出端也可以互换使用,是双向开关,如图 1-45(c)所示。

传输门的一个重要用途是可作为模拟开关,用来控制传输连续变化的模拟电压信号。

四、TTL 集成门电路

前面讨论的电路都是由二极管、晶体管组成的,它们称为分立元件门电路。而在实际应用中大多使用集成电路,这里主要介绍使用较广泛的 TTL 集成门电路。

(一) TTL 门电路

TTL 门电路是双极型集成电路,与分立元件相比,具有速度快、可靠性高和微型化等优点,目前分立元件电路已被集成电路替代。本书主要介绍集成"与非"门电路的工作原理、特性和参数。

1. TTL 与非门

1)电路组成

如图 1-46 所示,V_1 是多发射极晶体管,可以把它的集电极看成是一个二极管,而把

发射极看做是与前者背靠背的两个二极管。这样，V_1 的作用与二极管与门的作用完全相同。

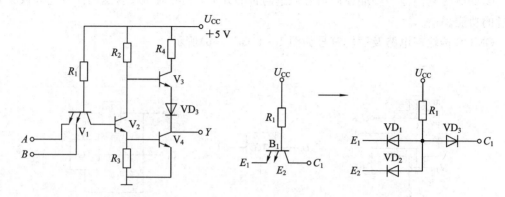

图 1-46 TTL 与非门

2）工作原理

（1）输入端全为 1 时。

当输入端 A 和 B 全为 1（约 3.6 V）时，V_1 的基极电位较高，V_1 的集电极导通，向 V_2 提供足够的基极电流，使 V_2 饱和导通。V_2 的发射极电流在 R_3 上产生的压降又为 V_4 提供足够的基极电流，使 V_4 也饱和导通，所以输出端的电位为 $V_Y=0.3$ V，即 $Y=0$。

V_2 的集电极电位为 $V_{C2}=V_{CE2}+V_{BE4}\approx0.3+0.7=1$ V。此即 V_3 的基极电位，它不足以使 V_3 和 VD_3 导通，所以 V_3 截止。由于 V_3 截止，因此接负载后，V_4 的集电极电流全部由外接负载门灌入，这种电流称为灌电流。

（2）输入端不全为 1 时。

当输入端 A 或 B 为 0，或 A、B 均为 0（约 0.3 V）时，V_1 的基极电位 $V_{B1}=0.3+0.7=1$ V，它不足以向 V_2 提供正向基极电流，所以 V_2 截止，以致 V_4 也截止。V_2 的集电极电位接近于 +5 V，V_3 导通，所以输入端的电位为 $V_Y=5\text{ V}-R_2I_{B3}-V_{BE3}-V_{D3}$，因为 R_2I_{B3} 很小，可略去，所以 $V_Y=5\text{ V}-0.7-0.7=3.6$ V，即 $Y=1$。

由于 V_4 截止，因此接负载后，有电流从 U_{CC} 经 R_4 流向每个负载，这种电流称为拉电流。

由上述可知，该门电路具有与非逻辑功能，即 $Y=\overline{AB}$。

3）特性及参数

TTL 与非门的输出电压与输入电压之间的关系叫做电压传输特性。它是通过实验得出的，即将某一输入端的电压由零逐渐增大，而将其他输入端接在电源正极保持恒定高电位。

由图 1-47 可知，当 $u_i<0.5$ V 时，输出电压 $u_o\approx3.6$ V，即图中的 AB 段；当 $u_i=0.5\sim1.3$ V 时，u_o 随 u_i 逐渐减小，但不很稳定，即图 1-47 中 BCD 段；当 $u_i=1.4$ V 时，输出迅速转为低电平，$u_o\approx0.3$ V，即图中的 DE 段。

TTL 与非门主要有以下参数：

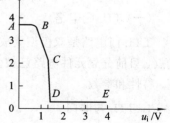

图 1-47 电压传输特性

（1）输出高电平电压 U_{OH}：当输入端有一个或多个为低电平时，与非门的输出电压值称为输出高电平电压 U_{OH}，即图 1-47 中的 AB 段，其典型值为 3.6 V，产品规范值 $U_{OH} \geqslant$ 2.4 V。

（2）输出低电平电压 U_{OL}：当输入端全为高电平时，与非门的输出电压值称为输出低电平电压 U_{OL}，即图中的 DE 段，其典型值为 0.3 V，产品规范值 $U_{OL} \leqslant 0.4$ V。

（3）关门电平 U_{off}：保证输出高电平所允许的最大输入低电平称为关门电平 U_{off}，通常 $U_{off} \leqslant 0.8$ V。当输入端低电平受正向干扰而升高时，只要不超过关门电平 U_{off}，输出就仍能保持高电平。可见，关门电平越大，表明电路抗正向干扰的能力越强。

（4）开门电平 U_{on}：保证输出低电平所允许的最小输入高电平称为开门电平 U_{on}，通常 $U_{on} \geqslant 1.8$ V。当输入端高电平受负向干扰而降低时，只要不低于开门电平 U_{on}，输出就仍能保持低电平。可见，开门电平越小，表明电路抗正向干扰的能力越强。

（5）扇出系数 N_0：指一个与非门能带同类门的最大数目，它表示带负载的能力。对于 TTL"与非"门来说，$N_0 \geqslant 8$。

（6）平均传输延迟时间 t_{pd}：从输入脉冲上升沿的 50% 处起到输出脉冲下降沿的 50% 处的时间称为上升延迟时间 t_{pd1}，从输入脉冲下降沿的 50% 处起到输出脉冲上升沿的 50% 处的时间称为下降延迟时间 t_{pd2}。t_{pd1} 与 t_{pd2} 的平均值称为平均传输延迟时间 t_{pd}，$t_{pd} = \dfrac{t_{pd1} + t_{pd2}}{2}$，此值越小越好。

（7）输入高电平电流 I_{IH} 和输入低电平电流 I_{IL}：当某一输入端接高电平，其余输入端接低电平时，流入该输入端的电流，称为高电平输入电流 I_{IH}；而当某一输入端接低电平，其余输入端接高电平时，流出该输入端的电流，称为低电平输入电流 I_{IL}。

2. TTL 或非门

1）电路组成

最简单的 TTL 或非门电路有两个输入端，在 TTL 非门电路的输入端旁边再制作一个输入端，即可组成 TTL 或非门电路。TTL 或非门电路的组成如图 1-48 所示。

2）逻辑关系

图 1-48 所示电路标出了 A、B 输入端同时输入高电平信号时的瞬时极性。

在图 1-48 中，A 输入高电平信号时，三极管 V_2 的基极为高电位且导通，V_3 的基极为低电位，V_4 为高电位；B 输入低电平信号时，三极管 V_2' 的基极为低电位且截止，V_3 的基极为高电位，V_4 为高电位。高、低电位信号同时出现在 V_3 和 V_4 的基极，根据三极管导通和截止的特征及钳位的概念可知，V_2 导通时，有电流流过电阻 R_5，使 R_5 的上端保持高电位，所以 V_4 的基极为高电平；同时，V_2 导通时，把三极管 V_3 的基极电位拉了下来，将 V_3 的基极电位钳在低电平，V_3 截止，门电路的输出为低电平。图 1-48 所示电路的真值如表 1-23 所示。

由表 1-23 可见，图 1-48 所示电路的逻辑关系是"有 1 出 0"，即或非的逻辑关系，所以，图 1-48 所示的电路是或非门。利用瞬时极性法还可以判断其他类型 TTL 门电路的逻辑关系。

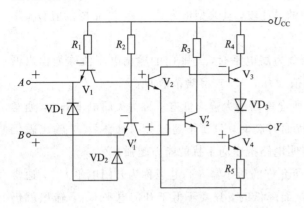

图 1-48 TTL 或非门

表 1-23 图 1-48 电路真值表

A	B	Y
0	0	1
0	1	0
1	0	0
1	1	0

3. TTL 集电极开路门(OC 门)

1) 电路组成

集电极开路门电路的组成如图 1-49(a)所示,图 1-49(b)是集电极开路门的符号。

2) 线与电路

OC 门电路因输出级三极管 V_4 为集电极开路,所以 OC 门电路的输出端可以并联使用。由图 1-49 可见,因三极管 V_4 为集电极开路,门电路输出的高电平信号必须通过如图 1-50 所示的外接负载电阻 R 和电源 U_{CC} 来提供。负载电阻 R 的作用是当三极管 V_4 截止时,将 V_4 集电极的电位提高,使门电路能够输出高电平信号,所以,负载电阻 R 又称为上拉电阻。

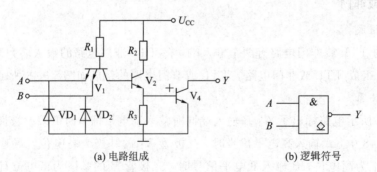

(a) 电路组成   (b) 逻辑符号

图 1-49 集电极开路门

在图 1-50 中,若将两个门电路的输出信号 Y_1、Y_2 当作并联电路的输入信号,并联后的输出电压 Y 当做输出信号,则输入信号与输出信号的逻辑关系如表 1-24 所示。

由表 1-24 可见,两个门电路输出端并联使用的逻辑关系为"有 0 出 0",即两个门电路输出端并联使用的结果等效于与逻辑关系,所以图 1-50 所示的电路称为线与电路,其输出与输入的逻辑关系为

$$Y = Y_1 Y_2 = \overline{AB}\ \overline{CD} = \overline{AB + CD}$$

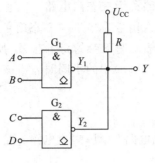

图 1-50 线与电路

表 1-24 图 1-49 的电路真值表

A	B	Y
0	0	1
0	1	1
1	0	1
1	1	0

4. TTL 三态门(TS 门)

1）电路组成

在普通门电路的基础上增加一个控制电路即可组成三态门电路。三态门电路的组成如图 1-51(a)所示，图 1-51(b)是三态门电路符号。

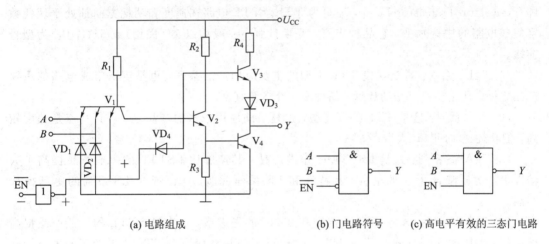

(a) 电路组成   (b) 门电路符号   (c) 高电平有效的三态门电路

图 1-51 三态门电路

2）工作原理

在图 1-51(a)所示的电路中，若在 $\overline{EN}$ 控制端加低电平信号"0"，则该信号经非门电路后，可使二极管 VD_4 的负极为高电平信号"1"，VD_4 因反向偏置而截止，$\overline{EN}$ 控制端的输入信号对与非门的逻辑状态不影响。此时，三态门相当于一个与非门电路，其输出与输入的逻辑关系为

$$Y = \overline{AB}$$

若在 $\overline{EN}$ 控制端加高电平信号"1"，该信号经非门电路后，可使二极管 VD_4 的负极为低电平信号"0"，VD_4 因正向偏置而导通，三极管 V_2 的集电极和 V_3 的基极电位被钳位在低电平，V_3 和 V_4 同时截止，与非门电路的输出端 Y 对电源、对地都是断开的，与非门输出的状态为不受输入信号影响的高电阻 Z，其输出表达式为

$$Y = Z$$

由上面的讨论可见，图 1-51 所示电路的输出状态除了与非门的高、低电平两个状态

外，还有高电阻的第三状态 Z，所以图 1-51 所示的电路称为三态门电路。三态门电路输出的状态受EN控制端输入信号的影响，当$\overline{EN}$控制端输入信号为"0"时，三态门是一个正常工作的门电路；当EN控制端输入信号为"1"时，三态门输出为不变的高阻态 Z，所以$\overline{EN}$控制端又称为使能端或选通端。$\overline{EN}$上的求非符号和图 1-51(b)中的小圆圈表示该输入端低电平有效。图 1-51(c)是高电平有效的三态门电路。

（二）TTL 数字集成电路和其他双极性集成电路

按结构工艺分类，数字集成电路可以分为厚膜集成电路、薄膜集成电路、混合集成电路和半导体集成电路四大类。

世界上生产最多、使用最多的为半导体集成电路。半导体数字集成电路（以下简称数字集成电路）主要分为 TTL、ECL、CMOS 三大类。

1. TTL 数字集成电路

TTL 数字集成电路以双极型晶体管（即通常所说的晶体管）为开关元件，输入级采用多发射极晶体管形式，开关放大电路也都由晶体管构成，所以称为晶体管-晶体管-逻辑，即 Transistor-Transistor-Logic，缩写为 TTL。TTL 电路在速度和功耗方面都处于现代数字集成电路的中等水平，它品种丰富，互换性强，一般均以 74（民用）或 54（军用）为型号前缀。

（1）74LS 系列：这是现代 TTL 类型的主要应用产品系列，也是逻辑集成电路的重要产品之一，其主要特点是功耗低，品种多，价格便宜。

（2）74S 系列：这是 TTL 的高速型，也是目前应用较多的产品之一，其特点是速度较高，但功耗比 LSTTL 大得多。

（3）74ALS 系列：这是 LSTTL 的先进产品，其速度比 LSTTL 的一般产品提高了一倍以上，功耗降低了一半左右，其特性和 LS 系列近似，所以成为 LS 系列的更新换代产品。

（4）74AS 系列：这是 STTL（抗饱和 TTL）的先进型，速度比 STTL 的一般产品提高近一倍，功耗比 STTL 降低了一半以上，与 ALSTTL 系列均为 TTL 类型的新的主要标准产品。

（5）74F 系列（简称 F、FTTL 或 FAST 等）：这是美国仙童公司开发的相似于 ALS、AS 的高速类 TTL 产品，性能介于 ALS 和 AS 之间，已成为 TTL 的主流产品之一。

2. ECL 集成电路

ECL、TTL 为双极型集成电路，构成的基本元器件为双极型半导体器件。双极型集成电路主要有 TTL（Transistor-Transistor Logic）电路、ECL（Emitter Coupled Logic）电路和 I²L（Integrated Injection Logic）电路等类型，其中 TTL 电路的性能价格比最佳，故应用最广泛。

ECL 即发射极耦合逻辑电路，也称电流开关型逻辑电路，是利用运放原理通过晶体管射极耦合实现的门电路。在所有数字电路中，它的工作速度最高，平均延迟时间 t_{pd} 可小至 1 ns。这种门电路输出阻抗低，负载能力强，广泛应用于高速大型计算机、数字通信系统、高精度测试设备等领域。此类电路的缺点是抗干扰能力差、电路功耗大。此外，由于电源电压和逻辑电平特殊，使用上难度略高。通用的 ECL 集成电路系列主要有 ECL10K 系列和 ECL100K 系列等。

ECL10K 系列是门电路传输延迟时间为 20 ns、功耗为 25 mW 的逻辑电路系列，属于 ECL 中的低功耗系列，是目前应用很广泛的一种 ECL 集成电路系列。ECL100K 系列最初由美国 FSC(仙童公司)生产，是现代数字集成电路系列中性能最优越的系列，其最大特点是速度高，同时还具有逻辑功能强、集成度高和功耗低等特点。

3. CMOS 集成电路

随着大规模和超大规模集成电路的工作速度和密度不断提高，过大的功耗已成为设计上的一个难题。因此，具有微功耗特点的 CMOS 电路已成为现代集成电路中重要的一类，并且越来越显示出它的优越性，广泛应用于大型高速电子计算机和超高速脉码调制器等领域中。

MOS 电路为单极型集成电路，又称为 MOS 集成电路，它采用金属氧化物半导体场效应管(Metal Oxide Semi-conductor Field Effect Transistor，MOSFET)制造，其主要特点是结构简单，制造方便，集成度高，功耗低，但速度较慢。MOS 集成电路又分为 PMOS(P-channel Metal Oxide Semiconductor，P 沟道金属氧化物半导体)、NMOS(N-channel Metal Oxide Semiconductor，N 沟道金属氧化物半导体)和 CMOS(Complement Metal Oxide Semiconductor，复合互补金属氧化物半导体)等类型。

MOS 电路中应用最广泛的为 CMOS 电路。在 CMOS 数字电路中，应用最广泛的为 4000、4500 系列，它不但适用于通用逻辑电路的设计，而且综合性能也很好，与 TTL 电路均为数字集成电路中两大主流产品。CMOS 数字集成电路主要分为 4000(4500)系列、54HC/74HC 系列、54HCT/74HCT 系列等，实际上这三大系列之间的引脚功能、排列顺序是相同的，只是某些参数不同而已。例如，74HC4017 与 CD4017 为功能相同、引脚排列相同的电路，前者工作速度高，工作电源电压低。4000 系列中目前最常用的是 B 系列，它采用硅栅工艺和双缓冲输出结构。

Bi-CMOS 是双极型 CMOS(Bipolar-CMOS)电路的简称，这种门电路的特点是逻辑部分采用 CMOS 结构，输出级采用双极型三极管，因此兼有 CMOS 电路的低功耗和双极型电路输出阻抗低的优点。

任务四　组合逻辑电路

根据数字部件的结构和工作原理的不同特点，数字系统可分为组合逻辑电路和时序逻辑电路两大类。这里重点介绍组合逻辑电路的分析和设计方法。

一、组合逻辑电路的分析方法

(一) 概述

1. 组合逻辑电路的定义

对于数字逻辑电路，当其任意时刻的稳定输出仅仅取决于该时刻的输入变量的取值，而与过去的输出状态无关时，则称该电路为组合逻辑电路，简称组合电路，如图 1-52所示。

图 1-52 中，a_1，a_2，$\cdots$，a_n 为输入变量，y_1，y_2，$\cdots$，y_m 是输出变量。在组合逻辑电路中，任意时刻的输出仅仅取决于该时刻的输入，而与电路原来的状态无关，其输出变量与输入变量之间的逻辑关系用式(1-19)来描述。

图 1-52 组合逻辑电路框图

$$\begin{cases} y_1 = f_1(a_1,\ a_2,\ \cdots,\ a_n) \\ y_2 = f_2(a_1,\ a_2,\ \cdots,\ a_n) \\ \vdots \\ y_m = f_m(a_1,\ a_2,\ \cdots,\ a_n) \end{cases} \tag{1-19}$$

从电路结构上看，组合逻辑电路由常用门电路组合而成，其中输出与输入之间没有反馈延迟电路，同时电路中也没有具有记忆功能的元件。由于门电路有延时，因此组合逻辑电路也有延迟时间。

2. 逻辑功能的描述

组合逻辑电路的逻辑功能是指输出变量与输入变量之间的函数关系，任何组合逻辑电路都可由逻辑函数表达式、真值表、逻辑图和卡诺图等四种方法中的任一种来表示其逻辑功能。由于逻辑图不够直观，一般需要将其转换成逻辑函数或真值表的形式。分析和设计组合逻辑电路的数学工具是逻辑代数。

3. 组合逻辑电路分类

1）按照组合电路逻辑功能分类

按逻辑功能进行分类，常用的组合电路有加法器、数值比较器、编码器、译码器、数据选择器和数据分配器等。由于组合电路设计的功能可以是任意变化的，所以这里只给出基本功能分类。

2）按照使用门电路类型分类

按照使用门电路的类型进行分类，常用的组合逻辑电路有 TTL、CMOS 等类型。

3）按照门电路集成度分类

按照门电路集成度进行分类，常用的组合逻辑电路有小规模集成电路 SSI、中规模集成电路 MSI、大规模集成电路 LSI、超大规模集成电路 VLSI 等。

（二）组合逻辑电路的分析方法

1. 分析方法

所谓分析，就是对于一个给定的组合逻辑电路，确定其逻辑功能。由给定的组合电路的逻辑图出发，所要遵循的基本步骤，称为组合电路的分析方法，其分析步骤大致如下：

（1）根据已知逻辑电路，确定输入/输出变量，逐级写出各输出变量的逻辑函数表达式。

（2）对写出的逻辑函数表达式进行化简，求出最简逻辑表达式。

（3）根据最简的逻辑表达式列出真值表。

（4）根据真值表说明组合电路的逻辑功能。

2. 分析举例

【例 1 - 21】　分析图 1 - 53 所示电路的逻辑
功能。

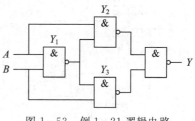

图 1 - 53　例 1 - 21 逻辑电路

解　（1）由逻辑图写出逻辑式。从输入端到输出
端，依次写出各个门的逻辑式，最后写出输出变量 Y
的逻辑式。

$$Y_1 = \overline{AB}, \ Y_2 = \overline{AY_1} = \overline{A \cdot \overline{AB}}, \ Y_3 = \overline{BY_1} = \overline{B \cdot \overline{AB}}$$

$$Y = \overline{Y_2 Y_3} = \overline{\overline{A \cdot \overline{AB}} \cdot \overline{B \cdot \overline{AB}}}$$

（2）应用逻辑代数化简。

$$Y = \overline{Y_2 Y_3} = \overline{\overline{A \cdot \overline{AB}} \cdot \overline{B \cdot \overline{AB}}} = \overline{\overline{A \cdot \overline{AB}}} + \overline{\overline{B \cdot \overline{AB}}}$$

$$= A \cdot \overline{AB} + B \cdot \overline{AB} = A(\overline{A} + \overline{B}) + B(\overline{A} + \overline{B})$$

$$= A\overline{A} + A\overline{B} + B\overline{A} + B\overline{B} = A\overline{B} + \overline{A}B$$

（3）由逻辑表达式列出逻辑状态表如表 1 - 25 表示。

表 1 - 25　例 1 - 21 真值表

A	B	Y
0	0	0
0	1	1
1	0	1
1	1	0

（4）分析逻辑功能。输入相同，输出为"0"；输入相异，输出为"1"，这种逻辑关系称为
"异或"逻辑关系，这种电路称"异或"门。

【例 1 - 22】　分析图 1 - 54 所示电路的逻辑功能。

解　（1）由逻辑图写出逻辑式。当电路比较复杂时，在每个门的输出端设一个中间变
量，然后从前到后，依次写出各个门的逻辑式，最后写出输出变量 Y 的逻辑式。

$$Y_1 = \overline{AB}, \ Y_2 = \overline{A}, \ Y_3 = \overline{B}, \ Y_4 = \overline{\overline{A} \cdot \overline{B}}$$

（2）写出逻辑表达式并应用逻辑代数化简。

$$Y = \overline{Y_1 Y_4} = \overline{\overline{AB} \cdot \overline{\overline{A} \ \overline{B}}} = AB + \overline{A} \ \overline{B}$$

（3）由逻辑表达式列出逻辑状态表，如表 1 - 26 所示。

（4）分析逻辑功能。输入相同，输出为"1"；输入相异，输出为"0"，这种逻辑关系称为
"同或"逻辑关系。这种电路称"同或"门，可用于判断各输入端的状态是否相同，其逻辑式
也可以写成：

$$Y = AB + \overline{A} \ \overline{B} = \overline{A \oplus B} = A \odot B$$

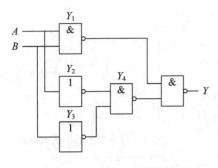

图 1-54　例 1-22 逻辑电路

表 1-26　图 1-22 真值表

A	B	Y
0	0	1
0	1	0
1	0	0
1	1	1

二、组合逻辑电路的设计方法

根据设计要求，设计出符合需要的组合逻辑电路，并画出组合逻辑电路图，这个过程称为组合逻辑电路的设计。

组合逻辑电路的设计步骤如下：

(1) 根据设计要求，确定组合电路输入变量个数及输出变量的个数。

(2) 确定输入变量和输出变量，并将输入变量的两种输入状态与逻辑 0 或逻辑 1 对应，将输出变量的两种输出状态与逻辑 0 或逻辑 1 对应。

(3) 根据设计要求，列真值表。

(4) 根据真值表写出各输出变量的逻辑表达式。

(5) 对逻辑表达式进行化简，写出符合要求的最简的逻辑表达式。

(6) 根据最简逻辑表达式，画出逻辑电路图。

(一) 单输出组合逻辑电路的设计

【例 1-23】 设计一个三变量奇偶检验器。要求：当输入变量 A、B、C 中有奇数个同时为"1"时，输出为"1"，否则则为"0"。用"与非"门实现。

解 (1) 根据要求列逻辑状态表，如表 1-27 所示。

表 1-27　例 1-23 状态表

A	B	C	Y
0	0	0	0
0	0	1	1
0	1	0	1
0	1	1	0
1	0	0	1
1	0	1	0
1	1	0	0
1	1	1	1

(2) 由状态表写出逻辑表达式。按与或表达式的要求，对所有 $F = 1$ 的项取或，再用乘积项表示该项，对应于 $F = 1$。若输入变量为"1"，则取输入变量本身（如 A）；若输入变量

为"0"，则取其反变量(如 $\overline{A}$)。

$$Y = \overline{A}\,\overline{B}C + \overline{A}B\overline{C} + A\overline{B}\,\overline{C} + ABC$$

(3) 该表达式变换成用"与非"门构成逻辑电路。

$$Y = \overline{\overline{\overline{A}\,\overline{B}C + \overline{A}B\overline{C} + A\overline{B}\,\overline{C} + ABC}} = \overline{\overline{A}\,\overline{B}C \cdot \overline{\overline{A}B\overline{C}} \cdot \overline{A\overline{B}\,\overline{C}} \cdot \overline{ABC}}$$

(4) 由逻辑表达式画逻辑电路，如图 1-55 所示。

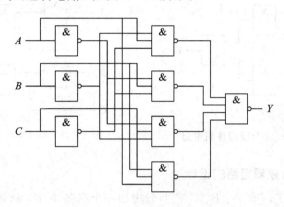

图 1-55　例 1-23 逻辑电路

【**例 1-24**】　有三台电机 A、B、C，操作要求：A 不启动，则 B 不能启动；B 不启动，则 C 不能启动。要求在不满足条件时报警，试用与非门设计逻辑电路。

解　(1) 根据逻辑要求规定逻辑状态。

设 A、B、C 分别表示三台电机的状态：启动为"1"，不启动为"0"；报警器 Y 报警为"1"，不报警为"0"。

(2) 根据逻辑要求列状态表，如表 1-28 所示。

A 不启动，则 B 不能启动；B 不启动，则 C 不能启动。

表 1-28　例 1-24 状态表

A	B	C	Y
0	0	0	0
0	0	1	1
0	1	0	1
0	1	1	1
1	0	0	0
1	0	1	1
1	1	0	0
1	1	1	0

(3) 由状态表写出逻辑式。按与或表达式的要求写出逻辑式，对所有 $Y=1$ 的项取或，再用乘积项表示该项。

$$Y = \overline{A}\,\overline{B}C + \overline{A}B\overline{C} + \overline{A}BC + A\overline{B}C$$

(4) 化简逻辑式。

$$Y = \overline{A}\,\overline{B}C + \overline{A}B\overline{C} + \overline{A}BC + A\overline{B}C = \overline{B}C(A + \overline{A}) + \overline{A}B(C + \overline{C}) = \overline{B}C + \overline{A}B$$

（5）由逻辑表达式画出逻辑电路，如图 1-56 所示。

（6）按要求的门电路实现，如图 1-57 所示。

$$F = \overline{B}C + \overline{A}B = \overline{\overline{\overline{B}C + \overline{A}B}} = \overline{\overline{\overline{B}C} \cdot \overline{\overline{A}B}}$$

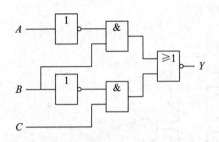

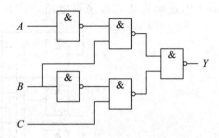

图 1-56　例 1-24 与或门逻辑电路　　　　图 1-57　例 1-24 与非门逻辑电路

（二）多输出组合逻辑电路的设计

【例 1-25】 某工厂有 A、B、C 三个车间和一个自备电站，站内有两台发电机 G_1 和 G_2，G_1 的容量是 G_2 的两倍。如果一个车间开工，只需 G_2 运行即可满足要求；如果两个车间开工，只需 G_1 运行，如果三个车间同时开工，则 G_1 和 G_2 均需运行。试画出控制 G_1 和 G_2 运行的逻辑图。

解 （1）根据逻辑要求设定状态。

设 A、B、C 分别表示三个车间的开工状态：开工为"1"，不开工为"0"；G_1 和 G_2 运行为"1"，不运行为"0"。

（2）根据逻辑要求列状态表，如表 1-29 所示。

表 1-29　例 1-25 状态表

A	B	C	G_1	G_2
0	0	0	0	0
0	0	1	0	1
0	1	0	0	1
0	1	1	1	0
1	0	0	0	1
1	0	1	1	0
1	1	0	1	0
1	1	1	1	1

（3）由状态表写出逻辑式。

$$G_1 = \overline{A}BC + A\overline{B}C + AB\overline{C} + ABC, \quad G_2 = \overline{A}\,\overline{B}C + \overline{A}B\overline{C} + A\overline{B}\,\overline{C} + ABC$$

（4）化简逻辑式。

$$G_1 = AB + BC + AC$$

G_2 的表达式不可化简。

（5）用"与非"门构成逻辑电路。

$$G_1 = \overline{AB + BC + AC} = \overline{\overline{AB} \cdot \overline{BC} \cdot \overline{AC}}, \quad G_2 = \overline{\overline{\overline{A}BC} \cdot \overline{A\overline{B}C} \cdot \overline{AB\overline{C}} \cdot \overline{ABC}}$$

（6）画出逻辑图，如图 1-58 所示。

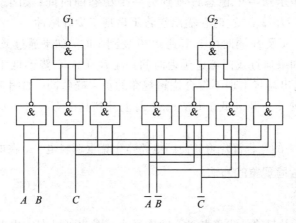

图 1-58　例 1-25 逻辑电路

三、组合逻辑电路中的竞争冒险

（一）竞争冒险的概念及产生原因

1. 竞争冒险的概念

所谓竞争，是指当门电路两个输入信号同时向相反的逻辑电平跳变的现象。冒险是指由于竞争而在电路输出端可能产生不符合逻辑规律的尖峰脉冲的现象。

2. 竞争冒险产生的原因

前面分析和设计组合逻辑电路时，是在输入、输出处于稳定的逻辑电平下进行的。实际上，如果输入到门电路的两个信号同时向相反方向跳变，则输出端可能出现不符合逻辑规律的尖峰脉冲，如图 1-59 所示。

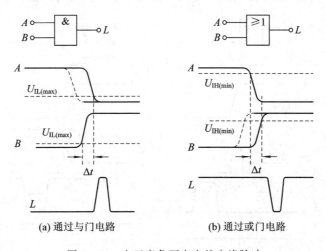

图 1-59　由于竞争而产生的尖峰脉冲

图 1-59(a)中，A 及 B 同时由 1 变到 0、0 变到 1 时，如果通过与门不考虑延迟时间，则与门输出 $Y=0$；如果通过与门考虑延迟时间，且 B 在 A 未下降到低于 $U_{IL(max)}$ 时就上升到高于 $U_{IL(max)}$，这时在输出端将出现不符合逻辑规律的正尖峰脉冲，如图 1-59(a)中的输出波形 L 所示，Δt 表示从一个稳态过渡到另一个稳态的时间；如果 B 在 A 下降到低于 $U_{IL(max)}$ 后上升到高于 $U_{IL(max)}$，这时在输出端将不出现正尖峰脉冲。

图 1-59(b)中，A 及 B 同时由 1 变到 0、0 变到 1 时，如果通过或门不考虑延迟时间，则或门输出 $Y=1$；如果通过或门考虑延迟时间，且 B 在 A 下降到低于 $U_{IH(min)}$ 后上升到高于 $U_{IH(min)}$，这时在输出端将出现不符合逻辑规律的负尖峰脉冲，如图 1-59(b)中的输出波形 L 所示，如果 B 在 A 下降到低于 $U_{IL(max)}$ 之前上升到高于 $U_{IL(max)}$，这时在输出端将不出现负尖峰脉冲。

因此，组合电路中的竞争冒险将会使门电路产生错误逻辑电平，在电路中应尽量消除。

（二）消除竞争冒险现象的方法

1. 接入滤波电容

由于竞争冒险所引起的是尖峰脉冲，宽度很小，因此可以在门电路的输出端加一个滤波电容，消除尖峰脉冲，如图 1-60 所示。一般来说，对于 TTL 门电路，C_f 大小为几十或几百皮法即可。

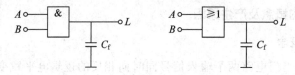

图 1-60 接入滤波电容消除竞争冒险

2. 引入选通脉冲

为了消除由于竞争冒险引起的尖峰脉冲，可以在可能引起竞争冒险的门电路输入端引入选通脉冲，选通脉冲作用在输出状态已经从一个状态过渡到一个新的状态后，如图 1-61所示。此时 L 输出信号变为脉冲形式，在选通脉冲作用期间输出才有效。

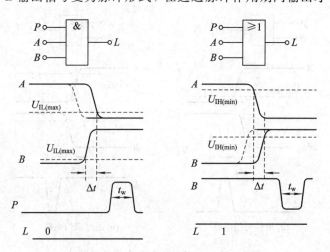

图 1-61 脉冲选通法消除竞争冒险

3. 引入封锁脉冲

为了消除由于竞争冒险引起的尖峰脉冲，可以在可能引起竞争冒险的门电路输入端引入封锁脉冲。当输入信号在可能发生竞争冒险期间，封锁信号通过门电路；当输入信号稳定后，允许输入信号通过门电路。一般地，封锁脉冲的宽度应大于输入信号从一个稳定状态过渡到新的稳定状态的时间，如图 1-62 所示。

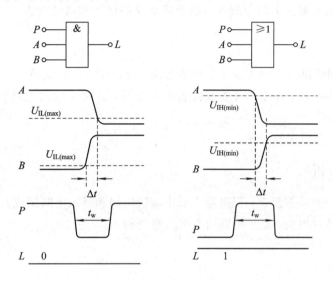

图 1-62　封锁脉冲法消除竞争冒险

4. 修改逻辑设计

在输入变量每次只有一个状态发生改变的简单情况下，可以通过增加冗余项的方法消除竞争冒险。如逻辑表达式 $L = A\overline{B} + \overline{A}C$，当 $B = 0$ 且 $C = 1$ 时，$L = A + \overline{A}$，可能存在竞争冒险；如果加上冗余项，使当 $B = 0$ 且 $C = 1$ 时，$L = A + \overline{A} + 1 = 1$，则可以消除竞争冒险。同理，在表达式 $L = (A + B)(\overline{A} + \overline{C}) = (A + B)(\overline{A} + \overline{C})(B + \overline{C})$ 中，如果增加冗余项 $(B + \overline{C})$，则当 $B = 0$ 且 $C = 1$ 时，$L = A\overline{A} \cdot 0 = 0$，消除了竞争冒险。

如果表达式复杂，可以利用卡诺图方法判断及消除竞争冒险。如逻辑表达式 $L = A\overline{B} + \overline{A}C + A\overline{C}$，其卡诺图如图 1-63 所示。由于存在两个相邻且不相交的合并项，因此存在竞争冒险。同样，可以在卡诺图上增加一个冗余的合并项 $\overline{B}C$，每相邻项合并后均相交，表达式 $L = A\overline{B} + \overline{A}C + \overline{B}C + A\overline{C}$ 消除了竞争冒险。

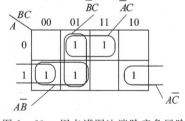

图 1-63　用卡诺图法消除竞争冒险

任务五　项目设计

一、概述

在科技日益进步的现代社会中，各行各业用到表决器的地方渐渐增多。表决器的应用，使我们在做出某一决定的同时，有了民主的含量，更具有法律效力。

例如：在大型会议选举新任领导的时候，每人一个表决器，通过按表决器汇总总的票数，产生一位领导者；在大型的选秀节目中，最终冠军的角逐也来源于评委表决及观众表决，每一轮节目都会有一次表决，最终以所有轮表决票数的汇总为最终票数，票数最高者为冠军；在一些知识竞赛节目中，每一道题目都有四个答案，需要选手通过表决器来作答，最终选出你想要的答案。下面介绍表决器逻辑电路的设计和调试方法。

二、设计任务和要求

（1）表决器同时供 3 名评委或 3 名代表表决，分别用 3 个按键 A、B、C 表示。

（2）表决器具有显示功能。评委或代表按动按键，若两人或两人以上同意，则显示表决结果。

（3）要求用与非门芯片实现。

三、设计方案分析

根据设计任务和功能要求，表决器主要由表决电路和显示电路组成。其中表决电路由表决按键及与门芯片组成，显示电路由发光二极管构成。

四、设计步骤

（1）根据逻辑功能要求，确定输入、输出变量并赋值，列真值表。

假设三名评委分别为 A、B、C，裁定结果为 Y；若评委裁定通过为 1，不通过为 0，则真值表如表 1 - 30 所示。

表 1 - 30　三人表决器真值表

A	B	C	Y
0	0	0	0
0	0	1	0
0	1	0	0
0	1	1	1
1	0	0	0
1	0	1	1
1	1	0	1
1	1	1	1

（2）由真值表写出逻辑表达式。

$$Y = \overline{A}BC + A\overline{B}C + AB\overline{C} + ABC$$

（3）表达式化简。

$$Y = AB + BC + AC$$

若用与非门实现，则表达式变形为

$$Y = \overline{\overline{AB} \cdot \overline{BC} \cdot \overline{AC}}$$

（4）根据表达式画出逻辑图。

逻辑图如图 1-64 所示。

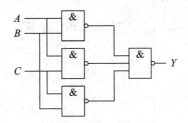

图 1-64 表决器逻辑图

（5）主要芯片。

① CD4011（四 2 输入与非门）引脚图如图 1-65 所示。

② CD4023（三 3 输入与非门）引脚图如图 1-66 所示。

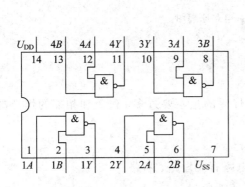

图 1-65 CD4011 引脚图

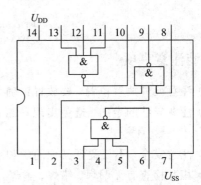

图 1-66 CD4023 引脚图

（6）元器件清单。

元器件清单见表 1-31。

表 1-31 元器件清单

元器件名称	标 注	参 数	个 数
电阻	R_1、R_2、R_3、R_4、R_5、R_6	47 kΩ	6
电阻	R_7	2.7 kΩ	1
电容	C_1、C_2、C_3	0.01 μF	3
按键	S_1、S_2、S_3		3
发光二极管	LED	红	1
IC 芯片	四 2 输入与非门	CD4011	1
IC 芯片	三 3 输入与非门	CD4023	1
芯片底座		14 脚	2

（7）电路原理图。

电路原理见图 1-67。

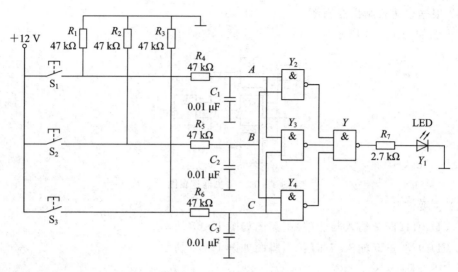

图 1-67　电路原理图

五、安装注意事项

（1）注意元件放置位置，要放置正确。

（2）注意导线的走向，避免出现短路；焊锡的量不要过多，避免和相邻的焊点融合到一起。

（3）注意安全，不要烫到其他同学和自己。

（4）相互检查有无漏焊、错焊、虚焊，电路有无短路、断路。

注：元器件的插接与焊接后面章节将有详细介绍。

六、表决器的调试

（一）三人表决器工作原理

有人赞成时按下按钮，不赞成就不按下按钮。

（1）无人按下按钮时，A、B、C 都是低电平 0，Y_2、Y_3、Y_4 都是高电平，Y 为低电平，Y_1 为低电平，红色发光二极管反向偏置截止，不亮。

（2）只有一人按下按钮时，假设 A 按下按钮，A 为高电平，B、C 都是低电平 0，Y_2、Y_3、Y_4 都是高电平，Y 为低电平，Y_1 为低电平，红色发光二极管反向偏置截止，不亮。

（3）有两人按下按钮时，假设 A、B 按下按钮，A、B 为高电平，C 为低电平 0，Y_2 为低电平，Y_3、Y_4 都是高电平，Y 为高电平，Y_1 为高电平，红色发光二极管亮。

（4）所有人都按下按钮时，A、B、C 为高电平，Y_2、Y_3、Y_4 都是低电平，Y 为高电平，Y_1 为高电平，红色发光二极管亮。

（二）故障检测方法

1. 开关故障

按下 S_1，测试 A 的电位，有高电平为正常，若无，则检查 A 点之前的电路；按下 S_2，测试 B 的电位，有高电平为正常，若无，则检查 B 点之前的电路；按下 S_3，测试 C 的电位，有高电平为正常，若无，则检查 C 点之前的电路。

2. 芯片故障

1）测量 CD4011 芯片

（1）让 A 处于高电平，B、C 处于低电平，测量 Y_2、Y_3、Y_4 的电平，是否和根据与非门的逻辑功能推导出来的一致。

（2）让 C 处于高电平，A、B 处于低电平，测量 Y_2、Y_3、Y_4 的电平，是否和根据与非门的逻辑功能推导出来的一致。

若正常，说明芯片无故障。

2）测量 CD4023 芯片

（1）测量 Y_2、Y_3、Y_4 和 Y 的电平，判别是否和根据与非门的逻辑功能推导出来的一致。

（2）改变 A、B、C 的电平，测量 Y_2、Y_3、Y_4 和 Y 的电平，判别是否和根据与非门的逻辑功能推导出来的一致。

若正常，说明芯片无故障。

3. 发光二极管故障

极性正确情况下，检查发光二极管的故障情况，测量发光二极管正极和负极的电位。若根据电位判断出发光二极管处于正向偏置，而发光二极管不亮，则说明发光二极管产生了故障。

习　　题

1-1　数制转换。

（1）$(45C)_{16} = ($　　　$)_2 = ($　　　$)_8 = ($　　　$)_{10}$

（2）$(74)_{10} = ($　　　$)_2 = ($　　　$)_{8421BCD}$

1-2　分别采用公式法及卡诺图法化简逻辑表达式 $Y = \overline{A}\overline{B}\overline{C} + \overline{A}B\overline{C} + \overline{A}BC + A\overline{B}\overline{C} + \overline{A}BC$，并列出真值表。

1-3　写出图 1-68 所示逻辑图的函数表达式。

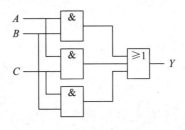

图 1-68　题 1-3 图

1-4　设计一个楼上、楼下开关的控制逻辑电路来控制楼梯上的路灯，要求：上楼前，用楼下开关打开电灯，上楼后，用楼上开关关灭电灯；或者在下楼前，用楼上开关打开电灯，下楼后，用楼下开关关灭电灯。

1-5　用与非门设计一个举重裁判表决电路，要求：

（1）设举重比赛有 3 个裁判，其中一个主裁判和两个副裁判。

（2）杠铃完全举上的裁决由每一个裁判按一下自己面前的按钮来确定。

（3）只有当两个或两个以上裁判判明成功，并且其中有一个为主裁判时，表明成功的灯才亮。

1-6 某设备有 A、B、C 三个开关。要求：只有开关 A 接通的条件下，开关 B 才能接通；开关 C 只有在开关 B 接通的条件下才能接通。违反这一规程，则发出报警信号。设计一个由与非门组成的能实现这一功能的报警控制电路。

1-7 已知逻辑函数 $L = A\bar{B} + B\bar{C} + \bar{A}C$，试用真值表、卡诺图和逻辑图（限用非门和与非门）表示。

1-8 设计一个故障显示电路，要求：

（1）两台电机同时工作时 F_1 灯亮。

（2）两台电机都有故障时 F_2 灯亮。

（3）其中一台电机有故障时 F_3 灯亮。

1-9 根据逻辑图 1-69，写出逻辑函数，并画出 Y 的波形。

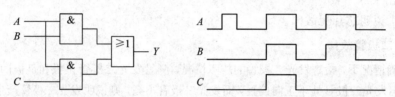

图 1-69 题 1-9 图

1-10 在三个输入信号中，A 的优先权最高，B 次之，C 最低，它们的输出分别为 Y_A、Y_B、Y_C。要求：同一时间内只有一个信号输出；如有两个及两个以上的信号同时输入时，则只有优先权最高的有输出。试设计一个能实现此要求的逻辑电路。

项目二　编码显示电路的制作

【问题导入】

生活中，每个人都会接触数码显示器。比如，我们在经过红绿灯时，LED显示器出现的倒计时，能够显示出0～9总共10个数字。那么，显示10个数字的电路如何设计呢？

【学习目标】

(1) 掌握编码器和译码器的分类与电路原理。

(2) 了解编码器和译码器的扩展电路。

(3) 掌握七段LED数码显示器的工作电路。

(4) 了解数据选择器和数据分配器的原理。

(5) 了解加法器和数值比较器的原理。

(6) 掌握一般的编码显示电路的设计方法。

【技能目标】

(1) 学会集成编码器和译码器的芯片选用。

(2) 合理选取数码显示器进行数字和字符显示。

(3) 使用数据选择器、加法器和数值比较器实现一定的电路功能。

(4) 掌握数码显示电路的设计与测试。

任务一　常用组合逻辑器件介绍

一、编码器

把若干位二进制数码0和1按照一定的规律编排成具有特定含义的代码的过程叫做编码。实现编码逻辑功能的电路称为编码器。

编码器有若干个输入，在某一时刻只有一个输入信号被转换成二进制代码。例如，4线-2线编码器有4个输入和2个二进制代码输出，8线-3线编码器有8个输入和3个二进制代码输出。

下面介绍常用的编码器。

(一) 4线-2线编码器

4线-2线编码器有4个输入和2个输出，真值表见表2-1。4个输入信号$I_0 \sim I_3$为高电平有效，输出是2位二进制代码$Y_1 Y_0$，任何时刻I_0到I_3中只能有一个取值为1，并且有一组对应的二进制代码输出。由真值表可得到如下逻辑表达式：

$$Y_0 = \overline{I_0} I_1 \overline{I_2}\, \overline{I_3} + \overline{I_0}\, \overline{I_1}\, \overline{I_2} I_3$$

$$Y_1 = \overline{I_0}\, \overline{I_1} I_2 \overline{I_3} + \overline{I_0}\, \overline{I_1}\, \overline{I_2} I_3$$

表 2-1　4 线-2 线编码器真值表

输　入				输　出	
I_0	I_1	I_2	I_3	Y_1	Y_0
1	0	0	0	0	0
0	1	0	0	0	1
0	0	1	0	1	0
0	0	0	1	1	1

根据逻辑表达式画出逻辑图，如图 2-1 所示。该逻辑电路的功能为：$I_0 \sim I_3$ 中某一输入为 1 时，输出 Y_1Y_0 即为相应的代码。例如，当 I_1 为 1 时，Y_1Y_0 为 01。需要注意，当 $I_0=1$、$I_1 \sim I_3$ 都为 0 和 $I_0 \sim I_3$ 均为 0 时，Y_1Y_0 都是 00，而这两种情况在实际中是必须加以区分的。

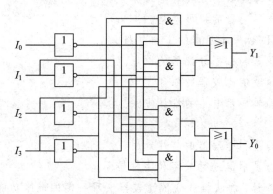

图 2-1　4 线-2 线编码器逻辑图

改进后的电路如图 2-2 所示，电路中增加了一个控制使能端 GS。输入中只要存在有效电平，GS 便置 1，即输入代码有效；只有 $I_0 \sim I_3$ 均为 0 时，GS=0，此时无信号输入，输出代码 00 为无效代码。

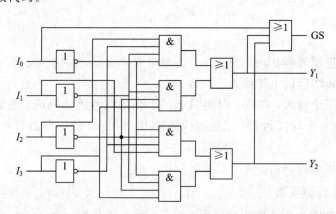

图 2-2　改进后的 4 线-2 线编码器逻辑图

以上编码器存在一个问题，就是在任何时刻，输入有效信号不能超过 1 个。当同一时刻有多个信号输入时，会引起输出混乱。因此，必须根据信号的轻重缓急，规定好允许操作的先后顺序，即优先级别。能够识别这类信号的优先级别并进行编码的逻辑部件称为优先编码器。

（二）优先编码器

4 线-2 线优先编码器的真值表如表 2-2 所示。4 个输入的高低次序依次为 I_3、I_2、I_1、I_0。对于 I_3，无论其他 3 个输入是否为有效电平输入，只要 I_3 为 1，则输出为 11，优先级别最高；对于 I_0，只有当 I_3、I_2、I_1 均为 0，且 I_0 为 1 时，输出才为 00。功能表中的"×"为无关项，表示该项的信号不论是 0 还是 1，都不影响输出结果。由表 2-2 可以得到该优先编码器的逻辑表达式如下：

$$Y_1 = I_2\,\overline{I_3} + I_3 \qquad Y_0 = I_1\,\overline{I_2}\,\overline{I_3} + I_3$$

表 2-2　4 线-2 线优先编码器真值表

输　入				输　出	
I_0	I_1	I_2	I_3	Y_1	Y_0
1	0	0	0	0	0
×	1	0	0	0	1
×	×	1	0	1	0
×	×	×	1	1	1

此外，常用的二进制编码器还有 8 线-3 线编码器，原理与 4 线-2 线编码器一样，这里不再赘述。

（三）二-十进制编码器

用二进制代码对十进制数进行编码的逻辑电路称为二-十进制编码器，其工作原理与二进制编码器并无本质区别。最常用的二-十进制编码器是 8421BCD 编码器。

1. 8421BCD 编码器

十进制数 0~9 共 10 个数码，而 3 位二进制代码只有 8 种输出状态，所以输出需要 4 位二进制代码，这种编码器称为 8421BCD 编码器，也可以称为 10 线-4 线编码器。

表 2-3 所示的是 8421BCD 码编码器的真值表。输入是需要编码的十进制数 I_0~I_9，分别代表 0~9；输出是对应的二进制码 $Y_3 Y_2 Y_1 Y_0$。

表 2-3　8421BCD 码编码器的真值表

输　入	输　出			
I	Y_3	Y_2	Y_1	Y_0
0(I_0)	0	0	0	0
1(I_1)	0	0	0	1
2(I_2)	0	0	1	0
3(I_3)	0	0	1	1
4(I_4)	0	1	0	0
5(I_5)	0	1	0	1
6(I_6)	0	1	1	0
7(I_7)	0	1	1	1
8(I_8)	1	0	0	0
9(I_9)	1	0	0	1

由于 $I_0 \sim I_9$ 是一组互相排斥的变量，所以可直接写出每一个输出的最简逻辑表达式，即

$$Y_3 = I_8 + I_9 = \overline{\overline{I_8} \; \overline{I_9}}$$

$$Y_2 = I_4 + I_5 + I_6 + I_7 = \overline{\overline{I_4} \; \overline{I_5} \; \overline{I_6} \; \overline{I_7}}$$

$$Y_1 = I_2 + I_3 + I_6 + I_7 = \overline{\overline{I_2} \; \overline{I_3} \; \overline{I_6} \; \overline{I_7}}$$

$$Y_0 = I_1 + I_3 + I_5 + I_7 + I_9 = \overline{\overline{I_1} \; \overline{I_3} \; \overline{I_5} \; \overline{I_7} \; \overline{I_9}}$$

对应的逻辑表达式的逻辑图如图 2-3 所示。

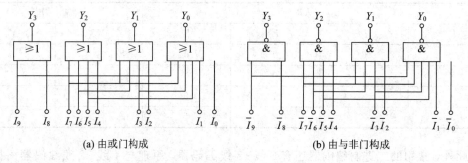

(a) 由或门构成 (b) 由与非门构成

图 2-3　8421BCD 编码器逻辑图

2. 8421BCD 优先编码器

假设 I_9 到 I_0 的优先级别依次降低，则可得到 8421BCD 优先编码器的真值表，如表 2-4 所示。

表 2-4　8421BCD 优先编码器的真值表

输　入										输　出			
I_9	I_8	I_7	I_6	I_5	I_4	I_3	I_2	I_1	I_0	Y_3	Y_2	Y_1	Y_0
1	×	×	×	×	×	×	×	×	×	1	0	0	1
0	1	×	×	×	×	×	×	×	×	1	0	0	0
0	0	1	×	×	×	×	×	×	×	0	1	1	1
0	0	0	1	×	×	×	×	×	×	0	1	1	0
0	0	0	0	1	×	×	×	×	×	0	1	0	1
0	0	0	0	0	1	×	×	×	×	0	1	0	0
0	0	0	0	0	0	1	×	×	×	0	0	1	1
0	0	0	0	0	0	0	1	×	×	0	0	1	0
0	0	0	0	0	0	0	0	1	×	0	0	0	1
0	0	0	0	0	0	0	0	0	1	0	0	0	0

根据表 2-4 可以写出相应的逻辑表达式，画出相应的逻辑图。

（四）集成电路编码器

1. 集成 3 位二进制优先编码器 74LS148

74LS148 是一种常用的集成电路优先编码器，其芯片如图 2-4 所示，(a)是引脚排列

图，(b)是逻辑功能示意图。

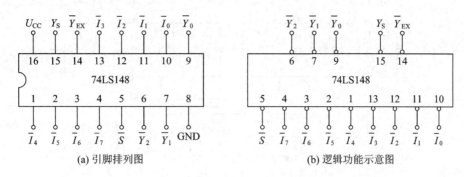

图 2-4 74LS148 的引脚图和逻辑示意图

$\overline{S}$ 为选通输入端。当 $\overline{S}=0$ 时，允许编码；当 $\overline{S}=1$ 时，输出 $\overline{Y}_2$、$\overline{Y}_1$、$\overline{Y}_0$ 和 Y_S、$\overline{Y}_{EX}$ 均封锁，编码禁止。Y_S 为选通输出端，级联应用时，高位片 Y_S 端与低位片的 $\overline{S}$ 端连接起来，可以扩展优先编码功能。$\overline{Y}_{EX}$ 为优先扩展输出端，级联应用时，可作输出位的扩展端。

74LS148 编码器的逻辑功能如表 2-5 所示。可以得到，$\overline{I}_7$ 的优先级别最高，$\overline{I}_0$ 优先级别最低，输入都是低电平有效，输出编码为反码。

表 2-5 74LS148 编码器逻辑功能表

输　入									输　出				
$\overline{S}$	$\overline{I}_7$	$\overline{I}_6$	$\overline{I}_5$	$\overline{I}_4$	$\overline{I}_3$	$\overline{I}_2$	$\overline{I}_1$	$\overline{I}_0$	$\overline{Y}_2$	$\overline{Y}_1$	$\overline{Y}_0$	$\overline{Y}_{EX}$	Y_S
1	×	×	×	×	×	×	×	×	1	1	1	1	1
0	1	1	1	1	1	1	1	1	1	1	1	1	0
0	0	×	×	×	×	×	×	×	0	0	0	0	1
0	1	0	×	×	×	×	×	×	0	0	1	0	1
0	1	1	0	×	×	×	×	×	0	1	0	0	1
0	1	1	1	0	×	×	×	×	0	1	1	0	1
0	1	1	1	1	0	×	×	×	1	0	0	0	1
0	1	1	1	1	1	0	×	×	1	0	1	0	1
0	1	1	1	1	1	1	0	×	1	1	0	0	1
0	1	1	1	1	1	1	1	0	1	1	1	0	1

如果要实现多级编码器之间优先级别的控制，需要 Y_S 和 S 的配合。利用 2 片集成 3 位二进制优先编码器 74LS148 可实现一个 16 线-4 线优先编码器的接线，如图 2-5 所示。高位芯片 74LS148(1)始终处于有效状态，当高位芯片有信号输入时，$\overline{Y}_{EX}=0$，$Z_3=1$，编码输出范围为 1000～1111，这时 $Y_S=1$，低位芯片的 $\overline{S}=1$，低位芯片 74LS148(2)处于禁止状态；当高位芯片没有信号输入时，$Y_S=0$，低位芯片的 $\overline{S}=0$，低位芯片允许工作，编码输出范围为 0000～0111。这样就实现了高位和低位芯片的优先级别的控制。

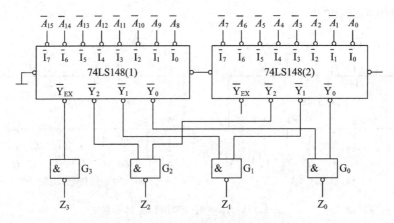

图 2-5　16 线-4 线优先编码器示意图

2. 集成二-十进制优先编码器 74LS147

优先编码器 74LS147 是 10 线-4 线 8421 优先编码器，其外引脚排列如图 2-6 所示，逻辑功能见表 2-6。

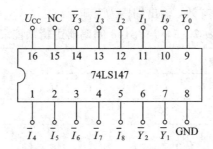

图 2-6　74LS147 引脚图

表 2-6　74LS147 功能表

输　入									输　出			
$\bar{I}_9$	$\bar{I}_8$	$\bar{I}_7$	$\bar{I}_6$	$\bar{I}_5$	$\bar{I}_4$	$\bar{I}_3$	$\bar{I}_2$	$\bar{I}_1$	$\bar{Y}_3$	$\bar{Y}_2$	$\bar{Y}_1$	$\bar{Y}_0$
1	1	1	1	1	1	1	1	1	1	1	1	1
0	×	×	×	×	×	×	×	×	0	1	1	0
1	0	×	×	×	×	×	×	×	0	1	1	1
1	1	0	×	×	×	×	×	×	1	0	0	0
1	1	1	0	×	×	×	×	×	1	0	0	1
1	1	1	1	0	×	×	×	×	1	0	1	0
1	1	1	1	1	0	×	×	×	1	0	1	1
1	1	1	1	1	1	0	×	×	1	1	0	0
1	1	1	1	1	1	1	0	×	1	1	0	1
1	1	1	1	1	1	1	1	0	1	1	1	0

该编码器有 9 个信号输入端和 4 个信号输出端，均为低电平有效，编码方式采用 8421 码。

注意：在逻辑功能表里只有 9 个输入，而不是 10 个输入，因为 I_0 这个管脚在优先编码器中是悬空的，优先级别最低。

二、译码器

译码是编码的逆过程。将编码得到的二进制代码所代表的特定含义"翻译"出来的过程叫做译码，实现译码操作的电路称为译码器。译码器是可以将输入的二进制代码的状态翻译成输出信号，以表示其原来含义的电路。

译码器的种类很多，但它们的工作原理和分析设计方法大同小异，其中二进制译码器、二-十进制译码器和显示译码器是三种最典型、使用最广泛的译码电路。

（一）二进制译码器

把二进制代码的各种状态翻译成对应的输出信号的电路，叫做二进制译码器。由于它能把输入变量的取值全部翻译出来，因此也称为变量译码器。若二进制编码器有 n 个输入，则输出端有 2^n 个，且对应于输入代码的每一个状态。2^n 个输出中只有一个为 1（或为 0），其余全为 0（或为 1）。常见的译码器有 2 线-4 线译码器、3 线-8 线译码器、4 线-16 线译码器。

图 2-7 为 2 线-4 线译码器的逻辑表达式和逻辑电路图，表 2-7 为 2 线-4 线译码器的真值表。

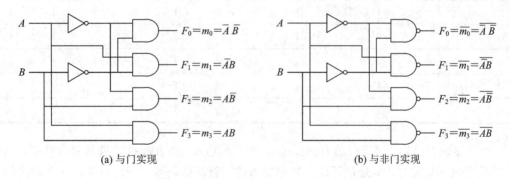

(a) 与门实现　　　　　　　　　　　　(b) 与非门实现

图 2-7 2 线-4 线译码器的逻辑表达式和逻辑电路图

表 2-7 2 线-4 线译码器的真值表

B	A	F_0	F_1	F_2	F_3
0	0	1	0	0	0
0	1	0	1	0	0
1	0	0	0	1	0
1	1	0	0	0	1

图 2-8(a)是常用的集成译码器 74LS138 的引脚排列图，其逻辑功能示意图如图 2-8(b)所示，真值表如表 2-8 所示。

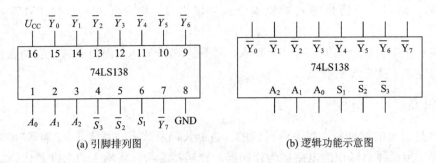

(a) 引脚排列图 (b) 逻辑功能示意图

图 2-8 74LS138 的引脚排列图和逻辑示意图

表 2-8 74LS138 功能表

输入					输出							
使能		选择										
G_1	$\overline{G_2}$	A_2	A_1	A_0	$\overline{Y_7}$	$\overline{Y_6}$	$\overline{Y_5}$	$\overline{Y_4}$	$\overline{Y_3}$	$\overline{Y_2}$	$\overline{Y_1}$	$\overline{Y_0}$
×	1	×	×	×	1	1	1	1	1	1	1	1
0	×	×	×	×	1	1	1	1	1	1	1	1
1	0	0	0	0	1	1	1	1	1	1	1	0
1	0	0	0	1	1	1	1	1	1	1	0	1
1	0	0	1	0	1	1	1	1	1	0	1	1
1	0	0	1	1	1	1	1	1	0	1	1	1
1	0	1	0	0	1	1	1	0	1	1	1	1
1	0	1	0	1	1	1	0	1	1	1	1	1
1	0	1	1	0	1	0	1	1	1	1	1	1
1	0	1	1	1	0	1	1	1	1	1	1	1

由上述内容可知，该译码器有 A_2、A_1、A_0 3 个输入，共有 8 种二进制组合状态，其中 A_2 是最高位，A_1 次之，A_0 是最低位。根据输入的二进制代码即可译出对应的 8 个输出信号 $\overline{Y_7} \sim \overline{Y_0}$，输出信号为低电平有效，即只有一个通道的输出为低电平，其余通道输出全为高电平，所以称为 3 线-8 线译码器。例如，若输入信号代码为 101，输出端 Y_5 被选中输出低电平 0，其余输出为高电平。此外，集成译码器还设置了 S_1、$\overline{S_2}$、$\overline{S_3}$ 三个使能端。当 $S_1=1$、$\overline{S_2}+\overline{S_3}=0$ 时，译码器处于工作状态；当 $S_1=0$、$\overline{S_2}+\overline{S_3}=1$ 时，译码器处于禁止状态。

【例 2-1】 如何用 2 片 74LS138 组成 4 线-16 线译码器。

解 如图 2-9 所示，当 $E=1$ 时，两个译码器均不工作，输出都为高电平；当 $E=0$ 时，译码器工作。当 $A_3=0$ 时，1 号片工作，输出由输入二进制代码 $A_2A_1A_0$ 决定；当 $A_3=1$ 时，1 号片不工作，输出全为高电平 1；2 号片工作，输出由输入二进制代码 $A_2A_1A_0$ 决定。

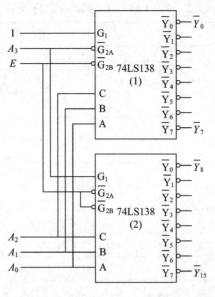

图 2-9　4 线-16 线译码器

（二）二-十进制译码器

二-十进制译码器的功能是将 8421BCD 码 0000～1001 转换为对应的 0～9 十进制代码的输出信号，也可以称为 BCD 码译码器。这种译码器有 4 个输入端，10 个输出端，所以有时候也称为 4 线-10 线译码器，其逻辑图如图 2-10 所示，真值表如表 2-9 所示。

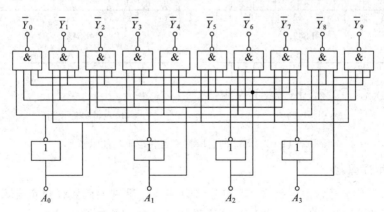

图 2-10　4 线-10 线译码器逻辑图

表 2-9 中，左边是 8421 码，右边是译码输出。输入端 A_3 是最高位，A_2 次之，A_1 再次之，A_0 是最低位。输出端共 10 个，对于输入是 1010～1111 的 6 种状态没有使用，属于无效状态。在实际的二-十进制译码器集成电路芯片中，当输入端出现无效代码时，译码器不作响应。

对于 Y_0 输出，从真值表中可以得到 $Y_0 = \overline{\overline{A_3}\ \overline{A_2}\ \overline{A_1}\ \overline{A_0}}$。当 $A_3A_2A_1A_0 = 0000$ 时，输出 $Y_0 = 0$，对应十进制数字 0，其他输出端是高电平 1；当 $A_3A_2A_1A_0 = 1001$ 时，输出 $Y_9 = 0$，对应十进制数字 9，其他输出端是高电平 1。类似地，输入端输入不同的代码，输出对应端输出低电平 0。

表 2 - 9　4 线 - 10 线译码器功能表

输　入				输　出									
A_3	A_2	A_1	A_0	$\overline{Y}_9$	$\overline{Y}_8$	$\overline{Y}_7$	$\overline{Y}_6$	$\overline{Y}_5$	$\overline{Y}_4$	$\overline{Y}_3$	$\overline{Y}_2$	$\overline{Y}_1$	$\overline{Y}_0$
0	0	0	0	1	1	1	1	1	1	1	1	1	0
0	0	0	1	1	1	1	1	1	1	1	1	0	1
0	0	1	0	1	1	1	1	1	1	1	0	1	1
0	0	1	1	1	1	1	1	1	1	0	1	1	1
0	1	0	0	1	1	1	1	1	0	1	1	1	1
0	1	0	1	1	1	1	1	0	1	1	1	1	1
0	1	1	0	1	1	1	0	1	1	1	1	1	1
0	1	1	1	1	1	0	1	1	1	1	1	1	1
1	0	0	0	1	0	1	1	1	1	1	1	1	1
1	0	0	1	0	1	1	1	1	1	1	1	1	1

常见的集成二-十进制编码器为 74LS42，其引脚图排列和逻辑功能示意图如图 2 - 11 所示，输出为低电平有效。

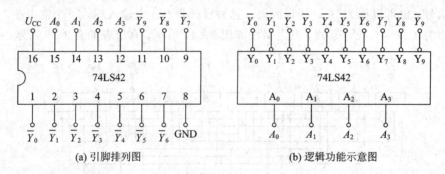

(a) 引脚排列图　　　　　　　　　　　　　(b) 逻辑功能示意图

图 2 - 11　74LS42 的引脚排列图和逻辑功能示意图

（三）显示译码器

在数字系统中，经常需要把文字、符号和数字等二进制编码翻译成符合人们认知的形式直观地显示出来，以便通过这些信息监视系统的状态。能够显示这些数字、字母或符号的器件称为数字显示器，能把数字量翻译成数字显示器所能识别的信号的译码器称为显示译码器。

显示译码器主要分为数码显示器和显示译码器两种。

1. 数码显示器

数码显示器按照显示方式分为分段式、点阵式和重叠式三种，按照发光材料分为半导体显示器、荧光显示器和气体放电式显示器三种。目前，工程上应用最多的是分段式半导体显示器，也称为七段发光二极管显示器（LED）或液晶显示器（LCD）。LED 主要用于显示数字和字母，LCD 主要用于显示数字、字母、文字和图形等。

按内部连接方式，七段数码显示器分为共阳极接法和共阴极接法两种，其引脚排列和内部接线如图 2-12 和图 2-13 所示。共阳极显示器公共端接在 +5 V 电源，若 $a \sim g$ 输入低电平，则对应字段的发光二极管被点亮，显示十进制数；共阴极显示器公共端接地，若 $a \sim g$ 输入高电平，则对应字段的发光二极管被点亮，显示十进制数。

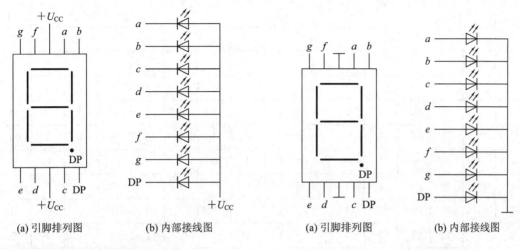

| (a) 引脚排列图 | (b) 内部接线图 | (a) 引脚排列图 | (b) 内部接线图 |

图 2-12 共阳极数码管   图 2-13 共阴极数码管

从以上可知，七段数码管显示器可以显示 $0 \sim 9$ 十个字符。例如共阴极显示器 a、b、c、d、g 接高电平时，显示十进制数字 3；共阳极显示器 a、b、g、e、d 接低电平时，显示十进制数字 2。

LED 显示器的优点是显示清晰，工作电压低（$1.5 \sim 3$ V），体积小，寿命长（大于 1000 h），响应速度快（$1 \sim 10$ ns），颜色类型多，工作可靠，价格低廉。

2. 显示译码器

显示译码器是连接在 CPU 和显示器之间的用于驱动显示器进行显示的电路。常用的显示译码器有 74LS42、74LS48、74LS248 等，这里以 74LS48 为例介绍显示译码器的相关知识。

七段显示译码器 74LS48 是一种与共阴极数字显示器配合使用的集成译码器，其功能是将输入的 4 位二进制代码转换成显示器所需要的七个段信号 $a \sim g$。图 2-14 是 74LS48 的引脚排列图，图 2-15 是其示意图，表 2-10 是其真值表。

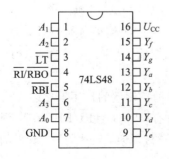

图 2-14 74LS48 引脚排列图

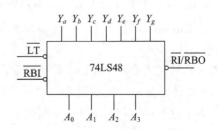

图 2-15 74LS48 示意图

表 2‑10　七段显示译码器 74LS48 的逻辑功能表

十进制或功能	输入						输入/输出	输出							显示字形
	$\overline{LI}$	$\overline{RBI}$	$\overline{A_3}$	$\overline{A_2}$	$\overline{A_1}$	$\overline{A_0}$	$\overline{BI}/\overline{RBO}$	Y_a	Y_b	Y_c	Y_d	Y_e	Y_f	Y_g	
0	1	1	0	0	0	0	1	1	1	1	1	1	1	0	0
1	1	×	0	0	0	1	1	0	1	1	0	0	0	0	1
2	1	×	0	0	1	0	1	1	1	0	1	1	0	1	2
3	1	×	0	0	1	1	1	1	1	1	1	0	0	1	3
4	1	×	0	1	0	0	1	0	1	1	0	0	1	1	4
5	1	×	0	1	0	1	1	1	0	1	1	0	1	1	5
6	1	×	0	1	1	0	1	0	0	1	1	1	1	1	6
7	1	×	0	1	1	1	1	1	1	1	0	0	0	0	7
8	1	×	1	0	0	0	1	1	1	1	1	1	1	1	8
9	1	×	1	0	0	1	1	1	1	1	0	0	1	1	9
10	1	×	1	0	1	0	1	0	0	0	1	1	0	1	⊏
11	1	×	1	0	1	1	1	0	0	1	1	0	0	1	⊐
12	1	×	1	1	0	0	1	0	1	0	0	0	1	1	Ц
13	1	×	1	1	0	1	1	1	0	0	1	0	1	1	⊑
14	1	×	1	1	1	0	1	0	0	0	1	1	1	1	㇂
15	1	×	1	1	1	1	1	0	0	0	0	0	0	0	全暗
灭灯	×	×	×	×	×	×	0	0	0	0	0	0	0	0	全暗
灭零	1	0	0	0	0	0	0	0	0	0	0	0	0	0	全暗
试灯	0	×	×	×	×	×	1	1	1	1	1	1	1	1	8

由表 2‑10 可知，A_3、A_2、A_1、A_0 为显示译码器的输入端，$Y_a \sim Y_g$ 为输出端，输出高电平有效，可以直接驱动共阴极显示器。如当输入为 0101 时，译码输出 Y_a、Y_c、Y_d、Y_f、Y_g 为 1，其他为 0，点亮共阴极七段显示器的 a、c、d、f、g 段，显示器显示数字 5。74LS48 除了输入、输出端外，还设置了一些辅助控制端，如试灯输入 $\overline{LT}$、灭零输入 $\overline{RBI}$、灭灯输入/灭零输出 $\overline{BI}/\overline{RBO}$。

下面结合功能表介绍 74LS48 的工作情况及这些辅助控制端的作用。

（1）正常译码显示。从功能表的 1～10 行可见，只有 $\overline{LT}=1$ 且 $\overline{BI}/\overline{RBO}=1$，译码器方可对输入为十进制 0～9 的对应二进制码 0000～1001 进行译码，产生 0～9 所需的七段显示码。

（2）试灯输入 $\overline{LT}_0$。本输入端用于测试显示器的好坏，低电平有效。从功能表 2‑10

的最后 1 行可见，当 $\overline{LT}=0$ 且 $\overline{BI}/\overline{RBO}=1$ 时，无论输入怎样，若七段均完好，$Y_a \sim Y_g$ 输出全为 1，则显示器的七段应全亮。

（3）灭零输入端 $\overline{RBI}$。本输入端用于消隐无效的 0，低电平有效。比较功能表 2-10 的第 1 行和倒数第 2 行可知，当 $\overline{LT}=1$，而输入为 0 的二进制码 0000 时，只有当 $\overline{RBI}=1$ 时，才产生 0 的七段显示码；如果此时 $\overline{RBI}=0$，则译码器的 $Y_a \sim Y_g$ 输出全为 0，该位输出不显示，即 0 字被熄灭，且使 $\overline{BI}/\overline{RBO}=0$。当输入不为 0 时，该位正常显示。

（4）灭灯输入/灭零输出 $\overline{BI}/\overline{RBO}$。这是一个双功能的输入/输出端，可以作输入端，也可以作输出端使用。作输入端使用时，当 $\overline{BI}=0$ 时，不管输入如何，显示器都不显示数字；作输出端使用时，当 $\overline{LT}=1$ 且 $\overline{RBI}=0$，译码输入 $A_3 A_2 A_1 A_0 =0000$ 时，$\overline{RBO}=0$，用以指示该位正处于灭零状态。

将 $\overline{BI}/\overline{RBO}$ 和 $\overline{RBI}$ 配合使用，可以实现多位数码显示系统的灭零控制。在图 2-16 所示的多位数码显示系统中，只需在整数部分把高位的 $\overline{RBO}$ 与低位的 $\overline{RBI}$ 相连，在小数部分将低位的 $\overline{RBO}$ 与高位的 $\overline{RBI}$ 相连，就可以把前后多余的 0 熄灭。

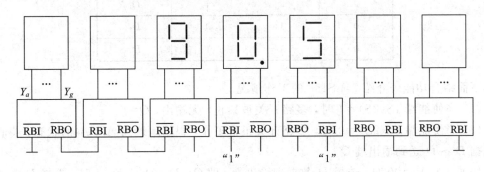

图 2-16　具有灭零控制的数字显示系统

整数部分只有高位是 0 且被熄灭的情况下，次高位才有灭零输入信号。同理，小数部分只有低位是 0 且被熄灭的情况下，次低位才有灭零输入信号，如 090.50 可显示为 90.5。

三、数据选择器

数据选择是指经过选择，把多个通道的数据传送到唯一的公共数据通道上。实现数据选择功能的逻辑电路称为数据选择器，它的作用相当于多个输入的单刀多掷开关，其示意图如图 2-17 所示。

输入信号的数量与输入位数有关，输出只有一个，选通通道的标号由地址码决定。市场上的数据选择器有很多种，包括 74LS 系列和 CMOS 系列。其中 74LS157、74LS158 是四位 2 选 1 数据选择器，74LS153、74LS253 是双 4 选 1 数据选择器，74LS151、74LS152 是 8 选 1 数据选择器，74LS150 是 16 选 1 数据选择器；CMOS 产品中，CC4512 是 8 选 1 数据选择器，CC4539 是 4 选 1 数据选择器。本书重点介绍 74LS153，图 2-18 是 74LS153 的引脚图。

74LS153 的功能表如表 2-11 所示，$1\overline{S}$、$2\overline{S}$ 为两个独立的使能端，A_1、A_0 为公用的地址输入端，$1D_0 \sim 1D_3$ 和 $2D_0 \sim 2D_3$ 分别为两个 4 选 1 数据选择器的数据输入端，Q_1、Q_2 为两个输出端。

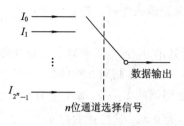

图 2-17 数据选择器示意图

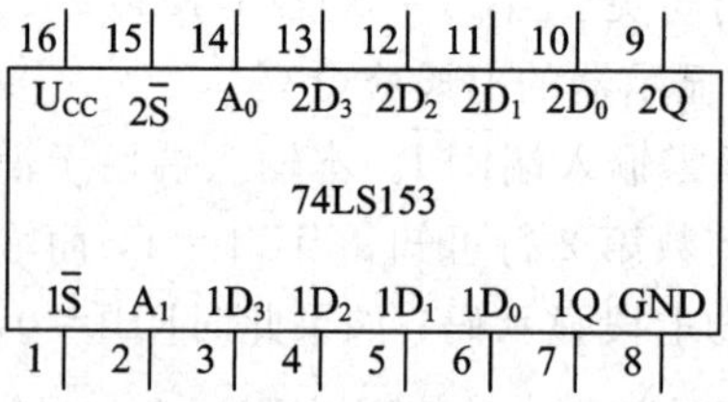

图 2-18 74LS153 的引脚图

表 2-11 74LS153 的功能表

输 入			输 出
$\overline{S}$	A_1	A_0	Q
1	$\times$	$\times$	0
0	0	0	D_0
0	0	1	D_1
0	1	0	D_2
0	1	1	D_3

下面结合功能表介绍 74LS153 的工作情况。

(1) 当使能端 $1\overline{S}(2\overline{S})=1$ 时，多路开关被禁止，无输出，$Q=0$。

(2) 当使能端 $1\overline{S}(2\overline{S})=0$ 时，多路开关正常工作，根据地址码 A_1、A_0 的状态，将相应的数据 $D_0 \sim D_3$ 送到输出端 Q。

例如，$A_1 A_0 = 00$ 时，选择 D_0 数据到输出端，即 $Q=D_0$；$A_1 A_0 = 01$ 时，选择 D_1 数据到输出端，即 $Q=D_1$，其余类推。

数据选择器的用途很多，例如多通道传输、数码比较、并行码变串行码以及实现逻辑函数等。

【例 2-2】 用 4 选 1 数据选择器 74LS153 实现函数 $F = \overline{A}BC + A\overline{B}\overline{C} + AB\overline{C} + ABC$。函数 F 的功能如表 2-12 所示。

表 2-12 函数 F 的功能表

输 入			输 出
A	B	C	F
0	0	0	0
0	0	1	0
0	1	0	0
0	1	1	1
1	0	0	0
1	0	1	1
1	1	0	1
1	1	1	1

解 函数 F 有三个输入变量 A、B、C，而数据选择器有两个地址端 A_1、A_0，少于函数输入变量的个数，因此，在设计时可任选 A 接 A_1，B 接 A_0。将函数功能表改画成表 2-13 的形式，可见当将输入变量 A、B、C 中的 A、B 接选择器的地址端 A_1、A_0 时，$D_0=0$，$D_1=D_2=C$，$D_3=1$，即 4 选 1 数据选择器便实现了函数

$$F = \overline{A}BC + A\overline{B}C + AB\overline{C} + ABC$$

接线图如图 2-19 所示。

表 2-13 函 数 功 能 表

输　入			输 出	中选数据端
A	B	C	F	
0	0	0	0	$D_0=0$
		1	0	
0	1	0	0	$D_1=C$
		1	1	
1	0	0	0	$D_2=C$
		1	1	
1	1	0	1	$D_3=1$
		1	1	

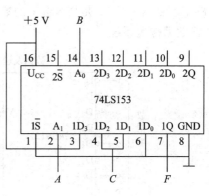

图 2-19 函数 F 的接线图

四、数据分配器

数据分配是指将一个数据源来的数据根据需要送到多个不同的通道上，实现数据分配功能的逻辑电路称为数据分配器。它的作用相当于多个输出的单刀多掷开关，如图 2-20 所示。

输入信号只有一个，输出信号的数量与位数有关，通道标号由地址码决定。

目前，市场上没有专用的数据分配器件，实际应用中，常用译码器来实现数据分配的功能。例如，用 74LS138 译码器可以实现 8 路数据分配，逻辑原理如图 2-21 所示。

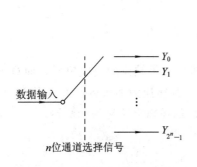

图 2-20 数据分配器示意图

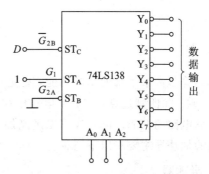

图 2-21 74LS138 译码器的逻辑示意图

由图 2-21 可知，74LS138 的 3 个译码输入端 $A_0 A_1 A_2$ 用于数据分配器的地址输入，8 个输出端 $Y_0 \sim Y_7$ 用于 8 路数据输出，3 个输入控制端中的 $\overline{G}_{2B}$ 用于数据输入端，$\overline{G}_{2A}$ 接地，

G_1 为使能端。当 $G_1 = 1$ 时，允许数据分配，若需要将输入数据传送至输出端 Y_2，地址输入应为 $A_0 A_1 A_2 = 010$。

数据分配器的用途比较多，比如用它将一台 PC 机与多台外部设备连接，可将计算机的数据分送到外部设备中；它还可以与计数器结合组成脉冲分配器，与数据选择器连接组成分时数据传送系统。

【例 2 - 3】 将数据分配器和数据选择器一起构成数据分时传送系统。

解 数据分配器常和数据选择器一起使用，构成数据传送系统，可以用很少的几根线实现多路数字信号的分时传送，这种系统可以极大地简化电路的导线数量，提高电路的整体稳定性。图 2 - 22 是用 8 选 1 的数据选择器 74LS151 和 8 路数据分配器 74LS138 构成的 8 路数据传送系统。

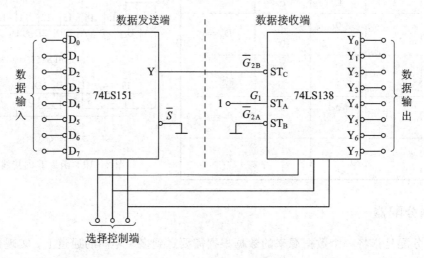

图 2 - 22　8 路数据传送系统

该系统的工作原理是：74LS151 将 8 位并行数据变成串行数据发送到单传输线上，接收端再用 74LS138 将串行数据分送到 8 个输出通道上；数据选择器和数据分配器的选择控制端并联在一起，实现同步。但是，74LS138 用于数据分配器时，在 3 个选通控制端中，$\overline{G_{2B}}$ 用于数据输入，低电平有效；G_1 和 $\overline{G_{2A}}$ 仍用作选通控制端，为了满足芯片选通条件，需使 $G_1 = 1$，$\overline{G_{2A}} = 0$。

五、加法器

算术运算是数字系统的基本功能，更是计算机中不可缺少的组成单元。而算术运算中的加、减、乘、除四则运算，在数字电路中往往是将其转换为加法运算来实现的，所以加法运算是运算电路的核心。能够实现二进制加法运算的逻辑电路称为加法器。

常用的加法器主要有以下三种：

（一）半加器

两个 1 位二进制数相加，叫做半加。若只考虑两个加数本身，不考虑由低位来的进位，实现半加运算的逻辑电路称为半加器。半加器的逻辑关系真值表见表 2 - 14，其中 A 和 B 是被加数和加数，S 是半加和数，C 是半加进位数。由真值表可得其逻辑表达式为

$$S = \overline{A}B + A\overline{B} = A \oplus B, \ C = AB$$

表 2 - 14　半加器真值表

A	B	C	S
0	0	0	0
0	1	0	1
1	0	0	1
1	1	1	0

半加器的逻辑图如图 2 - 23(a)所示，符号如图 2 - 23(b)所示。

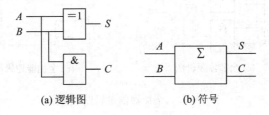

(a) 逻辑图　　　　　　　(b) 符号

图 2 - 23　半加器的逻辑图和符号

(二) 全加器

两个加数和来自低位的进位三者相加，称作全加。能对两个 1 位二进制数相加并考虑低位来的进位，即相当于 3 个 1 位二进制数相加，求得和及进位的逻辑电路称为全加器。

全加器的真值表如表 2 - 15 所示，其中 A_i 和 B_i 分别是被加数和加数，C_{i-1} 是相邻低位的进位数；S_i 是本位和数，称为全加和；C_i 是向高位的进位数。

表 2 - 15　全加器的真值表

A_i	B_i	C_{i-1}	S_i	C_i
0	0	0	0	0
0	0	1	1	0
0	1	0	1	0
0	1	1	0	1
1	0	0	1	0
1	0	1	0	1
1	1	0	0	1
1	1	1	1	1

由真值表写出逻辑表达式,可得

$$S_i = \overline{A_i}\overline{B_i}C_{i-1} + \overline{A_i}B_i\overline{C_{i-1}} + A_i\overline{B_i}\overline{C_{i-1}} + A_iB_iC_{i-1} = A_i \oplus B_i \oplus C_{i-1}$$

$$C_i = A_iB_i + B_iC_{i-1} + A_iC_{i-1}$$

根据逻辑表达式可以画出全加器的逻辑图,如图 2 - 24(a)所示,其逻辑符号如图 2 - 24(b)所示。

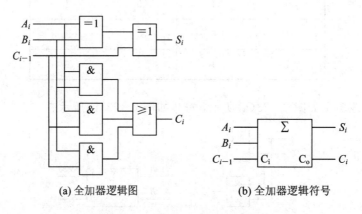

(a) 全加器逻辑图　　　　　　(b) 全加器逻辑符号

图 2 - 24　全加器的逻辑图及符号

(三)多位加法器

实现多位加法运算的电路,称为加法器。按照进位方式的不同,多位加法器可分为串行进位加法器和超前进位加法器。

1. 串行进位加法器

把 n 位全加器串联起来,低位全加器的进位输出连接到相邻的高位全加器的进位输入,即构成了 n 位的串行进位加法器,如图 2 - 25 所示。

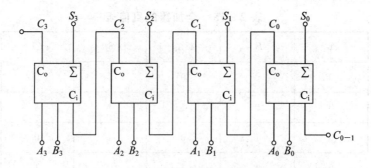

图 2 - 25　n 位的串行进位加法器

可知,串行进位加法器各位相加是并行的,进位信号是由低位向高位逐级传递的。要形成高位和,必须等到低位的进位形成后才能确定。所以,加法器运算速度不高。

2. 超前进位加法器

超前进位加法器是对普通的全加器进行改良而设计成的并行加法器,主要针对普通全加器串联时互相进位产生的延迟进行了改良，提高了运算速度。但是，超前进位加法器的电路比串行进位加法器复杂，随着加法位数的增加，电路复杂程度也迅速增加。超前进位的集成加法器一般是 4 位加法器。

集成 4 位二进制超前进位加法器 74LS283 的符号和引脚如图 2-26 所示。如果要扩展加法运算的位数，可将多片 74LS283 进行级联，即将低位片的 C_o 接到相邻高位片的 C_{-1} 上。

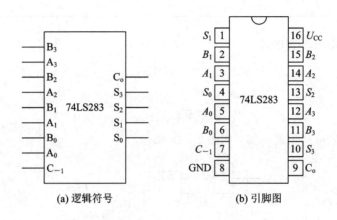

(a) 逻辑符号　　　　　　(b) 引脚图

图 2-26　74LS283 逻辑符号和引脚图

【例 2-4】　用两片 74LS283 构成一个 8 位二进制数加法器。

解　按照加法的规则，低四位的进位输出 C_o 应接高四位的进位输入 C_{-1}，而低四位的进位输入应接 0。8 位二进制数加法器逻辑图如图 2-27 所示。

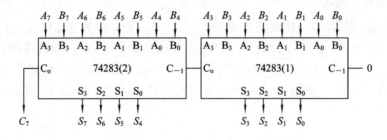

图 2-27　8 位二进制数加法器逻辑图

六、数值比较器

在数字电路中，经常需要对两个位数相同的二进制数进行比较，以判断它们的相对大小或者是否相等。用来实现这一功能的逻辑电路称为数值比较器。

1. 一位数值比较器

一位数值比较器的功能是比较两个一位二进制数 A 和 B 的大小，比较结果有三种情况，即 $A>B$、$A<B$、$A=B$，其真值表见表 2-16。

表 2 - 16　1 位数值比较器真值表

A	B	$F_{A>B}$	$F_{A<B}$	$F_{A=B}$
0	0	0	0	1
0	1	0	1	0
1	0	1	0	0
1	1	0	0	1

由真值表可得逻辑表达式：

$$\begin{cases} F_{A>B} = A\overline{B} \\ F_{A<B} = \overline{A}B \\ F_{A=B} = \overline{A}\,\overline{B} + AB = \overline{\overline{A}B + A\overline{B}} \end{cases}$$

由逻辑表达式可画出逻辑图，如图 2 - 28 所示。

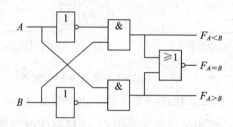

图 2 - 28　1 位数值比较器逻辑图

2. 多位数值比较器

多位数值比较器是对一位数值比较器的扩展，常见的集成数值比较器是 74LS85，它是一个 4 位数值比较器。两个 4 位数的比较是从 A 的最高位 A_3 和 B 的最高位 B_3 进行比较，如果它们不相等，则该位的比较结果可以作为两数的比较结果；如果最高位 $A_3 = B_3$，则再比较次高位 A_2 和 B_2，以此类推。74LS85 的逻辑符号和引脚如图 2 - 29 所示。

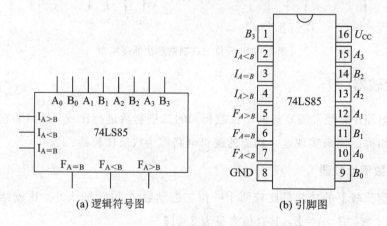

(a) 逻辑符号图　　　　　(b) 引脚图

图 2 - 29　74LS85 的逻辑符号图和引脚图

74LS85 的真值表见表 2-17，输入变量包括两个 4 位二进制数 $A_3A_2A_1A_0$ 与 $B_3B_2B_1B_0$，以及 $I_{A>B}$、$I_{A<B}$ 和 $I_{A=B}$。其中，$I_{A>B}$、$I_{A<B}$ 和 $I_{A=B}$ 由级联低位芯片送来，用于与其他数值比较器连接，以便组成位数更多的比较器。

表 2-17　74LS85 的真值表

输　入				级联输入			输　出		
A_3　B_3	A_2　B_2	A_1　B_1	A_0　B_0	$I_{A>B}$	$I_{A<B}$	$I_{A=B}$	$F_{A>B}$	$F_{A<B}$	$F_{A=B}$
1　0	×	×	×	×	×	×	1	0	0
0　1	×	×	×	×	×	×	0	1	0
$A_3=B_3$	1　0	×	×	×	×	×	1	0	0
$A_3=B_3$	0　1	×	×	×	×	×	0	1	0
$A_3=B_3$	$A_2=B_2$	1　0	×	×	×	×	1	0	0
$A_3=B_3$	$A_2=B_2$	0　1	×	×	×	×	0	1	0
$A_3=B_3$	$A_2=B_2$	$A_1=B_1$	1　0	×	×	×	1	0	0
$A_3=B_3$	$A_2=B_2$	$A_1=B_1$	0　1	×	×	×	0	1	0
$A_3=B_3$	$A_2=B_2$	$A_1=B_1$	$A_0=B_0$	1	0	0	1	0	0
$A_3=B_3$	$A_2=B_2$	$A_1=B_1$	$A_0=B_0$	0	1	0	0	1	0
$A_3=B_3$	$A_2=B_2$	$A_1=B_1$	$A_0=B_0$	0	0	1	0	0	1
$A_3=B_3$	$A_2=B_2$	$A_1=B_1$	$A_0=B_0$	×	×	0	0	0	0

【例 2-5】　试用两片 74LS85 构成八位数值比较器，画出逻辑图。

解　根据题意，用两片 74LS85 构成八位数值比较器，逻辑图如图 2-30 所示。74LS85(C_0)是低四位数值比较器，级联输入端 $I_{A>B}$、$I_{A<B}$ 和 $I_{A=B}$ 分别为 0、0、1，输出端 $F_{A>B}$、$F_{A<B}$ 和 $F_{A=B}$ 分别接高四位数值比较器 74LS85(C_1)的级联输入端 $I_{A>B}$、$I_{A<B}$ 和 $I_{A=B}$，74LS85(C_1)的输出端 $F_{A>B}$、$F_{A<B}$ 和 $F_{A=B}$ 是八位数值比较器的输出。

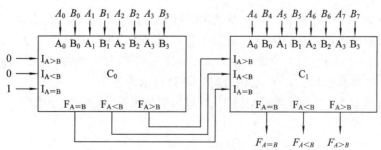

图 2-30　74LS85 构成八位数值比较器

任务二　编码显示电路的设计

一、概述

在生产生活过程中，显示器是很重要的人机交互设备。七段 LED 数码显示器是常见的显示设备，通过对前面知识的学习，本任务要求设计一个编码显示电路，以驱动 LED 数码管显示相关内容。该电路是编码器、译码器、数码管等集成电路的典型应用。

二、设计任务及要求

（1）设计一个基本门电路，学会用简单门电路实现控制逻辑。

（2）选取合适编码器和译码器，并掌握其使用方法。

（3）选取 LED 数码管和对应的驱动芯片。

（4）设计一个综合数码显示电路，用 10 个开关分别表示 0～9 这 10 个数字。当有一个开关闭合时，LED 数码显示器就显示对应的数字。

三、设计方案

本设计采用集成二－十进制 BCD 编码器 74LS147 为 0～9 共 10 个数字进行编码，通过七段显示译码器 74LS48，驱动七段 LED 显示器进行译码显示。本设计方案流程如图 2-31 所示，实现功能是十进制的输入、二进制的输出和十进制的显示。

图 2-31　方案流程图

四、显示电路的设计

该设计选用数字电路中常见的集成电路芯片，实现 LED 数码管显示的功能。其中，74LS147 和 74LS48 在前面章节中已经进行了详细讲解，在此不再赘述。

数码管显示电路如图 2-32 所示，该电路实现功能如下：

（1）J_1～J_{10} 是开关，分别代表 1～9 和 0 共 10 个数字，开关闭合和断开分别代表数字信号的 0 和 1。

（2）编码器 74LS147 是一个集成优先 BCD 码编码器，输出见其真值表。

（3）编码器输出经过与非门转换成数字显示译码器芯片 74LS48 的输入信号，而芯片的引脚 LT 和 BI/RBO 接地，为低电平。由于 74LS147 只有 9 个输入，所以将 J10 直接连接在 74LS48 的 RBI 引脚上，当 J_{10} 闭合时，LED 显示为数字 0。

（4）译码显示器 74LS48 驱动七段 LED 显示器显示 0～9 共 10 个数字。

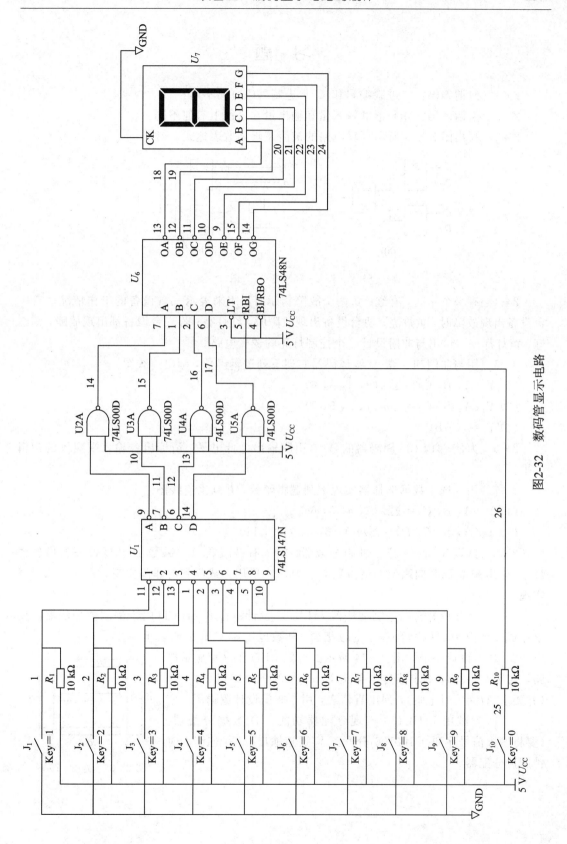

图2-32 数码管显示电路

习 题

2-1 何谓编码？二进制编码和二–十进制编码有何不同？

2-2 何谓译码？译码器的输入量和输出量在进制上有何不同？

2-3 写出图 2-33 所示逻辑电路的最简逻辑函数表达式。

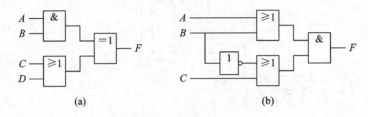

图 2-33 题 2-3 图

2-4 有一个车间，有红、黄两个故障指示灯，用来表示三台设备的工作情况。有一台设备出现故障时，黄灯亮；两台设备出现故障时，红灯亮；若三台设备都出现故障，则红灯、黄灯都亮。试用与非门设计一个控制灯亮的逻辑电路。

2-5 用与非门和 3 线–8 线译码器实现下列逻辑函数，画出连线图。

(1) $Y_1(A, B, C) = \sum m(3, 4, 5, 6)$。

(2) $Y_2(A, B, C) = \sum m(1, 3, 5, 7)$。

(3) $Y_3 = A \odot B$。

2-6 为使 74LS138 译码器的第 10 引脚输出为低电平，请标出各输入端应置的逻辑电平。

2-7 用 8 选 1 数据选择器实现下列逻辑函数，并画出连线图。

(1) $Y_1(A, B, C) = \sum m(3, 4, 5, 6)$。

(2) $Y_2(A, B, C, D) = \sum m(1, 3, 5, 7, 9, 11)$。

2-8 试设计一个一位二进制全减器，输入有被减数 A_i、减数 B_i 和低位来的借位数 J_{i-1}，输出有差 D_i 和向高位的借位数 J_i。要求：① 用异或门和与非门实现；② 用 74LS138 实现。

2-9 用 4 位并行二进制加法器 74LS283 设计一位 8421BCD 码十进制数加法器。要求完成 2 个用 8421BCD 码表示的数相加，和数也用 8421BCD 码表示。

2-10 设计一个如图 2-34 所示的五段 LED 数码管显示电路，输入为 A、B，要求能显示英文 Error 中的三个字母 E、r、o（并要求 $AB=1$ 时全暗），列出真值表，用与非门设计逻辑图。

2-11 试用 74HC138 实现分配器功能：① 数据分配器。（要将输入信号序列 00100100 分配到 Y_4 通道输出）；② 连续的时钟脉冲分配器。

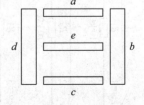

图 2-34 题 2-10 图

项目三　抢答器的制作与调试

【问题导入】

在中国诗词大会中，两名选手进行知识抢答。抢答快的首先回答问题，回答错了对方得分。如何设计这一抢答电路？

【学习目标】

(1) 理解各种触发器的特性。

(2) 掌握每种触发器的触发方式。

(3) 掌握触发器的应用。

(4) 掌握项目的设计思路和方法。

【技能目标】

(1) 学会数字集成电路资料查阅、识别及选用方法。

(2) 能熟练使用电子仪表对集成电路的质量进行检查。

(3) 学会抢答器的设计、调试与检测方法。

(4) 掌握数字电路的故障检修方法。

任务一　触发器概述

前面介绍的各种逻辑门电路，它们的最大特点是都没有记忆功能。在数字电路中，通常需要使用具有记忆功能的基本逻辑器件来保存信息，双稳态触发器就是具有记忆功能的基本逻辑单元之一。它与组合逻辑电路的区别在于其输出状态不仅与输入状态有关，还与输出原来的状态有关。双稳态触发器是组成时序逻辑电路的基本部件，它能自行保持两个不同的稳定状态，即"0"态或"1"态；能存储一位二进制数码，与逻辑门电路配合实现多种逻辑功能，例如计数器、寄存器、锁存器及序列脉冲发生器等。

触发器具有两种稳定状态(简称稳态)，故常称为双稳态触发器，能够储存一位二进制信息。触发器通常有一对互补的状态输出端 Q 和 $\overline{Q}$，Q 端用来表示触发器的状态，当 $Q=0$ 时，$\overline{Q}=1$，此时称触发器为 0 态，或称复位；当 $Q=1$ 时，$\overline{Q}=0$，此时称触发器为 1 态，或称置位。

触发器可以在输入信号作用下置 0 或置 1，去掉输入信号后能保持状态不变，直到新的输入信号作用时才有可能改变其状态，触发器的这种功能称为记忆功能。触发器在任何时刻的状态不仅和当时的输入信号有关，还与原来的状态有关。信号输入时触发器的状态称为现态，用 Q^n 表示；信号输入作用下触发器变成的状态称为次态，用 Q^{n+1} 表示。次态 Q^{n+1} 是输入信号和现态 Q^n 共同作用的结果。

根据分类方法的不同，触发器的种类也不同，常见的分类方法有以下几种：

(1) 根据组成触发器元件的不同，分为分立元件触发器和集成元件触发器。

（2）根据触发器的电路结构不同，可分为基本 RS 触发器、同步 RS 触发器、主从触发器、维持阻塞触发器等。电路的结构不同，在接收输入信号时，触发器状态变化的过程有所不同。

（3）根据触发器存储数据的原理不同，可分为动态触发器和静态触发器。其中，MOS 管通过栅极的存储电容存储数据，称为动态触发器；MOS 管通过电路状态的自锁存储数据，称为静态触发器。

一、分立元件触发器

分立元件触发器是由单个电子元件组成的，其特点是其中的电子元件可根据需要进行更换，是在三极管反相器的基础上逐步发展起来的。那么，电子线路的记忆功能是怎样体现的呢？我们知道，利用晶体管的开关特性可以组成一个具有控制作用的反相器，其电路如图 3-1 所示。但是反相器是否具有记忆功能呢？也就是说，当在反相器的输入端施加一个脉冲时，它的输出端能否记住这个脉冲呢？

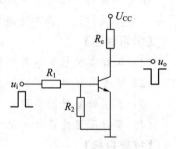

图 3-1 反相器电路

从图 3-1 中可以看出，在输入端由低电位变到高电位，然后再回到低电位的过程中，其输出端电位由高电位变为低电位，而后又回到高电位，这个过程反映了反相器的反相作用，但是并没有体现记忆作用。因为输入端的脉冲过后，反相器的输出状态与脉冲到来之前并没有什么不同。那么反相器不能记忆的问题怎么解决呢？上面的现象反映了脉冲的暂时性与记忆的持久性之间的矛盾。如果脉冲过后，反相器的输出端电位不是由低变高，而是在下一个脉冲出现之前一直维持在低电位，那么从输出端两个状态的显著不同就可知道是否曾经来过一个脉冲。这就使人们想到可以利用输入脉冲这个外因使电路状态发生变化，再利用这个变化代替输入脉冲，使新的状态维持下来起到记忆作用。为此，我们利用反相器能够反相的特点，把两个反相器连接成图 3-2 的形式，这就是双稳态触发器的分立元件电路。

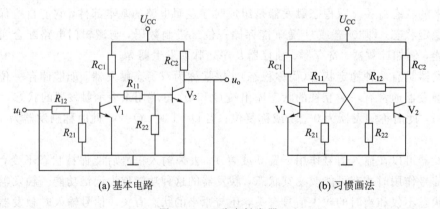

(a) 基本电路　　　　　　　　　　(b) 习惯画法

图 3-2 双稳态触发器

第二级反相器把第一级反相器的输出再反相一次，就使输入端的信号由低变高以后，第二级反相器输出端的电位也由低变高，这时如果把输出端的高电位反馈到输入端，则输出端的状态与输入端的状态一致，从而出现此时即使撤走输入信号，输出端也将取代信号的作用而使输入端维持在高电位，晶体管 V_1 继续保持饱和状态，这就实现了记忆功能。图 3-2(b)是图 3-2(a)的习惯画法。图 3-2 是具有正反馈的对称电路，当晶体管 V_1 饱和时，晶体管 V_2 截止；反之，当晶体管 V_1 截止时，晶体管 V_2 饱和。这个电路常以晶体管的集电极为输出端，每个输出端都具有饱和、截止两个稳定状态，而这两个稳定状态是靠外加信号使之相互转化的，因此被称为双稳态触发器。

双稳态触发器之所以具有记忆功能，首先是因为它具有两个相互矛盾着的稳定状态。其原理如下：如图 3-3 所示，当电路接通后，由反相器的工作原理可知，晶体管 V_1、V_2 的状态应是一个饱和另一个截止，但是究竟哪一个饱和，哪一个截止呢？这里有一个竞争的过程。当电路接通后，两个管子都要导通，导通后集电极电位都要下降，从而使对方基极电位也要下降，也就是都要迫使对方截止，这样就出现竞争。由于管子特性之间的差异，在竞争过程中如果一个管子导通速度稍微快一些，就会形成连锁反应，使导通速度快的管子趋向于饱和，导通速度慢的管子趋向于截止。例如，若 V_1 导通速度较快，则 i_{C1} 增加较快，电阻 R_{C1} 上的压降较大，其集电极电位 V_{C1} 下降较多，i_{B2} 随之减小，i_{C2} 也要减小，而 i_{C2} 的减小使电阻 R_{C2} 两端的压降减小，V_{C2} 升高，i_{B1} 增大，i_{C1} 进一步增大。通过这种正反馈过程，最终以 V_1 饱和、V_2 截止而告结束。整个过程可用如下简化的方法来表示：

设 V_1 的导通速度快，则

$$i_{C1} \uparrow \to V_{C1} \downarrow \to i_{B2} \downarrow \to i_{C2} \downarrow \to V_{C2} \uparrow \to i_{B1} \uparrow \to i_{C1} \uparrow$$
$$\text{正反馈}$$

最后达到 V_1 饱和、V_2 截止。

同理，如果 V_2 导通速度较快，则在正反馈的作用下，将使 V_2 饱和、V_1 截止。因此触发器既具有 V_1 饱和、V_2 截止这样一种稳定状态，又具有 V_2 饱和、V_1 截止的另一种稳定状态。利用触发器这两种不同的稳定状态，就可以表示事物的两种不同情况，并具有记忆的作用。

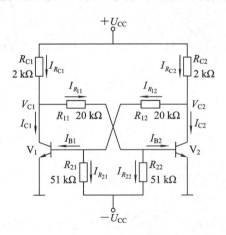

图 3-3 分立元件触发器

要使上述电路具有一个管子饱和另一个管子截止，通常要加一个辅助电源，其电压为 $-U_{CC}$，并选择适当的电路参数。下面分析图 3-3 所示电路参数能否满足一个管子截止，另一个管子饱和的要求。设电源电压 $U_{CC}=5$ V。分析思路：先将 V_1 饱和、V_2 截止作为一种状态，然后根据这个状态对各处的电压、电流进行近似计算。近似的条件是：截止管的

$U_{BE} \leq 0.2$ V 时，$I_B \approx 0$，$I_C \approx 0$；导通管饱和时，$U_{BE} \approx 0.7$ V，$U_{CES} = 0.3$ V。然后通过近似计算验证假设的情况是否正确，具体过程如下：

（1）从 V_1 饱和出发，验算 V_2 是否截止。

硅管截止的近似条件是：$U_{BE} \leq 0.2$ V，$I_B \approx 0$，$I_C \approx 0$。首先从 V_2 的基极电位开始分析。由图 3-3 电路可得 V_2 的基极电位为

$$V_{B2} = V_{C1} - R_{11} I_{R11}$$

而

$$I_{R11} = \frac{V_{C1} - (-U_{CC})}{R_{11} + R_{22}}$$

则

$$V_{B2} = V_{C1} - \frac{V_{C1} + V_{CC}}{20 + 10} \times 20 = 0.3 - \frac{0.3 + 5}{20 + 10} \times 20 = -3.2 \text{ V}$$

由于 $V_{B2} = -3.2$ V，即 V_2 管的基射极电压 $U_{BE} = -3.2$ V < 0.2 V，则 V_2 可靠截止。

（2）从 V_2 截止出发，验算 V_1 是否饱和。

硅管饱和的近似条件是：$U_{BE} \approx 0.7$ V，$U_{CES} = 0.3$ V，$I_B \geq \frac{I_C}{\beta}$。现在先计算 I_{B1} 和 I_{C1}，然后按 $\beta \geq 30$ 的条件验算 V_1 是否饱和。

由图 3-3 可知

$$I_{B1} = I_{R12} - I_{R21}$$

而

$$I_{R12} = \frac{U_{CC} - V_{B1}}{R_{C2} + R_{12}} = \frac{5 - 0.7}{2 + 20} = 0.195 \text{ mA}$$

$$I_{R21} = \frac{V_{B1} - (-U_{CC})}{R_{21}} = \frac{0.7 + 5}{51} = 0.112 \text{ mA}$$

则

$$I_{B1} = I_{R12} - I_{R21} = 0.195 - 0.112 = 0.083 \text{ mA}$$

由

$$I_{C1} = I_{RC1} - I_{R11}$$

而

$$I_{RC1} = \frac{U_{CC} - V_{C1}}{R_{C1}} = \frac{5 - 0.3}{2} = \frac{4.7}{2} = 2.35 \text{ mA}$$

$$I_{R11} = \frac{V_{C1} - V_{B2}}{R_{11}} = \frac{0.3 - (-3.2)}{20} = \frac{3.5}{20} = 0.175 \text{ mA}$$

则

$$I_{C1} = I_{RC1} - I_{R11} = 2.35 - 0.35 = 2.125 \text{ mA}$$

当 $\beta = 30$ 时，

$$\frac{I_{C1}}{\beta} = \frac{2}{30} = 0.01725 \text{ mA}$$

因为 $I_{B1} = 0.083$ mA $> \frac{I_{C1}}{\beta} = 0.01725$ mA，故 V_1 饱和。

从以上的分析计算可知，V_1 饱和时 V_2 截止，而 V_2 截止又保证了 V_1 饱和。

　　由于电路两边的参数是对称的,根据同样的原则,通过分析可以看到,如果 V_2 饱和,则 V_1 截止,而 V_1 截止又保证了 V_2 饱和,这是另一种稳定状态。

　　综上所述,在图 3-3 所示电路中,只要参数选择合适就可保证电路具有两种稳定状态。两个管子其中一个如果饱和,另一个就截止,因此它们是互相矛盾的;从另一方面来看,一个管子的饱和保证了另一个管子的截止,而另一个管子的截止反过来又保证了这个管子的饱和,因此它们又是互相依存的,二者"相反相成",共同存在于触发器这个同一体中。

二、集成基本触发器

　　集成基本触发器就是采用一定的加工工艺,把组成触发器的各个电子元件及布线相互连接在一起,制作在一个半导体芯片中,使之成为一个不可分离的整体,然后封装在一个管壳内,并把必要的外部引线以引脚的方式引出。常见的基本触发器是由两个集成与非门交叉连接而成的,其基本原理和逻辑符号如图 3-4 所示。

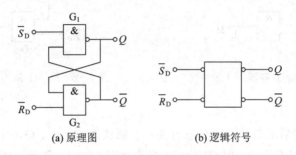

(a) 原理图　　　　　　　(b) 逻辑符号

图 3-4　基本触发器原理图及逻辑符号

　　图 3-4 中,$\overline{R}_D$ 和 $\overline{S}_D$ 为输入端,低电平触发;Q 和 $\overline{Q}$ 为触发器的两个输出端,Q 的状态称为触发器的状态,且与 $\overline{Q}$ 的状态相反。

　　输入状态共有四种情况,触发器输入与输出之间的逻辑关系分析如下:

　　(1) $\overline{R}_D = 0$,$\overline{S}_D = 0$。

　　电路如图 3-5 所示,根据与非门的原理可知,两个门电路 G_1、G_2 输出均为 1,即不管触发器原来的状态如何,此时触发器翻转后,触发器的两个状态均为 1,即 $Q^{n+1} = \overline{Q}^{n+1} = 1$。显然这不符合双稳态触发器输出状态相反的原则,故这种情况应当禁止,这种状态称为禁态。

　　如图 3-6 所示,当输入信号的低电平同时变为高电平时,输出的状态则不能确定,最终的状态由 G_1、G_2 的传输延迟时间(或翻转速度)决定。若 G_1 门的传输延迟时间短,则 $Q = 0$,$\overline{Q} = 1$;若 G_2 门的传输延迟时间短,则 $Q = 1$,$\overline{Q} = 0$。因此,触发器的这种情况也称为状态不定。

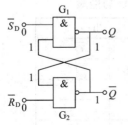
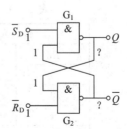

图 3-5　$\overline{R}_D = 0$ 和 $\overline{S}_D = 0$ 的情况　　　　　图 3-6　$\overline{R}_D = 1$ 和 $\overline{S}_D = 1$ 的情况

(2) $\overline{R}_D=0$，$\overline{S}_D=1$。

电路如图3-7所示，根据与非门的原理可知，G_2门输出为1，G_2输出又送到G_1门的输入端，则G_1门的两个输入端全为1，G_1门输出为0。即不管触发器原来的状态如何，触发器翻转后新的状态为$Q^{n+1}=0$，$\overline{Q}^{n+1}=1$，此时触发器处于复位状态，$\overline{R}_D$称为复位端。

(3) $\overline{R}_D=1$，$\overline{S}_D=0$。

电路如图3-8所示，根据与非门的原理可知，G_1门输出为1，G_1输出又送到G_2门的输入端，则G_2门的两个输入端全为1，G_2门输出为0。即不管触发器原来的状态如何，触发器翻转后新的状态为$Q^{n+1}=1$，$\overline{Q}^{n+1}=0$，此时触发器处于置位状态，$\overline{S}_D$称为置位端。

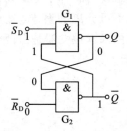
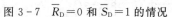
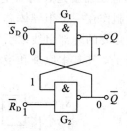

图3-7　$\overline{R}_D=0$和$\overline{S}_D=1$的情况　　　图3-8　$\overline{R}_D=1$和$\overline{S}_D=0$的情况

(4) $\overline{R}_D=1$，$\overline{S}_D=1$。

此时触发器翻转后的新状与原状态有关，当原状态$Q^n=0$、$\overline{Q}^n=1$时，电路如图3-9(a)所示，触发器的状态不变，即$Q^{n+1}=0$；当原状态$Q^n=1$、$\overline{Q}^n=0$时，电路如图3-9(b)所示，触发器的状态也不变，即$Q^{n+1}=1$。在这种情况下，触发器的状态保持不变，称为存储状态。

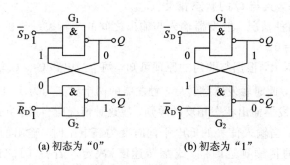

(a) 初态为"0"　　　　(b) 初态为"1"

图3-9　$\overline{R}_D=1$和$\overline{S}_D=1$的情况

由上面分析可得到基本RS触发器的逻辑功能表，如表3-1所示，其中1*表示禁态。

表3-1　基本RS触发器逻辑功能表

输　入		输　出	
$\overline{R}_D$	$\overline{S}_D$	Q^{n+1}	$\overline{Q}^{n+1}$
0	0	1*	1*
0	1	0	1
1	0	1	0
1	1	Q^n	$\overline{Q}^n$

基本 RS 触发器一般不单独使用，通常作为时钟双稳态触发器的基础部分，用来设置触发器的初始状态。

【**例 3-1**】　分析利用触发器消除机械开关跳动引起的"毛刺"的原理。

解　机械开关在接通或断开时经常出现跳动现象，由于这种跳动会引起电压波形产生许多尖脉冲（即毛刺），如图 3-10 所示。在电子线路中一般不允许出现这种现象，因为"毛刺"是一种有害的干扰信号，有时会影响电路正常工作，必须加以克服。

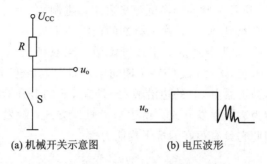

(a) 机械开关示意图　　　　(b) 电压波形

图 3-10　机械开关"毛刺"的形成

这里可采用具有记忆功能的触发器消除开关引起的"毛刺"，其原理如图 3-11 所示。设单刀双掷开关原来在 B 点处，此时触发器的状态为 0；当开关 S 从 B 点合到 A 点时，动触点离开 B 点，B 点的电压信号立刻变为高电平；在一段短暂的浮空时间里由于开关跳动，A 点的电压信号可能产生带有"毛刺"的电压波形；但在 A 点的电压信号出现第一次低电平时，可使 $S_D=0$，$R_D=1$，则触发器的输出 $Q=1$，$\overline{Q}=0$；以后 A 点的电压信号再波动到高电平时，S_D、R_D 均为 1，触发器状态不变，即 $Q=1$，克服了"毛刺"的影响。同理，当开关 S 再由 A 点合向 B 点时，A 点的电压信号立刻变为高电平；在一段短暂的浮空时间里由于开关跳动，B 点的电压信号可能产生带有"毛刺"的电压波形；但在 B 点的电压信号第一次出现低电平时，可使 $S_D=1$，$R_D=0$，则触发器的输出 $Q=0$，$\overline{Q}=1$；以后 B 点的电压信号再波动到高电平时，S_D、R_D 均为 1，触发器状态不变，即 $Q=0$，"毛刺"的影响也得到克服。

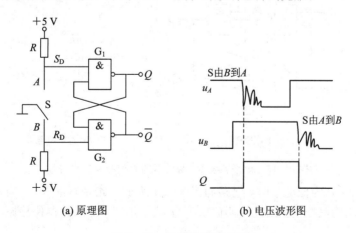

(a) 原理图　　　　　　　　(b) 电压波形图

图 3-11　触发器消除毛刺

任务二　几种触发器介绍

下面介绍几种结构完整的、可以独立使用的触发器，这些触发器通常采用时钟脉冲信号协调各逻辑器件的工作。这个时钟信号是矩形脉冲信号，称为时钟脉冲（Clock Pulse，CP），其波形如图 3-12 所示。脉冲的高低电平也用二进制数"0"和"1"表示。CP 由"0"变化到"1"，称为脉冲的前沿或上升沿；CP 由"1"变化到"0"，称为脉冲的后沿或下降沿。当双稳

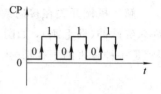

图 3-12　时钟脉冲波形

态触发器由电平触发，即在 CP=0 或 CP=1 期间触发器发生翻转时，这种触发方式称为电平触发方式；当双稳态触发器由 CP 的边沿触发，即在 CP 的上升沿或下降沿触发器发生翻转时，这种触发方式称为边沿触发方式。由于边沿触发方式，触发器翻转只发生在 CP 的上升或下降的瞬间，因此它具有很好的抗干扰能力。

一、RS 触发器

根据触发方式，RS 触发器可分为电平触发 RS 触发器和边沿触发 RS 触发器。

（一）电平触发 RS 触发器

电平触发 RS 触发器是在基本 RS 触发器的基础上再加两个与非门构成的，其电路原理图和逻辑符号如图 3-13 所示。其中，$\overline{R}_D$ 和 $\overline{S}_D$ 分别为复位端和置位端，用来设置触发器的初始状态，低电平有效。当 $\overline{R}_D=0$、$\overline{S}_D=1$ 时，触发器被置 0，即 $Q=0$，$\overline{Q}=1$，称为触发器复位；当 $\overline{R}_D=1$、$\overline{S}_D=0$ 时，触发器被置 1，即 $Q=1$，$\overline{Q}=0$，称为触发器置位。触发器初始状态设置完成后，$\overline{R}_D=1$，$\overline{S}_D=1$。

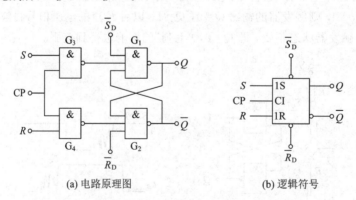

(a) 电路原理图　　　　　　　　(b) 逻辑符号

图 3-13　电平触发 RS 触发器的原理图及逻辑符号

当时钟脉冲 CP 为低电平时，电路如图 3-14 所示。此时不论 R、S 为什么状态，与非门 G_3、G_4 输出均为高电平，因此与非门 G_1、G_2 状态不变，即触发器保持原状态，此时触发器处于存储状态。

当时钟脉冲 CP 为高电平时，与非门 G_3、G_4 输出与输入端 R 和 S 的状态有关，而与非门 G_1、G_2 又受 G_3、G_4 输出状态的控制，所以触发器的输出状态受 R、S 的控制，具体分为以下几种情况：

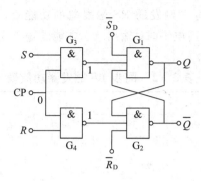

图 3 - 14　CP 为低电平情况

（1）$R=0$，$S=0$，其电路如图 3 - 15 所示。此时，与非门 G_3 和 G_4 输出为高电平，触发器保持原状态。

（2）$R=0$，$S=1$，其电路如图 3 - 16 所示。此时，与非门 G_3 输出为"0"，G_4 输出为"1"，触发器输出为 $Q=1$，$\overline{Q}=0$，触发器为置位状态。

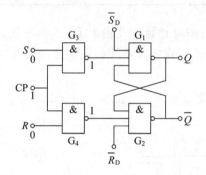

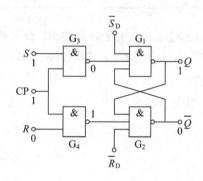

图 3 - 15　CP＝1 且 $R=S=0$ 状态　　　　图 3 - 16　CP＝1 且 $R=0$、$S=1$ 状态

（3）$R=1$，$S=0$，其电路如图 3 - 17 所示。此时，与非门 G_3 输出为"1"，G_4 输出为"0"，触发器输出为 $Q=0$，$\overline{Q}=1$，触发器为复位状态。

（4）$R=1$，$S=1$，其电路如图 3 - 18 所示。此时，与非门 G_3、G_4 输出均为"0"，触发器输出为 $Q=\overline{Q}=1$，触发器为禁止状态，并且当 R、S 同时变为低电平后，触发器最终状态不确定。

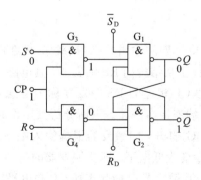
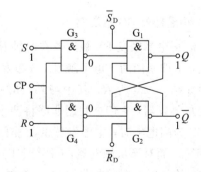

图 3 - 17　CP＝1 且 $R=1$、$S=0$ 状态　　　　图 3 - 18　CP＝1 且 $R=1$、$S=1$ 状态

　　根据上述分析,可得到电平触发的 RS 触发器的功能表,如表 3-2 所示。电平触发 RS 触发器在时钟脉冲 CP 为高电平时,输出状态才能随输入变化而变化,因此又称为同步 RS 触发器。

表 3-2　同步 RS 触发器功能表

输　入					输　出		说明
$\overline{R}_D$	$\overline{S}_D$	CP	R	S	Q^{n+1}	$\overline{Q}^{n+1}$	
0	1	×	×	×	0	1	复位
1	0	×	×	×	1	0	置位
1	1	0	×	×	Q^n	$\overline{Q}^n$	不变
1	1	1	0	0	Q^n	$\overline{Q}^n$	
1	1	1	0	1	1	0	置1
1	1	1	1	0	0	1	置0
1	1	1	1	1	1	1	禁态

　　【例 3-2】　有一电平触发的 RS 触发器,已知时钟脉冲及输入 R、S 的电压波形如图 3-19(a)、(b)、(c)所示,试画出输出端 Q 的波形。设触发器的初始状态为 $Q=0$,且 $\overline{R}_D$、$\overline{S}_D$ 均为高电平。

　　解　根据功能表 3-2,可画出触发器输出端 Q 的波形,如图 3-19(d)所示。

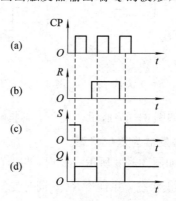

图 3-19　例 3-2 的波形图

(二) 边沿触发 RS 触发器

　　为了防止电平触发 RS 触发器在时钟脉冲高电平期间输出状态"乱跳",可在电路结构上进行改进,即采用两个电平触发 RS 触发器组成主从结构的 RS 触发器,其电路原理图及逻辑符号如图 3-20 所示。其中与外接时钟脉冲 CP 相连的 RS 触发器称为主触发器,另一个称为从触发器,它们之间用非门将两个时钟端连接在一起。下面分析其工作原理。

　　当 CP 为高电平时,主触发器的与非门 G_7、G_8 打开,主触发器根据输入端 S、R 的状态触发翻转。而对于从触发器,CP 经非门反相后变为低电平,即从触发器的时钟脉冲 CP′ 为低电平,故从触发器的与非门 G_3、G_4 被封锁,其触发器 Q 的状态在 CP 高电平期间保持不变。

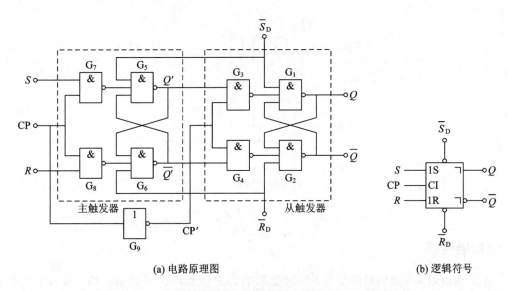

(a) 电路原理图　　　　　　　　　　　　(b) 逻辑符号

图 3 - 20　主从结构的 RS 触发器的电路原理图及逻辑符号

当 CP 由高电平变为低电平，即 CP 的下降沿到来时，主触发器的与非门 G_7、G_8 被封锁。此时，不论 R、S 的状态如何，主触发器的状态不变，而从触发器的与非门 G_3、G_4 被打开，从触发器的状态可以发生翻转。

从触发器的翻转是在 CP 由 1 变 0 时刻（即 CP 的下降沿）发生的。CP 一旦变为 0，主触发器被封锁，其状态不受 R、S 状态的影响，故从触发器的状态也不会再改变，即它只在 CP 由 1 变 0 时刻发生翻转。

由上述分析可知，边沿触发 RS 触发器具有如下特点：

（1）主从结构。它由两个同步 RS 触发器组成，受互补时钟脉冲控制。

（2）边沿触发方式。这里的边沿触发为负脉冲触发，触发器 Q 的状态翻转时刻只可能发生在 CP 下降沿到来瞬间，其他时刻不可能发生翻转。

（3）逻辑功能与电平触发器相同。

对于负脉冲触发的边沿触发器，应注意 R、S 输入信号与时钟脉冲信号的配合问题，即 R、S 输入信号必须在 CP 上升沿到来前加入，为主触发器翻转做好准备；且 CP 上升沿到来后要有一定的延迟，以确保主触发器能够达到新的稳定状态。CP 下降沿可使从触发器发生翻转，但 CP 的低电平也必须保持一定的延迟，以确保从触发器能够达到新的稳定状态。

在图 3 - 20(b) 中，主从 RS 触发器的逻辑符号中，符号"⌐"表示下降沿触发方式，输出状态滞后输入状态。

【例 3 - 3】 有一边沿触发 RS 触发器，已知时钟脉冲及输入 R、S 的电压波形如图 3 - 21(a)、(b)、(c) 所示，试画出输出端 Q 的波形。设触发器的初始状态为 $Q=0$，且 $\overline{R}_D$、$\overline{S}_D$ 均为高电平。

解　根据功能表 3 - 2，结合负脉冲触发器的特点，可画出触发器输出端 Q 的波形，如图 3 - 21(d) 所示。

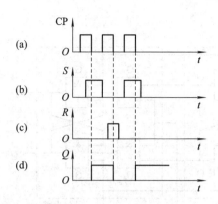

图 3-21 例 3-3 的波形图

二、JK 触发器

能消除边沿 RS 触发器的禁态，将触发器的输出信号再引回到输入端，这样的触发器称为 JK 触发器，其电路原理图及逻辑符号如图 3-22 所示。

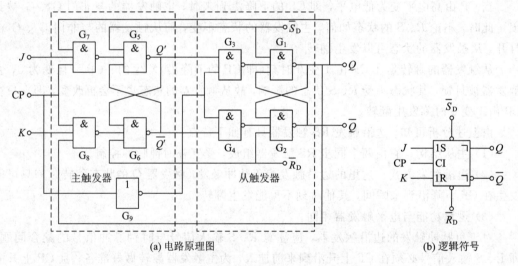

(a) 电路原理图   (b) 逻辑符号

图 3-22 JK 触发器的电路原理图及逻辑符号

JK 触发器的原理分析如下：

（1）$J=0$，$K=0$。

根据边沿触发器的原理可知，此时主触发器的状态不变，因而从触发器的状态也不变，即 JK 触发器保持原状态，$Q^{n+1}=Q^n$。

（2）$J=0$，$K=1$。

$J=0$，与非门 G_7 输出为 1；而 $K=1$，则在 CP=1 时，与非门 G_8 的输出状态由触发器输出端 Q 的状态决定。若触发器原状态 Q 为 0，则与非门 G_8 的输出为 1，主触发器的输出状态不变；当 CP 下降沿到来时，从触发器的状态也不变，即 $Q^{n+1}=0$。若触发器原状态 Q 为 1，则与非门 G_8 的输出为 0，主触发器的输出状态为 $\overline{Q}'=1$，与非门 G_5 输出为 0，即主触发器由 1 翻转为 0；当 CP 下降沿到来时，从触发器的状态也由 1 翻转为 0。总之，在 $J=0$、$K=1$ 的情况下，无论触发器的原状态如何，新状态 J 的状态都相同，即 $Q^{n+1}=J=0$。

(3) $J=1$，$K=0$。

$K=0$ 时，主触发器的与非门 G_8 的状态为 1，而与非门 G_7 的输出状态由 $\overline{Q}$ 的原状态决定。若触发器原状态 $Q=0$，$\overline{Q}=1$，与非门 G_7 的输出为 0，则在 CP$=1$ 期间，主触发器输出 $Q'=1$；当 CP 下降沿到来时，从触发器由 0 翻转为 1，即 $Q^{n+1}=1$。若触发器原状态 $Q=1$，$\overline{Q}=0$，与非门 G_7 的输出为 1，则在 CP$=1$ 期间，与非门 G_7、G_8 输出均为 1，主触发器保持原状态不变；当 CP 下降沿到来时，从触发器的状态也保持不变。因此，在 $J=1$、$K=0$ 的条件下，无论原状态如何，新状态都与 J 的状态相同，即 $Q^{n+1}=J=1$。

(4) $J=1$，$K=1$。

在此种情况下，当 CP$=1$ 时，与非门 G_7、G_8 的输出均与触发器输出的原状态有关。若触发器原状态为 0，即 $Q'=Q=0$，$\overline{Q}'=\overline{Q}=1$ 时，由于与非门 G_7 的 3 个输入均为 1，则 G_7 的输出为 0，主触发器由 0 翻转为 1；当 CP 下降沿到来时，从触发器也由 0 翻转为 1，即 $Q^{n+1}=1$。若触发器原状态为 1，即 $Q'=Q=1$，$\overline{Q}'=\overline{Q}=0$ 时，则在 CP$=1$ 期间，主触发器由 1 翻转为 0；当 CP 下降沿到来时，从触发器也由 1 翻转为 0，即 $Q^{n+1}=0$。由此可知，当 $J=1$、$K=1$ 时，若触发器原状态为 0，则触发器翻转为 1；若触发器原状态为 1，则触发器翻转为 0，即新状态与原状态相反，可表示为 $Q^{n+1}=\overline{Q}$。由此可见，在 $J=K=1$ 时，每输入一个时钟脉冲，触发器的状态翻转一次，由触发器的翻转次数可知输入时钟脉冲的个数，触发器的这种状态称为计数状态。

通过上述分析可得 JK 触发器的逻辑功能，如表 3-3 所示。

表 3-3 JK 触发器逻辑功能表

输 入					输 出		说明
$\overline{R}_D$	$\overline{S}_D$	CP	J	K	Q^{n+1}	$\overline{Q}^{n+1}$	
0	1	$\times$	$\times$	$\times$	0	1	复位
1	0	$\times$	$\times$	$\times$	1	0	置位
1	1	⊓	0	0	Q^n	$\overline{Q}^n$	不变
1	1	⊓	0	1	0	1	置 0
1	1	⊓	1	0	1	0	置 1
1	1	⊓	1	1	$\overline{Q}^n$	Q^n	计数

【例 3-4】 已知 JK 触发器的时钟脉冲及 J、K 的电压波形如图 3-23(a)、(b)、(c)所示，试画出输出端 Q 的波形。设触发器的初始状态为 $Q=0$，且 $\overline{R}_D$、$\overline{S}_D$ 均为高电平。

解 在第 1、2、3 个 CP 脉冲作用期间，J、K 均为 1。每输入一个脉冲，Q 端的状态就变化一次，共变化 3 次，且变化时刻发生在 CP 脉冲的下降沿到来的瞬间，因此 Q 先由低变高，再由高变低，然后由低变高。当第 4 个时钟脉冲下降沿到来时，对应的 J、K 状态为 $J=0$、$K=1$，根据 JK 触发器的逻辑功能可得 Q 为低电平，以后 $J=K=0$，Q 的状态一直保持为低电平，由此得出 Q 端的波形如图 3-23(d)所示。

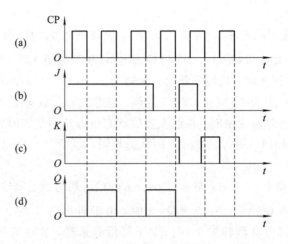

图 3-23 例 3-4 的波形图

三、D 触发器

常见的 D 触发器有主从型和维持-阻塞型两种,这里以维持-阻塞型边沿触发的 D 触发器为例介绍其结构和原理。维持-阻塞型边沿 D 触发器的电路原理图和逻辑符号如图 3-24所示,它由 6 个与非门组成,其工作原理分析如下。

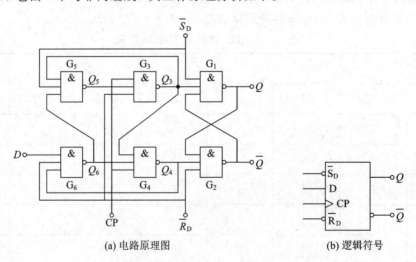

(a) 电路原理图   (b) 逻辑符号

图 3-24 维持-阻塞型边沿 D 触发器的电路原理图和逻辑符号

$\overline{S}_D$ 和 $\overline{R}_D$ 接至由 G_1、G_2 组成的基本 RS 触发器的输入端,分别作为置位端和清零端,低电平有效。当 $\overline{S}_D=0$、$\overline{R}_D=1$ 时,不论输入端 D 为何种状态,触发器的状态均为 $Q=1$,$\overline{Q}=0$,即 D 触发器置 1;当 $\overline{S}_D=1$、$\overline{R}_D=0$ 时,不论输入端 D 为何种状态,触发器的状态均为 $Q=0$,$\overline{Q}=1$,即 D 触发器清零。

(1) CP=0 时,与非门 G_3、G_4 被封锁,其输出 $Q_3=Q_4=1$,触发器状态不变。与此同时,Q_3 至 Q_5 和 Q_4 至 Q_6 的反馈信号,使与非门 Q_5、Q_6 被打开,可以接收输入信号 D,即 $Q_6=\overline{D}$,$Q_5=\overline{Q}_6=D$。

（2）当 CP 由 0 变为 1 时，与非门 G_3、G_4 被打开，其输出 Q_3 和 Q_4 的状态由 Q_5、Q_6 的状态决定，$Q_3 = \overline{Q_5} = \overline{D}$，$Q_4 = \overline{Q_3 Q_6} = \overline{\overline{D} \cdot \overline{D}} = D$，由基本 RS 触发器的逻辑功能可知，$Q = D$。

（3）触发器翻转后，如果 CP 仍为 1，则 G_3 和 G_4 仍为打开状态，其输出 Q_3 和 Q_4 的状态是互补的，即必定有一个 0。若 Q_4 为 0，则 G_4 至 G_6 输入的反馈线将 G_6 封锁，即封锁了输入端 D 通往基本 RS 触发器的路径，该反馈线起到了使触发器维持在 0 状态和阻止触发器变为 1 状态的作用，故该反馈线称为置 0 维持线和置 1 阻塞线。Q_3 为 0 时，将 G_4 和 G_5 封锁，D 端通往基本 RS 触发器的路径也被封锁。Q_3 输出至 G_5 反馈线起到了使触发器维持在 1 状态的作用，称为置 1 维持线；Q_3 至 G_4 输入的反馈线起到了阻止触发器置 0 的作用，称为置 0 阻塞线。因此，该触发器通常称为维持-阻塞型触发器。

总之，D 触发器的逻辑功能可表示为 $Q^{n+1} = D$，其逻辑功能表如表 3-4 所示。

表 3-4　D 触发器的逻辑功能表

D	Q^n	Q^{n+1}	说　明
0	0	0	
0	1	0	输出状态与 D 端状态相同
1	0	1	
1	1	1	

D 触发器在时钟脉冲 CP 的上升沿前接收输入信号，在上升沿到来时发生翻转，上升沿过后输入被封锁，这三步是在 CP 上升沿前后完成的，所以其触发方式为边沿触发。与主从型触发器相比，同类工艺的边沿触发器的抗干扰能力更强，工作速度更快；并且 D 触发器只有一个输入端，接线简单，工作可靠，因而广泛应用于数字寄存器等逻辑部件中。

【例 3-5】　已知 D 触发器的时钟脉冲 CP、D 的电压波形如图 3-25(a)、(b) 所示，试画出输出端 Q 的波形。设触发器的初始状态为 $Q = 0$，且 $\overline{R}_D$、$\overline{S}_D$ 均为高电平。

解　根据 D 触发器为上升沿触发的特点，结合其输出端 Q 与输入端 D 之间的逻辑关系，即可画出触发器输出端 Q 的波形，如图 3-25(c) 所示。

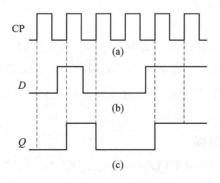

图 3-25　例 3-5 的波形图

四、集成触发器的主要参数与逻辑功能转换

（一）主要参数

集成触发器的参数可分为直流参数和开关参数两大类。为方便使用，下面对集成触发器的主要参数作一介绍。

1. 直流参数

1）电源电流 I_{CC}

一个触发器由许多逻辑门所构成，无论在 0 态或 1 态，总是一部分逻辑门处于饱和状态，另一部分处于截止状态，因此电源电流差别不大。但根据制造厂家规定，所有输入端和输出端悬空时，电源向触发器提供的电流称为电源电流 I_{CC}，它体现了触发器的空载功耗。

2）低电平输入电流 I_{IL}

某输入端接地，其他各输入、输出端悬空时，从该输入端流向地的电流称为低电平输入电流 I_{IL}，它显示了触发器输出为低电平时的加载情况。

3）高电平输入电流 I_{IH}

将各输入端分别接电源 U_{CC} 时，测得的电流称为高电平输入电流 I_{IH}，它显示了触发器输出为高电平时的加载情况。

4）输出高电平 U_{OH} 和输出低电平 U_{OL}

触发器输出端 Q 或 $\overline{Q}$ 输出为高电平时的对地电压称为输出高电平 U_{OH}，输出为低电平时的对地电压称为输出低电平 U_{OL}。

2. 开关参数

1）最高时钟频率 f_{max}

触发器在计数状态下能正常工作的最高工作频率称为最高时钟频率，它是触发器工作速度的指标。

2）时钟脉冲的延迟时间 t_{CPLH}、t_{CPHL}

从时钟脉冲的触发开始至触发器输出端由 0 态变 1 态的延迟时间称为 t_{CPLH}，由 1 态变 0 态的延迟时间称为 t_{CPHL}。一般情况下，t_{CPHL} 比 t_{CPLH} 大一级逻辑门的延迟时间。它们表明了触发器对时钟脉冲 CP 的要求。

3）直接置 0 或置 1 的延迟时间

从置 0 脉冲触发至输出端 Q 由 1 变为 0 称为直接置 0 的延迟时间 t_{RHL}，从置 0 脉冲触发至输出端 $\overline{Q}$ 由 0 变为 1 称为直接置 0 的延迟时间 t_{RLH}；从置 1 脉冲触发至输出端 Q 由 0 变为 1 称为直接置 1 的延迟时间 t_{SLH}，从置 1 脉冲触发至输出端 $\overline{Q}$ 由 1 变为 0 称为直接置 1 的延迟时间 t_{SHL}。

（二）触发器逻辑功能转换

集成触发器按其逻辑功能的不同可分为 RS、JK、D、T、T′ 五种类型。根据需要可将具有某种逻辑功能的触发器经过改接或附加一些逻辑门，就可转换成具有另一种功能的触发器。

1. 由 JK 触发器转换为 D 触发器

由 JK 触发器的逻辑功能可知，当 $J=1$、$K=0$ 时，在时钟脉冲下降沿到来时，触发器输出状态为 1；而当 $J=0$、$K=1$ 时，在时钟脉冲下降沿到来时，触发器输出状态为 0。因此，如果在 JK 触发器的输入端 K 接一个"非"门，再与 J 端接在一起作为输入端 D，就得到了 D 触发器，如图 3-26 所示。显然，当 $D=0$，即 $J=0$、$K=1$ 时，在时钟下降沿到来时，触发器置 0；而当 $D=1$，即 $J=1$、$K=0$ 时，在时钟脉冲 CP 下降沿到来时，触发器置 1。可见，改接后的 JK 触发器具有 D 触发器的逻辑功能。

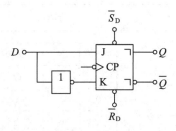

图 3-26　由 JK 触发器转换为 D 触发器

2. 由 JK 触发器转换为 T 触发器

将 JK 触发器的 J、K 两个输入端连接在一起，变为一个输入端，并用字母 T 表示，JK 触发器就转换为 T 触发器，如图 3-27 所示。

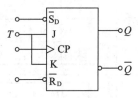

图 3-27　由 JK 触发器转换为 T 触发器

根据 JK 触发器的逻辑功能，当 $T=J=K=0$ 时，在时钟脉冲 CP 下降沿到来后，触发器状态保持不变；当 $T=J=K=1$ 时，在时钟脉冲 CP 下降沿到来后，触发器状态翻转，具有计数功能，即 $Q^{n+1}=\overline{Q^n}$。由此可得 T 触发器的逻辑功能表，如表 3-5 所示。

表 3-5　**T 触发器的逻辑功能表**

T	Q^{n+1}	说明
0	Q^n	不变
1	$\overline{Q^n}$	计数

3. 由 D 触发器转换为 T′ 触发器

T′ 触发器是仅具有计数功能的触发器，即每来一个时钟脉冲，触发器翻转一次，触发器的翻转次数与时钟脉冲的个数相等。为此可将 D 触发器的输出端 $\overline{Q}$ 与输入端 D 直接连在一起，就可构成 T′ 触发器，如图 3-28

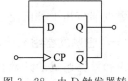

图 3-28　由 D 触发器转换为 T′ 触发器

所示。

4. 各种触发器比较

JK 触发器功能齐全，既能置0、置1，又具有保持和计数功能，因此在数字电路中被广泛应用。D 触发器只有一个输入端，具有置0、置1功能，并能很方便地变换为其他类型的触发器，所以常用于数据寄存器、移位寄存器和计数器中；T 触发器具有置0和计数功能，多连接成计数形式，用于计数电路中。各种触发器的比较如表3-6所示。

表 3-6　各种触发器比较

触发器名称	逻辑符号	功能表			说　明

RS 触发器的功能表：

S	R	Q^{n+1}
0	0	Q^n
0	1	0
1	0	1
1	1	不定

RS 触发器说明：它是在基本 RS 触发器的基础上增加引导电路构成的，有电平触发和边沿触发两种方式。当 $S=R=1$ 时，输出端状态不定，这种情况应当禁止出现

JK 触发器的功能表：

J	K	Q^{n+1}
0	0	Q^n
0	1	0
1	0	1
1	1	$\overline{Q^n}$

JK 触发器说明：电路结构多采用主从型，其触发方式为下降沿触发，可用于移位、寄存和计数

D 触发器的功能表：

D	Q^{n+1}
0	0
1	1

D 触发器说明：电路结构多采用维持-阻塞型，其触发方式为上升沿触发，可用于寄存、移位和计数

T 触发器的功能表：

T	Q^{n+1}
0	Q^n
1	$\overline{Q}$

T 触发器说明：通常是由 JK 触发器或 D 触发器转换而成，常用作计数器

五、触发器的应用

触发器应用十分广泛，常用于计数、分频、寄存等数字部件。

（一）由触发器组成计数器

由触发器组成的计数器种类很多，最常用的是十进制计数器，它具有读数直观的特点，因此被广泛采用。十进制计数器是在二进制计数器的基础上设计而成的，它用四位二进制数表示对应的十进制数，其状态如表3-7所示。

表 3 - 7 十进制加法计数器状态表

计数脉冲	二进制数				十进制数
	Q_3	Q_2	Q_1	Q_0	
0	0	0	0	0	0
1	0	0	0	1	1
2	0	0	1	0	2
3	0	0	1	1	3
4	0	1	0	0	4
5	0	1	0	1	5
6	0	1	1	0	6
7	0	1	1	1	7
8	1	0	0	0	8
9	1	0	0	1	9
10	0	0	0	0	进位

图 3 - 29 是由 JK 触发器组成的 4 位十进制加法计数器。

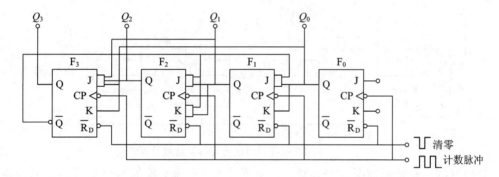

图 3 - 29 十进制同步加法计数器逻辑电路

这里采用 4 个 JK 触发器组成十进制计数器,根据表 3 - 7 可总结出各位触发器的 J、K 端应满足以下逻辑关系:

第 0 位触发器 F_0:每来一个计数脉冲下降沿,触发器状态就翻转一次,故令 $J_0 = K_0 = 1$,即可让 J、K 悬空。

第 1 位触发器 F_1:在 $Q_0 = 1$、$Q_3 = 0$ 的情况下,当下一个计数脉冲的下降沿到来时,该触发器发生翻转,但在 $Q_0 = 1$、$Q_3 = 1$ 时,状态不翻转,故应令 $J_1 = Q_0 \overline{Q_3}$,$K_1 = Q_0$。

第 2 位触发器 F_2:在 $Q_1 = Q_0 = 1$ 的情况下,当下一个计数脉冲的下降沿到来时,状态翻转,故应令 $J_2 = Q_1 Q_0$,$K_2 = Q_1 Q_0$。

第 3 位触发器 F_3:在 $Q_2 = Q_1 = Q_0 = 1$ 的情况下,当下一个计数脉冲的下降沿到来时,状态翻转,即 F_3 由 0 态变为 1 态;而当第 10 个计数脉冲的下降沿到来时,F_3 要由 1 态变为 0 态,故应令 $J_3 = Q_2 Q_1 Q_0$,$K = Q_0$。

十进制加法计数器的工作波形如图 3 - 30 所示。每来一个计数脉冲,对应的十进制数加 1；当输入 10 个计数脉冲后，对应的十进制数变为 0，即逢十进位，所以它是一个十进制计数器。

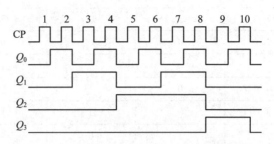

图 3-30 十进制同步加法计数器的工作波形

（二）由触发器组成分频器

分频器的作用是将输入信号的频率变为成整数倍数降低的输出信号，在电子钟等电子设备中经常用到。常见的分频器有二分频、四分频和八分频等。图 3-31 为由 JK 触发器组成的分频器电路原理图，这里采用 4 个 JK 触发器，输入信号从 F_0 触发器的时钟脉冲输入端加进来，F_0 的输出信号 Q_0 作为触发器 F_1 的时钟脉冲信号，以此类推，F_1 的输出信号 Q_1 作为触发器 F_2 的时钟脉冲信号，F_2 的输出信号 Q_2 作为触发器 F_3 的时钟脉冲信号。

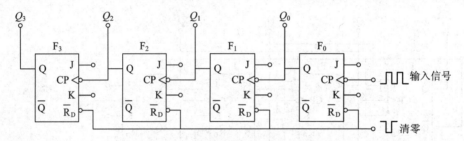

图 3-31 由 JK 触发器组成的分频器电路原理图

分频器的工作波形如图 3-32 所示。由图 3-32 可知，F_0 的输出信号的频率为输入信号频率的 1/2，所以触发器 F_0 为二分频器；F_1 的输出信号的频率为输入信号频率的 1/4，所以触发器 F_1 为四分频器；F_2 的输出信号的频率为输入信号频率的 1/8，所以触发器 F_2 为八分频器；F_3 的输出信号的频率为输入信号频率的 1/16，所以触发器 F_3 为十六分频器。

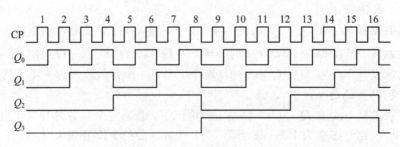

图 3-32 分频器的工作波形

（三）由触发器组成寄存器

寄存器是用来存储数码的数字器件，通常由 RS 触发器或 D 触发器组成。图 3-33 为由 D 触发器组成的寄存器，它由 4 个 D 触发器构成，可以存储 4 位二进制数码。其中 R_D 为清零端；需要寄存的 4 位二进制数码分别从数码输入端 $D_0 \sim D_3$ 输入；CP 为时钟控制端，控制数码的接收和发送。现以寄存"1101"4 位二进制数码为例介绍其工作过程。

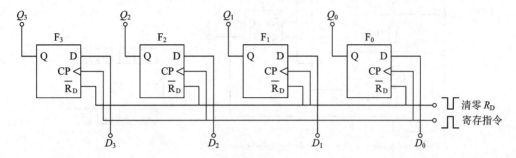

图 3-33　由 D 触发器组成的寄存器

1. 清零

在数码寄存前，先将 R_D 加一负脉冲，使各触发器输出端 Q 为 0，即为清零。

2. 输入数码

将存储的 4 位二进制数码"1101"分别送到 $D_0 \sim D_3$ 端，其中 D_0 为最低位，D_3 为最高位。此时，$D_0 = 1$，$D_1 = 0$，$D_2 = 1$，$D_3 = 1$。

3. 寄存数码

当"寄存指令"到来，即 CP 控制端有正脉冲时，数码输入端的数码将并行送入 4 个 D 触发器中，即 $Q_0 = 1$，$Q_1 = 0$，$Q_2 = 1$，$Q_3 = 1$。寄存指令发过之后，CP 控制端又变为低电平，各触发器处于保持状态，寄存器中的数码保持不变。

（四）由触发器组成 555 定时器

555 定时器是一种能够产生时间延迟和多种脉冲信号的中规模集成电路，在工业自动控制、定时、检测、报警等方面得到广泛应用。

1. 基本组成

555 定时器集成电路的电路结构和引脚排列如图 3-34 所示，由以下几个主要部分组成。

1）分压器

分压器由 3 个等值电阻串联构成，它给电压比较器 A、B 提供基准电压。由图 3-34(a)可知，比较器 B 的基准电压 $U_B = (1/3)U_{CC}$，比较器 A 的基准电压 $U_A = (2/3)U_{CC}$。

2）比较器

电压比较器主要由两个高增益集成运算放大器组成，比较器 A 的同相输入端为基准电压 U_A，其反相输入端称为高电平触发端（或"阈值"端）；比较器 B 的反相输入端为基准电压 U_B，其同相输入端称为低电平触发端（或"触发"端）。它们的输出端分别作为基本 RS 触发器的 R_D 和 S_D 输入端。比较器 A 的同相输入端为电平控制端，在此端外加电压，可以改变比较器的基准电压，从而改变定时时间。此端不用时，可接一个 $0.01~\mu F$ 电容将其旁路接地，以防止干扰信号的引入。

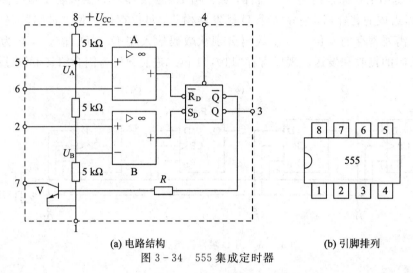

(a) 电路结构　　　　　　　　(b) 引脚排列

图 3 - 34　555 集成定时器

3）RS 触发器

触发器的状态受两个比较器的输出控制。当"阈值"端电压低于 $(2/3)U_{CC}$ 时，比较器 A 输出为高电位，触发器 $\overline{R}_D=1$，并且"触发"端电压低于 $(1/3)U_{CC}$；比较器 B 输出为低电位，触发器 $\overline{S}_D=0$。根据基本 RS 触发器的工作原理可知，此时触发器输出为"1"。当"阈值"端电压高于 $(2/3)U_{CC}$ 时，比较器 A 输出为低电位，触发器的 $\overline{R}_D=0$，并且"触发"端电压高于 $(1/3)U_{CC}$；比较器 B 输出为高电位，触发器的 $\overline{S}_D=1$，此时基本 RS 触发器输出为"0"。当"阈值"端电压低于 $(2/3)U_{CC}$，"触发"端高于 $(1/3)U_{CC}$ 时，对应基本 RS 触发器的 $\overline{R}_D=1$，$\overline{S}_D=1$，即基本 RS 触发器输出状态保持不变。

4）放电开关管 V

V 工作在开关状态。当 RS 触发器处于"复位"状态(即 $\overline{Q}=1$ 时)，V 导通，外接电容元件通过 V 放电；当 RS 触发器处于"置位"状态(即 $\overline{Q}=0$ 时)，V 截止，外接电容停止放电。

555 集成定时器的引脚排列如图 3 - 34(b)所示，各引脚的功能如下：

1——接地端，接电源 U_{CC} 的负极。

2——"触发"端，可外接输入信号。

3——输出端，与被控对象相连。

4——复位端，用于强制性复位，不用时通常与电源 U_{CC} 正极相连。

5——控制端，用来调节基准电压，不用时通常接一个 $0.01~\mu F$ 的电容。

6——"阈值"端，可外接输入信号。

7——放电端，外接电容器，通过改变电容的大小，调节定时时间。

8——电源端，接电源 U_{CC} 的正极。

2. 555 定时器的基本工作方式

555 定时器的基本工作方式主要有单稳态工作方式、双稳态工作方式、无稳态工作方式和定时器工作方式 4 种。

1) 单稳态工作方式

单稳态是指电路只有一种稳定状态。在未加触发脉冲之前，电路处于稳定状态，而在触发脉冲作用下，电路由稳定状态翻转到另一个状态，停留一段时间后，电路又自动返回到原来的稳定状态，停留时间的长短取决于电路的参数。该工作方式对应的电路如图 3-35(a)所示，其中 R、C 为外接元件，"触发"端 2 接输入信号，"阈值"端 6 与外接 R、C 相连。

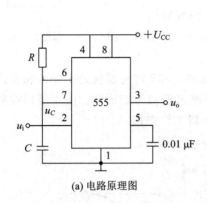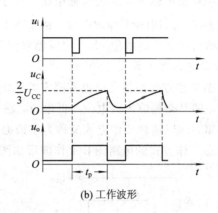

(a) 电路原理图　　　　　　　　　　(b) 工作波形

图 3-35　单稳态触发器

电源接通后，$+U_{CC}$ 经电阻 R 向电容 C 充电，当 u_C 上升到 $(2/3)U_{CC}$ 时，内部比较器 A 输出低电位(即 $\overline{R}_D=0$)；开始时 u_i 为高电位，且大于 $(1/3)U_{CC}$，内部比较器 B 的输出为高电位(即 $\overline{S}_D=1$)，内部基本 RS 触发器为置"0"状态，555 定时器输出为低电位。由于 $Q=0$、$\overline{Q}=1$，此时内部开关管 V 的基极为高电位，V 导通，电容 C 通过引脚 7、内部开关管 V 放电，电容电压 u_C 下降，使 $u_C<(2/3)U_{CC}$，内部比较器 A 输出为"1"，此时内部触发器 B 输出还为"1"，基本 RS 触发器维持"0"不变，这就是电路的稳定状态，即输出电压 $u_o=0$。

当输入端负脉冲到来，即输入端 2 为低电位时，其值小于 $(1/3)U_{CC}$，内部比较器 B 的输出为"0"，而内部触发器 A 输出为"1"，基本 RS 触发器的 $\overline{R}_D=1$，$\overline{S}_D=0$。根据基本 RS 触发器原理可知，触发器置"1"，即 u_o 由"0"变为"1"，电路进入暂稳状态。此时由于 $\overline{Q}=0$，内部 V 截止，电源 U_{CC} 经电阻 R 向电容充电，u_C 上升。当 u_C 上升到 $(2/3)U_{CC}$，比较器 A 的输出为"0"，从而使内部 RS 触发器自动翻转为 $Q=0$、$\overline{Q}=1$ 的稳定状态，此后电容 C 又开始放电，其工作波形如图 3-35(b)所示。

单稳态触发器输出脉冲宽度 t_p 即为电容 C 的电压从 0 上升到 $(2/3)U_{CC}$ 所需要的时间，也即暂态时间。t_p 可按下式计算：

$$t_p=RC\ln3\approx1.1RC \qquad\qquad (3-1)$$

由式(3-1)可知，改变 RC 的值就可改变输出脉冲宽度 t_p。这种电路的脉冲宽度可从几微秒到数分钟，通常用于定时控制。

2) 双稳态工作方式

双稳态工作方式是指电路有两种稳定状态，即复位状态(输出端 3 为低电位)和置位状态(输出端 3 为高电位)。电路如图 3-36 所示。

当"阈值"端 6 输入正脉冲时，该端电位高于 $(2/3)U_{CC}$，内部比较器 A 输出为低电位，

即 $R_D=0$；而"触发"2 端未加负脉冲，该端为低电位，高
于$(1/3)U_{CC}$，内部比较器 B 为高电位，即 $\overline{S}_D=1$。由基本
RS 触发器原理可知，输出端 3 为低电位，555 定时器复
位，$u_o=0$；当"触发"端 2 输入负脉冲时，该端电位低于
$(1/3)U_{CC}$，内部比较器 B 输出为低电位，即 $\overline{S}_D=0$；而
"阈值"6 端未加正脉冲，该端为低电位，低于$(2/3)U_{CC}$，
内部比较器 A 为高电位，即 $\overline{R}_D=1$。由基本 RS 触发器原
理可知，输出端 3 为高电位，555 定时器置位，$u_o=1$。

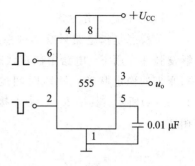

图 3-36　双稳态工作方式

　　3）无稳态工作方式

　　无稳态工作方式是指电路没有固定的稳定状态。555 定时器就处于复位和置位反复交
替的状态，即其交替输出高电位与低电位，输出波形近似为矩形波。由于矩形波的高次谐
波十分丰富，所以这种工作方式又称为多谐振荡器工作方式。

　　无稳态工作方式的电路图和工作波形如图 3-37 所示。

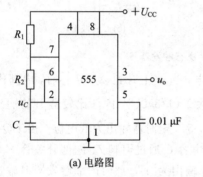
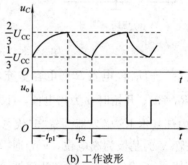

(a) 电路图　　　　　　　　　　　(b) 工作波形

图 3-37　无稳态工作方式

　　由图 3-37(a)可知，在电路初次通电时，因电容 C 两端的电压不能突变，所以 555 定
时器的 2、6 脚为低电平，内部比较器 A 输出高电位，比较器 B 为低电位，即内部基本 RS
触发器的 $\overline{R}_D=1$，$\overline{S}_D=0$，故输出端 3 为高电位，555 定时器处于置位状态，因而内部开关
管 V 截止，电源 U_{CC} 通过电阻 R_1 和 R_2 向电容 C 充电，电容电压 u_C 不断升高。经过时间 t_{p1}
后，$u_C=(2/3)U_{CC}$，555 定时器翻转复位，输出端 3 为低电位，此时内部基本 RS 触发器的
$Q=0$，$\overline{Q}=1$，内部开关管 V 导通，引脚 7 为低电位，此时电容电压 u_C 经电阻 R_2、内部 V
管进行放电，u_C 不断下降，经时间 t_{p2} 后，u_C 低于$(1/3)U_{CC}$，故 555 定时器翻转置位，输出
端 3 为高电位。此时内部基本 RS 触发器的 $Q=1$，$\overline{Q}=0$，故内部开关管 V 截止，此时电容
电压 u_C 经电阻 R_1、R_2 向 C 充电……如此周而复始，电容 C 不停地充电和放电，555 定时器
交替输出高电位和低电位，其工作波形如图 3-37(b)所示。在电容充电期间，u_C 从
$(1/3)U_{CC}$ 充到$(2/3)U_{CC}$ 所需要的时间为

$$t_{p1}=(R_1+R_2)C\ln 2=0.7(R_1+R_2)C$$

　　在电容放电期间，u_C 从$(2/3)U_{CC}$ 放到$(1/3)U_{CC}$ 所需要的时间为

$$t_{p2}=R_2C\ln 2=0.7R_2C$$

555 定时器的振荡周期为

$$T = t_{p1} + t_{p2} = 0.7(R_1 + 2R_2)C$$

则振荡频率为

$$f = \frac{1}{T} = \frac{1}{0.7(R_1 + 2R_2)C}$$

由 555 集成定时器组成的振荡器最高频率可达 300 kHz。

4）定时器工作方式

定时器工作方式如图 3-38 所示，其中图 3-38(a)为通电时产生高电位定时电路，图 3-38(b)为通电时产生低电位定时电路。

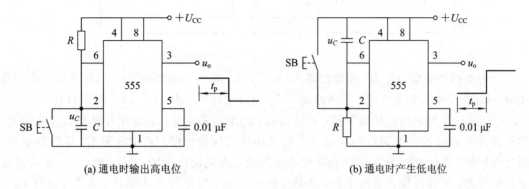

(a) 通电时输出高电位   (b) 通电时产生低电位

图 3-38 定时器工作方式

在图 3-38(a)中，刚通电时由于电容电压 u_C 初始值为 0，即引脚 2、6 为低电位，因此内部比较器 A 输出为高电位，比较器 B 输出为低电位，对应内部的 $\overline{R}_D = 1$，$\overline{S}_D = 0$，基本 RS 触发器输出为"1"，即 555 定时器输出高电位。电源电压 U_{CC} 通过电阻 R 向电容 C 充电，经延时时间 t_p 后电容电压 u_C 上升到(2/3)U_{CC}，内部的比较器 A 输出低电位，比较器 B 输出高电位，555 定时器输出为低电位，并且保持不变。按下按钮 SB 后，电容电压通过 SB 释放为 0，则引脚 2、6 为低电位，555 定时器立刻输出高电位；松开按钮 SB 后，定时开始，电源电压 U_{CC} 经过电阻 R 向电容 C 充电，电容电压 u_C 不断升高，经延时时间 t_p 后，u_C 升高到(2/3)U_{CC} 时，555 定时器输出为低电位，定时结束。

在图 3-38(b)中，刚通电时，由于电容电压 u_C 初始值为 0，即引脚 2、6 为高电位（高于(2/3)U_{CC}），故内部比较器 A 输出为低电位，比较器 B 输出为高电位，对应内部的 $\overline{R}_D = 0$，$\overline{S}_D = 1$，基本 RS 触发器输出为"0"，即 555 定时器输出低电位。电源电压 U_{CC} 通过电阻 R 向电容 C 充电，随着电容电压 u_C 的升高，引脚 2、6 电位下降，经延时时间 t_p 后，引脚 2、6 的电位低于(1/3)U_{CC}，此时内部的比较器 A 输出高电位，比较器 B 输出低电位，555 定时器输出为高电位，并且保持不变。按下按钮 SB 后，电容电压通过 SB 释放为 0，则引脚 2、6 为高电位，555 定时器立刻输出低电位；松开按钮 SB 后，定时开始，电源电压 U_{CC} 经过电阻 R 向电容 C 充电，随着电容电压 u_C 的不断升高，引脚 2、6 电位不断降低，经延时时间 t_p 后，引脚 2、6 的电位低于(1/3)U_{CC}，此时 555 定时器输出为高电位，定时结束。

3. 555 定时器应用举例

1）自动路灯电路

自动路灯电路如图 3-39 所示，该电路主要由光控电路、555 定时器和电源等组成。

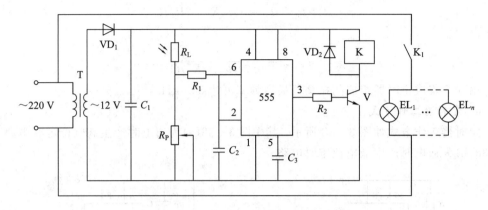

图 3-39　光控自动路灯电路图

光控电路由光敏电阻 R_L 和电位器 R_P 组成，R_L 和 R_P 构成分压器。当环境光线强弱变化时，R_L 两端电压发生变化，从而改变 555 定时器"阈值"端 6 和"复位"端 2 的电位。

555 定时器组成施密特触发器，其输出端 3 的电压发生变化，使开关管 V 截止或导通，然后通过继电器 K 控制路灯的亮或灭。白天环境光线较强时，光敏电阻 R_L 呈现低电阻，通过分压使"阈值"端 6 和"复位"端 2 的电位升高，当电位高于 $(2/3)U_{CC}$ 时，555 定时器处于复位状态，其输出端 3 为低电位，故晶体管 V 截止，继电器 K 不动作，其常开触点 K_1 不闭合，路灯 EL 不亮；傍晚天色较暗时，R_L 阻值变大，通过分压使"阈值"端 6 和"复位"端 2 的电位降低，当电位低于 $(1/3)U_{CC}$ 时，555 定时器处于置位状态，其输出端 3 为高电位，故晶体管 V 导通，继电器 K 动作，其常开触点 K_1 闭合，路灯 EL 亮。调节电位器 R_P 可改变 R_P 两端的电位，即改变 555 定时器状态翻转时的光线强弱，从而调节光控电路的灵敏度，使电路在需要开灯的环境下控制继电器常开触点 K_1 的闭合，点亮路灯。

电源电路由变压器 T 降压、二极管 VD_1 整流和电容 C_1 滤波等器件构成，可提供约 12 V 的直流电压给整个电路供电。

该电路具有两个起控点：一是亮灯起控点，即在"阈值"端 6 和"触发"端 2 的电位小于 $(1/3)U_{CC}$ 时点亮路灯；二是灭灯起控点，即在"阈值 6"端和"触发 2"端的电位大于 $(2/3)U_{CC}$ 时熄灭路灯。两个起控点电位刚好存在 $(1/3)U_{CC}$ 的回差，这就避免了单起控点在环境光照强度正好处于起控临界点时路灯出现频繁闪亮的现象。电阻 R_1 和电容 C_2 组成干扰脉冲滤波电路，以防止因短暂光线（如雷电闪光、车辆灯光等）导致的干扰电路正常工作的现象。

元器件的选用参考如下：晶体管 V 选用 8050 型中功率硅管，要求放大倍数 $\beta \geqslant 100$；二极管 VD_1 选用 1N4001 型硅整流管，VD_2 选用 1N4181 型硅开关管；R_L 选用 MG45 型光敏电阻器，安装时应使其充分感受到室外自然光线，但要避开路灯自身光线的照射；R_P 采用 3296 型多转小型电位器，它的调节范围宽（约 20 转）；电阻 R_1、R_2 选用 RTX-1/8W 型碳膜电阻器；C_1 采用 CD11-25V 型铝电解电容器，C_2 选用 CD11-16V 型铝电解电容器，C_3 选用 CT1 型瓷介质电容器；K 选用线圈电压为 DC 12 V 的中功率或大功率电磁继电器，触点容量应根据路灯的功率大小确定，当触点容量不够时，可加中间继电器进行控制；T 选用 220 V/12 V、8 V·A 的优质电源变压器，要求长时间通电不发热。

2）自动水龙头电路

当手放在水龙头下方时，水就自动流出；手离开后，水龙头自动关闭，既方便又节约用水,这一功能用自动水龙头电路就可实现,其电路如图 3-40 所示,它主要由电源电路、555 定时器电路和光控电路等部分组成。

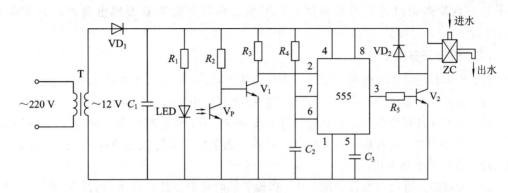

图 3-40 自动水龙头电路图

电源电路由变压器 T 降压、二极管 VD_1 整流和电容 C_1 滤波等器件构成,可提供约 12 V 的直流电压给整个电路供电。

555 定时器工作在单稳态工作方式,暂态时间由电阻 R_4、电容 C_2 决定。红外发光管 LED、光敏三极管 V_P 及三极管 V_1 构成红外光控制电路。

电路通电后,LED 向外发射红外光,无人洗手时,水龙头下方无物体遮挡,LED 发射的红外光线直射到光敏三极管 V_P 上,V_P 呈现低电阻,其集电极输出的低电位使 V_1 截止,555 定时器处于稳定状态,输出端 3 为低电位,开关管 V_2 截止,电磁阀 ZC 关闭,水龙头不出水;当有人洗手时,手放在水龙头下方遮挡了 LED 接收红外光的通路,V_P 无光照呈现高电阻,其集电极输出高电位,使 V_1 处于导通状态,V_1 的集电极电位出现负跳变,555 定时器的触发端得到触发信号,立刻翻转为置位状态,输出端 3 为高电位,使三极管 V_2 饱和导通,电磁阀线圈得电,打开供水阀门,水龙头出水。洗完手后,手离开水龙头,V_P 又被红外线照射,V_1 截止,555 定时器返回到稳态,输出端 3 为低电位,V_2 截止,电磁阀关闭。

元器件的选择参考如下:V_1 选用 9011 型硅 NPN 小功率三极管,放大倍数 β 为 100 左右;V_2 选用 8050 型硅中功率三极管,放大倍数 $\beta \geqslant 100$;VD_1 选用 1N4001 型硅整流管,VD_2 选用 1N4181 型硅开关管;LED 选用 SE303 发光二极管,V_P 选用 3DU5 型光敏三极管,在安装时应将它固定在水龙头下方的两侧,并要求 LED 与 V_P 成一直线;电阻 R_1 选用 RJ-1/4W 型金属膜电阻器,安装后要调整其阻值以改变 LED 的发光强度,要求在保证 V_P 导通和 V_1 可靠截止的条件下 R_1 的阻值尽量大一些;$R_2 \sim R_5$ 采用 RTX-1/8W 型碳膜电阻器;C_1、C_2 选用 CD11-25V 型铝电解电容器,C_3 选用 CT1 型瓷介质电容器;T 选用 220 V/12 V、8 V·A 小型优质电源变压器;ZC 选用 D-12 型电磁阀,其线圈工作电压为直流 12 V。

任务三 项目设计

一、数字抢答器的逻辑电路设计

(一)概述

在各种娱乐、知识竞赛、趣味比赛等场所,每位参赛选手面前都放着一个抢答器。

当抢答成功时，它可以判别并显示最先抢答选手的组号、用时时间等主要信息；当抢答不成功时，它可以声音、灯光两种方式发出本轮抢答无效的信息，指示犯规选手的组号或在规定时间内无人抢答等信息。下面介绍数字抢答器逻辑电路的设计和调试方法。

（二）设计任务和要求

（1）抢答器同时供 8 名选手或者 8 个代表队比赛，分别用 8 个按键 $S_0 \sim S_7$ 表示。

（2）设置一个系统清除和抢答控制按键 S，该按键由主持人控制。

（3）抢答器具有锁存与显示功能。选手按动按键时，锁存相应选手的编号，并在 LED 数码管上显示出来，同时扬声器发出声音提示。选手抢答实行优先锁存，并保持不变，直到主持人将系统清除为止。

（4）抢答器具有定时抢答功能，且一次抢答的时间由主持人设定（通常为 30 s）。当主持人启动"开始"后，定时器进行减计时，同时扬声器发出短暂的声响，声响持续时间为 0.5 s 左右。

（5）参赛选手在设定的时间内进行抢答，抢答有效，定时器停止工作，显示器上显示选手的编号和抢答时间，并保持到主持人将系统清除为止。

（6）如果定时时间到而无人抢答，则本次抢答无效，系统报警并禁止抢答，定时显示器显示 00。

（三）设计方案分析

根据设计任务和功能要求，数字抢答器应该由抢答电路、控制电路、锁存电路、译码显示电路、定时电路和语音电路等部分组成，其原理框图如图 3-41 所示。

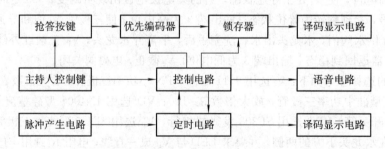

图 3-41　数字抢答器总体框图

其中抢答电路由抢答按键、优先编码器、锁存器和译码显示电路等组成，其作用是在外加信号的控制下对抢答者的输入信号进行编码，编码后经锁存电路锁存并送至译码显示电路显示出抢答者的编号。另外，优先编码器的优先扩展输出端还可作为定时电路的控制信号，即当一个抢答者在 30 秒之内按下抢答按钮时，其余人的抢答输入将无效，并且秒计数器也随之停止计数。这样，当主持人按下开始按钮时，外部清除/起始信号进入门控电路，产生编码选通信号，使编码器开始工作，等待数据输入。此时一旦抢答者按下按钮，产生的低电平信号立即被优先编码器编码，经锁存电路锁存并通过显示译码器在 LED 显示器上显示相应数字，同时语音电路发出声音。与此同时，将编码器的优先扩展输出端引回门控电路，使门控电路的输出反相，优先编码电路被禁止工作，直到主持人再次按下开始按钮才进入下一次抢答。

（四）各部分电路设计

1. 抢答电路

抢答电路的主要作用是分辨出抢答者按键按下的先后顺序，锁存并显示先抢答者的号码，同时使后抢答者的按键无效，其电路如图 3-42 所示。它主要由以下几部分组成：① 抢答器输入按键 $S_0 \sim S_7$；② 优先编码器 74HC148；③ $\overline{R} - \overline{S}$ 锁存器 74HC279；④ 4 线-7 段显示译码器 CD4511 和共阴极 LED 显示器。

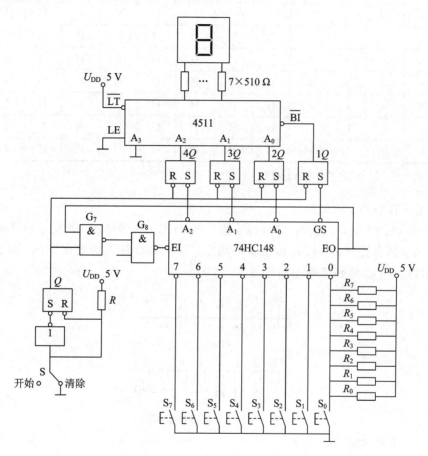

图 3-42 抢答电路原理图

1）器件介绍

（1）74HC148。

74HC148 的引脚分布如图 3-43 所示。其中 0～7 为编码输入端，低电平有效；EI 为选通输入端，低电平有效；A_0、A_1、A_2 为二进制编码输出端；GS 为优先编码输出端；EO 为选通输出端，即使能端。74HC148 的功能如表 3-8 所示。

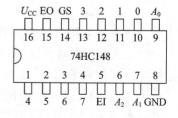

图 3-43 74HC148 引脚分布图

表 3 - 8 74HC148 功能表

输 入									输 出				
EI	0	1	2	3	4	5	6	7	A_2	A_1	A_0	GS	EO
H	×	×	×	×	×	×	×	×	H	H	H	H	H
L	H	H	H	H	H	H	H	H	H	H	H	H	L
L	×	×	×	×	×	×	×	L	L	L	L	L	H
L	×	×	×	×	×	×	L	H	L	L	H	L	H
L	×	×	×	×	×	L	H	H	L	H	L	L	H
L	×	×	×	×	L	H	H	H	L	H	H	L	H
L	×	×	×	L	H	H	H	H	H	L	L	L	H
L	×	×	L	H	H	H	H	H	H	L	H	L	H
L	×	L	H	H	H	H	H	H	H	H	L	L	H
L	L	H	H	H	H	H	H	H	H	H	H	L	H

注：H—高电平；L—低电平；×—任意。

（2）显示译码器 CD4511。

CD4511 是用于驱动共阴极 LED 显示器的 BCD 码七段译码器，其特点是具有 BCD 码转换、消隐和锁存控制、七段译码及驱动功能，并能提供较大的输出电流，可直接驱动 LED 显示器。CD4511 的管脚分布如图 3 - 44 所示。

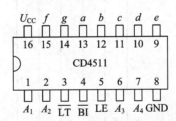

图 3 - 44 CD4511 的管脚图

CD4511 引脚功能如下：

BI：消隐控制输入端。当 BI＝0 时，不管其他输入端状态如何，七段数码管均处于熄灭（消隐）状态，不显示数字。

LT：测试输入端。当 BI＝1、LT＝0 时，译码器输出全为 1，七段数码管点亮，显示为"8"，用来检测数码管是否正常。

LE：锁存控制端。当 LE＝0 时，允许译码输出；LE＝1 时，译码器为锁存保持状态，保持 LE＝0 时的数值。

A_1、A_2、A_3、A_4：8421BCD 码输入端。

a、b、c、d、e、f、g：译码输出端，高电平有效。

CD4511 功能如表 3 - 9 所示。

表 3 - 9　CD4511 功能表

LE	BI	LT	A_4	A_3	A_2	A_1	a	b	c	d	e	f	g	显示
×	×	0	×	×	×	×	H	H	H	H	H	H	H	8
×	0	H	×	×	×	×	L	L	L	L	L	L	L	消隐
L	H	H	L	L	L	L	H	H	H	H	H	H	L	0
L	H	H	L	L	L	H	L	H	H	L	L	L	L	1
L	H	H	L	L	H	L	H	H	L	H	H	L	H	2
L	H	H	L	L	H	H	H	H	H	H	L	L	H	3
L	H	H	L	H	L	L	L	H	H	L	L	H	H	4
L	H	H	L	H	L	H	H	L	H	H	L	H	H	5
L	H	H	L	H	H	L	L	L	H	H	H	H	H	6
L	H	H	L	H	H	H	H	H	H	L	L	L	L	7
L	H	H	H	L	L	L	H	H	H	H	H	H	H	8
L	H	H	H	L	L	H	H	H	H	H	L	L	H	9
L	H	H	H	L	H	L	L	L	L	L	L	L	L	消隐
L	H	H	H	L	H	H	L	L	L	L	L	L	L	消隐
L	H	H	H	H	L	L	L	L	L	L	L	L	L	消隐
L	H	H	H	H	L	H	L	L	L	L	L	L	L	消隐
L	H	H	H	H	H	L	L	L	L	L	L	L	L	消隐
L	H	H	H	H	H	H	L	L	L	L	L	L	L	消隐
H	H	H	×	×	×	×	锁存							锁存

注：H—高电平；L—低电平；×—任意。

2）工作原理

抢答电路的工作原理如下：

当没有人抢答，即按键 $S_0 \sim S_7$ 均无按下时，则优先编码器 74HC148 的编码输入端 0～7 均为高电位。根据 74HC148 的功能表可知，其输出 $A_0 \sim A_2$ 为高电平，并且优先编码输出端 GS 也为高电平，即基本 RS 触发器组成的锁存器的输入端 S 均为高电平。此时主持人控制按键 S 在"清除"位置，基本 RS 触发器的输入端 $\overline{R}$ 均为低电平，其输出也为低电平，即 $4Q \sim 1Q$ 均为 0，显示译码器 74HC148 的输入 $A_0 \sim A_3$ 为低电平，输出 $a \sim g$ 也均为低电平，显示器不显示。此时由于 Q 为 0，74HC148 的选通输入端 EI 为 0，74HC148 处于工作状态。当主持人控制按键 S 在处于"开始"位置时，基本 RS 的输出 Q 为高电平，锁存器的输入端 R 为高电平，即 $4\overline{R} \sim 1\overline{R}$ 均为 1。此时若有选手抢答按键被按下，假定 5 号选手的按键 S_5 被按下，由 74HC148 的功能表可知，$A_2A_1A_0 = 010$，经 RS 触发器组成锁存器后，$4Q3Q2Q = 101$，经译码显示为"5"。与此同时，GS＝0，EO＝1，与非门电路 G_7 输出为 0，与非门 G_8 为 1，使 EI＝1，74HC148 处于禁止状态，封锁其他按键输入。当按键松开或再次按下时，74HC148 仍处于禁止状态，确保不会出现二次按键时输入信号，保证了抢答者的优先性。如需要进入下一轮抢答时，主持人将按键 S 重新置"清除"，抢答电路复位，为下一轮抢答做准备。

2. 秒信号产生电路

秒信号产生电路采用 555 定时器来实现。555 定时器是一种多用途集成电路，应用相当广泛，通常只需外接几个阻容元件就可很方便地构成施密特触发器和多谐振荡器。利用 555 定时器构成多谐振荡器的方法是把它的阈值输入端 TH 和触发输入端 TR 相连并对地接电容 C，对电源 U_{CC} 接电阻 R_1 和 R_2，然后再将 R_1 和 R_2 接 DIS 端就可以了。由 555 定时器构成的秒信号产生电路如图 3-45 所示，其内部电路主要由两个电压比较器和基本 RS 触发器组成。开始

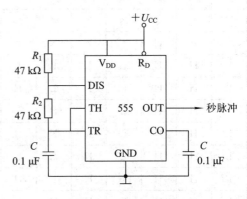

图 3-45　秒信号电路

时电容 C 充电，当电容电压等于 $2/3U_{CC}$ 时，基本 RS 触发器输出由高电位转变为低电位，电容开始放电；当电容电压降低到 $(1/3)U_{CC}$ 时，基本 RS 触发器输出由低电位变为高电位，电容又开始充电。这样，通过电容不停地充电和放电，基本 RS 触发器输出端的电位不停地进行高低变化。

多谐振荡器的振荡周期为

$$T=0.7(R_1+2R_2)C=0.7(47+2\times47)\times10\times10^{-6}=987\text{ ms}\approx1\text{ s}$$

3. 定时电路

定时器的功能是完成 30 秒倒计时并显示第 1 个抢答者按下按键的时刻。计数器由两片 74HC192 级联构成，其输出送译码显示电路，具体电路原理如图 3-46 所示。

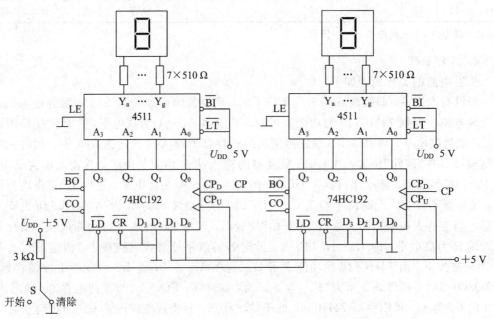

图 3-46　定时器电路

由图 3-46 可知，个位计数器 $D_3D_2D_1D_0＝0000$，十位计数器 $D_3D_2D_1D_0＝0011$，减计数脉冲(即秒信号脉冲)CP 由个位的 CP_D 端输入。个位计数器的借位输出端 $\overline{BO}$ 和十位计数器的 CP_D 端相连，两片 74HC192 的 $\overline{LD}$ 端相连并通过主持人可知按键接＋5 V 电源，两片 74HC192 的 $\overline{CR}$ 端相连并接地，构成三十进制的减法计数器。当主持人控制按键 S 打在"清除"位置时，计数器置 30 秒；当 S 打在"开始"位置时，参赛选手则可进行抢答。与此同时，定时器开始对秒脉冲信号进行减法计数，最先按下抢答按键的选手有效，抢答电路显示抢答成功选手的编号。当 30 秒定时到时，若无抢答按键按下，则此轮抢答无效。

4. 光指示电路

为了表示抢答成功采用光电二极管组成光指示电路进行指示，光指示电路如图 3-47 所示。

当优先编码器 74HC148 的选通输出端 EO 为 1 时，a 点电位为 0，发光二极管发光，表示此次抢答成功；当优先编码器 74HC148 的选通输出端为 0 时，a 点电位为 1，发光二极管不亮。

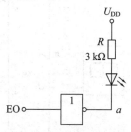

图 3-47　光指示电路

(五) 整机电路

将上述几部分按信号逻辑关系连接起来即构成整机电路，具体电路如图 3-48 所示。图 3-48 中，与非门 $G_1 \sim G_9$ 的作用是保证信号之间的相互关系能满足电路逻辑要求。

抢答器的工作过程如下：

当主持人将按键 S 打到"清零"位置时，计数器置 30 秒，显示器显示 30 秒；如将 S 打到"开始"位置时，计数器进入倒计时，两片 74HC192 的 $\overline{BO}$ 中至少有一个输出高电平，G_3 输出高电平，左边的发光二极管不亮，此时 $Y_S＝0$，G_8 的两个输入为高电平，输出为低电平，ST＝0，优先编码器处于工作状态。当 $S_0 \sim S_7$ 中任一个按键按下时，Y_S 由低电平变为高电平，G_{10} 输出为低电平，右边的发光二极管发光，表示抢答有效，G_6 输出为高电平，秒脉冲停止输出，倒计时停止，此时显示抢答者编号。

如在 30 秒倒计时结束时无人抢答，两片 74HC192 的 $\overline{BO}$ 同时输出低电平，即 G_1、G_2 输出高电平，G_3 输出低电平，发光二极管 LED_1 发光，表示此轮抢答无效。

二、制作

在整机电路设计完成后，需要对整机电路进行制作。由于电子元件的布局和安装接线是否合理对整机电路性能有很大影响，因此安装布线时，首先应考虑电气性能的合理性，然后再考虑外形的美观。

(一) 整机电路安装布线的一般原则

整机电路布局应遵循的原则主要有以下两方面。

1. 根据元件的形状和电路板的面积合理布置元器件的密度

(1) 用不同颜色的塑料导线表示电路中不同作用的连线。

通常正电源线用红色，负电源线用蓝色，地线用黑色，信号线用黄色等，这样方便对电路的测试调整和查线，不容易出错。

(2) 电路中的相邻元器件就近布置，并做到布局合理，密度适中。

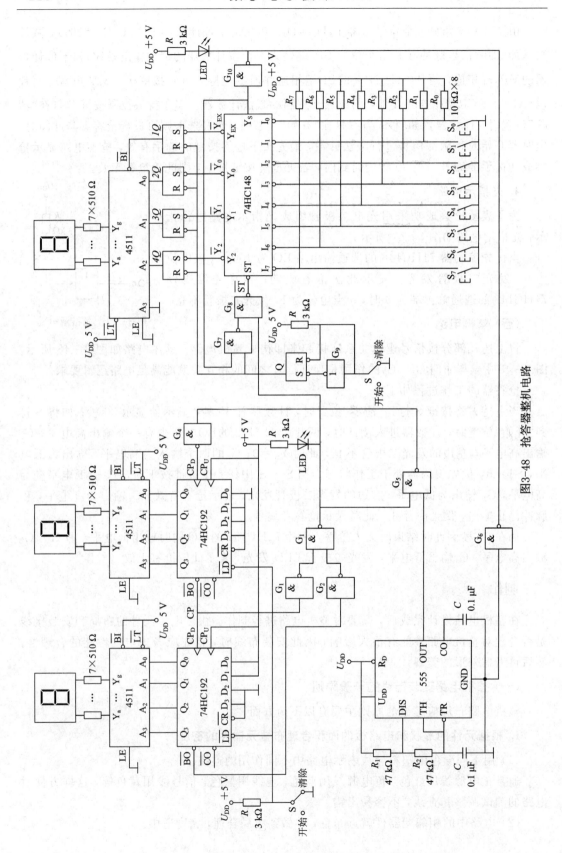

图3-48 抢答器整机电路

集成电路芯片在电路板上的方向要一致，电子元器件尽量分布合理，密度适当，并注意布局美观。

（3）输入回路应远离输出回路。

当电路的级数较多时，不要将前后级的输入、输出电路靠在一起，适当留有余地，也不要将前后级的电子元器件混合布线。信号线之间或信号线与电源线之间不要靠得太近，尽量不要平行走线。

（4）发热元件应布置在通风散热条件好的地方。

电子元器件和电解电容等应远离发热器件，以保证可靠工作。

2. 合理布局地线

公共地线是所有信号共同使用的通路，如电子元器件布局和走线不当，则有可能通过地线将输出信号耦合到其他电路上，使整机电路性能变差。因此，合理布置地线对改善电路性能和提高整机电路工作的稳定性具有重要作用。

（1）地线可迂回走线。

在实际制作时，地线往往会绕线路板一周。为减小地线的电阻，地线应选用粗一些的地线。用铜箔板时，地线的线条要适当宽一些。

（2）利用地线将前后的电路隔开。

由于地线具有屏蔽作用，因此可利用地线将前后级电路相互隔开，以减小前后级之间的耦合。

（二）元器件的插接与焊接

整机电路的元器件在电路板上的安装形式主要有插接和焊接两种形式。

1. 插接技术

用面包板组装整机电路电子元器件的常用工具有剪刀、镊子。剪刀用于剪断导线、电子器件的引脚，也可用来剥去塑料单股硬导线的塑料外皮；镊子用来夹住导线或电子元器件的引脚，插入面包板的插孔中。插接电子元器件时，应注意以下几点：

（1）所有集成芯片的插入方向要保持一致，通常将集成芯片的1脚放在面包板的左下方，这样便于布线和查线。

（2）所有集成芯片的引脚必须整齐，不能弯曲，以便使芯片引脚插入面包板后，引脚与面包板插孔弹簧接触良好，并尽量让集成芯片紧贴面包板。

（3）插接单个电子器件时，应注意使元器件插入后方便看到元器件的标志符号或极性。电子器件的引脚可不用剪断，以便重复使用。为防止裸露部分短路，可套上塑料套管。

（4）插接连接导线采用 0.6 mm 的单股有色塑料硬导线，并用剪刀剥去两头约 6 mm 的外层绝缘塑料皮，并弯成直角插入面包板的插孔。剥绝缘塑料外皮时，要注意不要损伤里面的硬导线，然后用镊子夹住导线垂直插入面包板插孔中。

（5）连接导线要紧贴面包板表面，并用不同颜色的导线表示不同的作用。

（6）在面包板电源输入端口最好对地接入一个适当的电容，这样可减小瞬变电流和电源中的高频分量对整机电路的影响。

2. 焊接技术

电子抢答器质量的好坏不但与系统电路的设计、电子元器件的性能有关，还与电子器件、集成芯片的装配质量密切相关，并且焊接质量直接影响到整个系统的技术指标和工作的可靠性。因此，正确合理安装电路、掌握焊接技术对每个从事电子产品设计、开发和维修人员来说是十分重要的，也是必不可少的。

1）电烙铁的选择

电烙铁是焊接的主要工具，它利用热源将焊锡熔化，加热焊点，使焊锡能很好地附着在被焊元器件和印刷电路板的焊盘上。

电烙铁的烙铁头由导电性能良好的铜质材料做成。外热式电烙铁的烙铁头插在导热筒内，用螺丝固定，调节其深度可控制烙铁头的温度；内热式电烙铁的烙铁头套在加热体外面，加热效率高，加热速度快。烙铁头的形状和温度对焊接质量影响很大，应根据实际情况需要将烙铁头挫成不同的形状。在焊接精细易损的元器件时，应将烙铁头挫成锥形。烙铁头挫好后，应先接通电源加热，然后沾些松香，再沾上焊锡，并在松香上来回轻擦，直到烙铁头都涂上一层薄锡为止，这样可以防止烙铁头长时间加热出现被"烧死"而不"吃锡"的情况。

烙铁头长时间加热不用时，表面会氧化变黑，影响正常使用。所以，较长时间不用的电烙铁应调低电源电压或暂时断开电源。

电烙铁的功率应根据被焊元器件的大小、导线的粗细和焊接面的大小等方面来确定。在印刷电路板上焊接小功率晶体管、集成芯片或小型元器件时，一般可选 20～30 W 的电烙铁；焊接面积较大的器件，如焊片、电位器、大电解电容等，可选 50 W 的电烙铁；焊接粗导线、大面积散热垫、大型元件时，则可选 75～100 W 的电烙铁。

还有一种吸锡的电烙铁，主要用来吸掉焊接点处的焊锡，以便拆除元器件或集成电路芯片。

2）焊锡

焊锡大多是锡和铅的合金，它具有熔点低、流动性好、对元器件和导线附着力强、机械强度高等优点，已广泛用于电子元器件的焊接。

常见的焊锡有焊锡条、焊锡丝两种。目前市场上出售的多为焊锡丝，并在其中填入了助焊剂松香，使用方便。

焊锡丝的粗细主要有 0.8、1.0、1.2、1.5、2.0、2.5、3.0、4.0 mm 等多种规格，可根据被焊接件的大小和形状等进行选用。

3）助焊剂和阻焊剂

（1）助焊剂。助焊剂的作用是除去氧化物和油污，防止被焊金属表面在焊接时受热氧化，增加焊锡的流动性，提高焊点质量。

松香和松香酒精溶液助焊剂为中性焊剂。在焊接时，它可除去焊体表面的氧化物，从而达到助焊的目的；焊接后，在焊点表面形成一层松香薄膜，可保护焊点表面不被氧化。由于松香助焊剂具有无腐蚀、不导电、不吸湿、成本低、容易清洗、无污点等优点，因此在电子线路的焊接中得到了广泛应用。

焊锡膏是酸性助焊剂，它去除氧化物的能力很强，但对金属有腐蚀作用，残存的酸性助焊剂会损坏敷铜板和元器件的引脚，因此在电子线路的焊接中很少使用。有时为了清除氧化物，确保焊接质量，也可用少量焊锡膏进行焊接，但焊接后应及时用酒精清洗干净。

（2）阻焊剂。对印刷电路板进行手工焊接或自动焊接时，需要焊接的只是焊点部分。为防止其他部分造成搭接或短路问题，通常使用阻焊剂。

阻焊剂是一种耐高温、附着力强的阻焊涂料。它涂在印刷电路板上不需要焊接的地方，将焊料限制在需要焊接的焊盘（焊点）上，起到阻焊作用，从而有效地防止不需要焊接的导线及元器件引脚之间的短路问题。

4）焊接工艺

对焊接工艺的要求，一是要焊实，不能出现虚焊；二是焊点大小要适中、美观。对焊接初学者来说，最常出现的问题就是虚焊。虚焊会给电子设备带来严重的隐患，给调试带来很多麻烦，影响电子设备的可靠工作。为有效提高焊点质量，防止虚焊，应做好以下几方面工作：

（1）净化焊接金属表面。焊接前，必须对焊件表面进行清洁处理。由于被焊器件存放时间长及污染等原因，其表面会被氧化或污染，可用酒精擦洗、用刀刮或细砂纸摩擦，以去掉氧化层或污物，然后沾上松香焊剂并镀上锡。对于较细的导线，可用烙铁头沾上锡，将其压在松香的木板上，边烫边轻擦，直至导线表面涂上锡为止；对于多股导线，应先剥去绝缘皮，并将导线拧在一起后进行镀锡，应注意锡不可进入绝缘皮中。

大多数晶体管和集成芯片的引脚已镀金或镀锡，可直接进行焊接，如已氧化或沾污时，则需作清洁处理。引脚一般由铁镍铬合金组成，在清洁时，不可将表面镀层刮掉，否则会造成虚焊。

（2）掌握焊接的温度和时间。合适的焊接温度是提高焊点质量的保证。这是因为当焊接温度过低时，焊锡流动性差，容易凝固，助焊剂不会发挥作用，易形成虚焊；当焊接温度过高时，焊锡流淌，焊点存不住锡，容易造成和邻近电路短路。因此，控制烙铁头温度非常重要，通常要求烙铁头的温度略高于焊锡的熔点即可。

对焊接时间没有严格要求，烙铁头与焊盘的接触时间应以焊点光亮、圆滑为宜。如被焊处沾不上锡或沾上的锡过少或成"豆腐渣"状时，说明焊接时间太短，容易形成虚焊。这时，只要将烙铁头在焊盘上多停留一会就可以了。但焊接时间又不能太长，否则易烧坏元器件或使印刷电路板上的铜箔脱落。因此，一次没有焊好时，应稍停片刻再焊，每个焊点最好一次焊接成功。

焊接时，烙铁头和被焊处应为面接触，这样可提高焊接处的温度，保证焊点质量。通常先将烙铁头置于焊接处1～2秒后，再将焊锡丝紧靠烙铁头，让适量的焊锡丝熔化到焊件上，以保证将焊件焊牢。

（3）扶稳元器件，上锡量要适当。焊接时，必须扶稳元器件，特别是在电烙铁移走后焊锡凝固过程中，更不能晃动被焊元器件，否则也会造成虚焊。

烙铁头上沾锡量的多少要由焊点大小决定，沾锡量以能包住焊件并形成一个圆滑的焊点为宜。如一次上锡量不足，可再补，但必须等上次的焊锡一起熔化后才能移开烙铁，以使焊点上的锡成为一个整体。

（4）提高焊点质量。焊点质量的好坏直接影响到抢答器能否正常工作，因此把好焊接质量关十分重要。一个好的焊点应该表面光亮、呈扁圆形，且焊锡与引线间紧密结合成为不可分割的整体，如图3-49（a）所示。有些焊点表面上看起来焊锡包住了导线，似乎焊牢了，但是这些焊点大都表面粗糙，内部有空气、油污及焊渣，实际上并没有焊牢，如图 3-49(b)所示。经过一段时间后，这些焊点还会出现接触不良、时通时断的现象，即出现了虚焊。查找虚焊很困难。造成虚焊的主要原因有：元器件引脚、导线、铜箔等没有做好清理工作，环节时间太短，电烙铁温度不够，焊锡冷却过程引线抖动等。只要注意做好上述几方面的工作，虚焊是可以避免的。

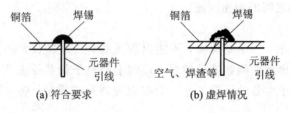

图 3-49　焊点质量示意图

5）焊接步骤

在焊接前要检查印刷电路板的质量，去掉有断线、线间短路、焊盘孔不正等不合格的印刷电路板。

对照印刷电路板的安装图，将预先清洁处理好的元器件引脚弯成所需的形状，插在印刷电路板相应位置的孔内，此时应注意元器件的极性、集成芯片的型号和方向等，管脚不能插错。焊接时，用右手拇指和食指捏住电烙铁，并用右手小拇指支撑在印刷电路板上，使电烙铁稳定，然后进行焊接操作。焊接过程一般分为 5 个步骤：

（1）准备阶段。将焊锡丝和电烙铁头移向焊接点，如图 3-50(a)所示。

（2）加热焊接部位。先将烙铁头置于焊接处，加热焊接部位，如图 3-50(b)所示。

（3）熔化焊锡丝。烙铁头加热焊接部位 1～2 秒后，将焊锡丝紧靠烙铁头，焊锡丝熔化并浸润焊点，如图 3-50(c)所示。

（4）移开焊锡丝。当焊锡丝熔化到一定量后，将焊锡丝移开，如图 3-50(d)所示。

（5）移开电烙铁。当焊锡丝浸润到全部焊接部位后，移开电烙铁，如图 3-50(e)所示。

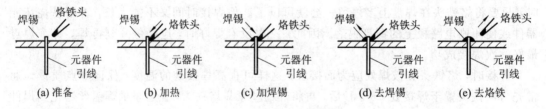

图 3-50　焊接过程示意图

6）焊接注意事项

（1）注意电烙铁头的插入方向。一般从元件少的地方插入，以免出现淌锡现象或烫坏其他元器件。尤其是印刷电路板插孔处的焊接，更应该避免表面焊锡淌到不需要焊的镀金层上。

（2）对于抗热性差的元器件（如晶体管），应使用镊子夹住焊件引脚帮助散热。同时应注意烙铁在一个焊点上停留时间不能过长，以避免焊盘的剥离和元器件的损坏。

（3）在焊接 MOS 器件时，必须使用接地的电烙铁或断开电源后再焊接，以免电烙铁漏电产生感应高压而击穿 MOS 管。

（4）金属化孔和双面板焊接时，焊锡不仅要注满孔的内部，而且要充分流到元器件另一面的焊盘上，因此应充分加热，以保证双面板两面的焊点光滑、可靠。

三、调试

（一）调试前的直观检查

1. 元器件的检查

在抢答器电路完成安装接线后，对电路元器件应进行以下直观检查：集成芯片的型号、安装位置、方向是否正确；二极管、晶体管、电解电容等分立元器件的极性是否接反；电路中所有电阻的阻值是否符合设计要求。对数字集成电路芯片还应检查是否有悬空的输入端。TTL 和 COMS 数字集成电路芯片的输入端和控制端都应根据要求接入电路，不允许悬空。

2. 连线的检查

完成元器件检查后，还要检查电源线、地线、信号线以及元器件引脚之间有无短路，连接处有无接触不良。特别是电源线与地线之间不能有短路，否则将烧坏电源。检查电源是否短路，可借助于万用表欧姆挡测量电源线与地线之间的电阻，如果电阻为零或很小，说明电源连线存在短路情况，则应从最后一部分断开电源线逐级向前检查。先找出短路点所在的电路，再找出电源短路处，然后进行排除。

（二）调试前的准备

调试包括测试和调整两部分。测试是在完成安装接线后，对电路的参数及工作状态进行测量；调整是在测试的基础上进行参数调整，使之能满足设计要求。

为了使调试能顺利进行，在调试前应制定较为完整的调试方案，包括应测量的主要参数，所选用的测量仪表、拟定的调试步骤、预期的测量结果，以及调试中可能出现的问题及解决办法等内容。

在调试过程中应采用边测量、边分析、边解决问题、边记录的科学方法。

（三）调试步骤

调试步骤主要包括通电调试和分块调试两部分。

1. 通电调试

接通电源后，不急于测量数据和观察结果，首先应观察有无异常现象，包括有无冒烟和异常气味以及元器件是否发烫、电源输出有无短路等。如出现异常现象，则应立即切断电源，待故障排除后方可重新接通电源，继续进行电路调试。

2. 分块调试

检查整机电路无误后，方可进行各部分电路的调试。分块调试要点如下：

（1）秒脉冲电路调试。接通电源 U_{DD} 后用示波器观察 OUT 端输出波形，其振荡周期 $T=1$ s。

（2）抢答电路调试。接通电源 U_{DD} 并将按键 S 打在"清除"位置，触发器处于 0 状态，Q 为低电平，$\overline{ST}$ 为低电平，这时 $\overline{Y}_2 \sim \overline{Y}_0$ 和 $\overline{Y}_{EX}$ 都为高电平，$4Q \sim 1Q$ 端均为低电平，LED 数

码管显示器熄灭(不显示任何数字)。如按抢答按键 S_2 时，$\overline{Y}_2 \sim \overline{Y}_0 = 101$，$4Q3Q2Q = 010$，LED 数码显示器显示 2，说明电路工作正常。

（3）定时器调整。接通电源 U_{DD} 后，使两片 74HC192 置数 30，显示器显示 30，在 CP_D 端输入 1 s 的秒脉冲信号，计数器应开始倒计时。

将上述各部分电路连接成整机电路再进行整机调试。

习 题

3-1 基本 RS 触发器电路如图 3-51(a)所示，设其初始状态为 $Q = 0$。若输入信号 $\overline{R}_D$ 和 $\overline{S}_D$ 的波形如图 3-51(b)所示，试画出输出端 Q 的波形。

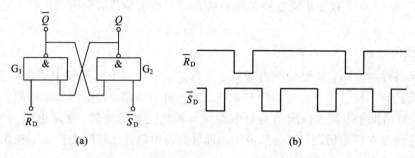

(a)   (b)

图 3-51 题 3-1 图

3-2 设同步 RS 触发器的初始状态为"0"，R、S 端和控制端 CP 的输入波形如图 3-52 所示，试画出 Q 和 $\overline{Q}$ 的波形。

3-3 设主从 JK 触发器的初始状态为"0"，J、K 端和控制端 CP 的输入波形如图 3-53所示，试画出 Q 和 $\overline{Q}$ 的波形。

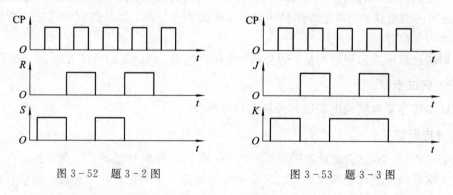

图 3-52 题 3-2 图   图 3-53 题 3-3 图

3-4 设 D 触发器的初始状态为"0"，D 和控制端 CP 的输入波形如图 3-54 所示，试画出 Q 和 $\overline{Q}$ 的波形。

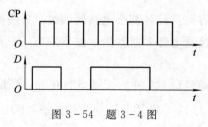

图 3-54 题 3-4 图

3-5 在图 3-55 中，设每个触发器的初始状态为"0"，试画出在时钟脉冲 CP 控制下 Q 的波形。

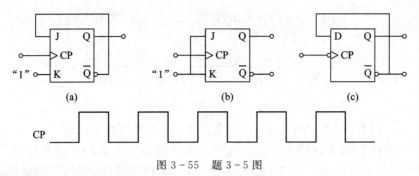

图 3-55 题 3-5 图

3-6 如图 3-56 所示，试分析各电路的逻辑功能。

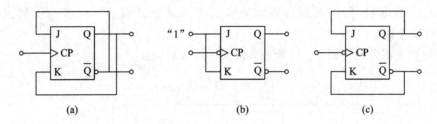

图 3-56 题 3-6 图

3-7 如图 3-57 所示，设触发器的初始状态为"0"，试根据输入端 A、B 及时钟 CP 的波形画出输出端 Q 的波形。

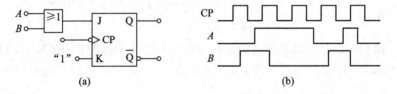

图 3-57 题 3-7 图

3-8 逻辑电路如图 3-58 所示，试分析其是否具有 JK 触发器的功能。

3-9 如图 3-59 所示为两级 T 触发器组成的逻辑电路，设各触发器的初始状态均为 0，时钟 CP 为连续触发脉冲(自拟)，试画出 Q_1、Q_2 的波形，并说明其逻辑功能。

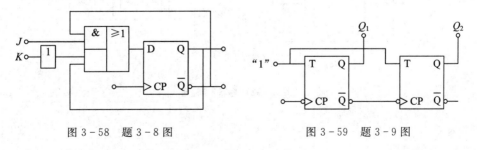

图 3-58 题 3-8 图　　　　　　图 3-59 题 3-9 图

3-10 如图 3-60 所示，设触发器的初始状态为 $Q_2Q_1Q_0 = 000$，画出连续时钟脉冲作用下的输出端波形，并分析其逻辑功能。

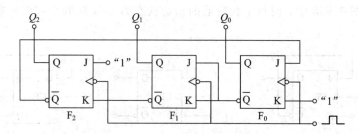

图 3-60 题 3-10 图

3-11 试用 JK 触发器组成三位右移寄存器，并画出逻辑电路图。

3-12 试用 D 触发器组成三位二进制加法计数器。要求：① 画出计数器逻辑电路图；② 画出连续时钟脉冲 CP 和对应输出 Q_2、Q_1、Q_0 的波形；③ 若 CP 的频率为 256 Hz，则各输出端信号频率各为多少？

3-13 试用 JK 触发器组成四位异步二进制减法计数器。要求：① 列出真值表；② 画出逻辑电路。

3-14 逻辑电路如图 3-61 所示，试分析其逻辑功能。

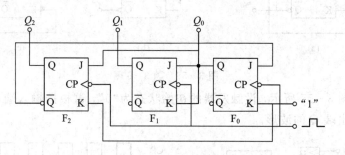

图 3-61 题 3-14 图

3-15 由 555 定时器组成的电路及输入信号 u_i 的波形如图 3-62 所示，设 $R = 50$ kΩ，$C = 10$ μF。要求：① 试画出对应的 u_C、u_o 的波形；② 估算 u_o 输出高电平的持续时间。

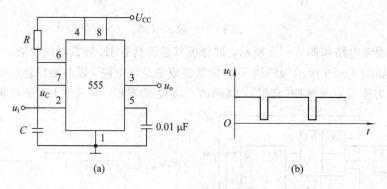

图 3-62 题 3-15 图

项目四　数字时钟的设计

【问题导入】

利用基本数字逻辑器件设计一个数字时钟，要求具有时、分、秒计数显示功能，以 24 小时循环计时，可利用数码管显示从 0 时 0 分 0 秒到 23 时 59 分 59 秒之间的时间，并具有开机清零、校时、整点报时、闹钟等主要功能。

【学习目标】

(1) 掌握计数器的概念、分类。

(2) 掌握计数器的设计思想、电路结构、工作原理和逻辑功能。

(3) 掌握查手册使用 MSI 计数器的方法。

(4) 掌握 74LS290、74LS161、74LS163、74LS191 等计数器的逻辑功能。

(5) 掌握 N 进制计数器的组合。

(6) 掌握寄存器及移位寄存器的基本概念及工作原理。

(7) 了解双向移位寄存器的逻辑功能。

(8) 掌握寄存器、移位寄存器的应用。

(9) 掌握脉冲发生器的工作原理及实现方法。

(10) 掌握同步时序逻辑电路的设计方法。

【技能目标】

(1) 掌握数字集成电路的资料查阅、识别及选用方法。

(2) 掌握集成芯片的逻辑功能及使用方法。

(3) 掌握数字时钟的工作原理及设计制作方法。

任务一　常用时序逻辑器件

时序逻辑器件是数字电路的重要组成部分。它与前面讲授的组合逻辑器件不同，其在任何一个时刻的输出状态不仅由当时的输入信号决定，而且和电路原来的状态有关，即具有存储功能。这部分知识由于电路复杂，所以难度大，但应用范围很广，因此要求学生必须掌握。

一、计数器

人们在日常生活、工作、学习、生产及科研中，到处都会遇到计数问题。计数器就是负责完成计数工作的器件，主要应用于时钟脉冲计数、分频、定时、产生节拍脉冲和脉冲序列以及数字运算等场合。

计数器的种类非常繁多。如果按照计数器中数字的编码方式分类，可以分成二进制计数器、十进制计数器以及 N 进制计数器等。其中 N 进制计数器是指除了二进制和十进制以外的其他进制的计数器,例如 $N=12$ 时的十二进制计数器和 $N=60$ 时的六十进制计数器。

如果按照计数器中的触发器翻转是否同步分类,可以将计数器分为同步式和异步式两种。同步计数器是指当输入计数脉冲到来时,要更新状态的触发器都是同时翻转的计数器。异步计数器是指当输入计数脉冲到来时,要更新状态的触发器翻转异步进行的计数器。

如果按计数过程中计数器中的数字增减分类,又可以将计数器分为加法计数器、减法计数器和可逆计数器(或称为加/减计数器)。当输入计数脉冲到来时,按照递增规律进行计数的电路叫做加法计数器,按照减法规律进行计数的电路称为减法计数器。

如果按照计数器中使用的开关元件分类,还可以将计数器分为 TTL 计数器和 CMOS 计数器两种。TTL 计数器问世较早,品种规格十分齐全,且多为中规模集成电路。CMOS 计数器问世较 TTL 计数器晚,但品种规格也很多,它具有 CMOS 集成电路的共同特点,集成度可以做得很高。

总之,计数器不仅应用十分广泛,分类方法也很多,而且规格品种很齐全,但是其工作特点、基本分析和设计方法差别并不大。下面将从综合角度摘要讲解。

(一)同步二进制加法计数器

现以 3 位同步二进制加法计数器为例,说明同步二进制加法计数器的构成方法和连接规律。

1. 结构示意框图与状态图

图 4-1 所示是 3 位同步二进制加法计数器的结构示意框图。CP 是输入计数脉冲。所谓计数,就是计 CP 脉冲的个数。每来一个 CP 脉冲,计数器就加 1。随着输入计数脉冲个数的增加,计数器中的数值也增大。当计数器计满时,再来 CP 脉冲,计数器会在归零的同时向高位进位,即要送给高位进位信号。图中的输出信号 CO 就是要送给高位的进位信号。

CP → | 3位二进制同步加法计数器 | → CO

图 4-1 3 位同步二进制加法计数器示意框图

根据二进制递增计数的规律,可画出如图 4-2 所示的 3 位二进制加法计数器的状态图。

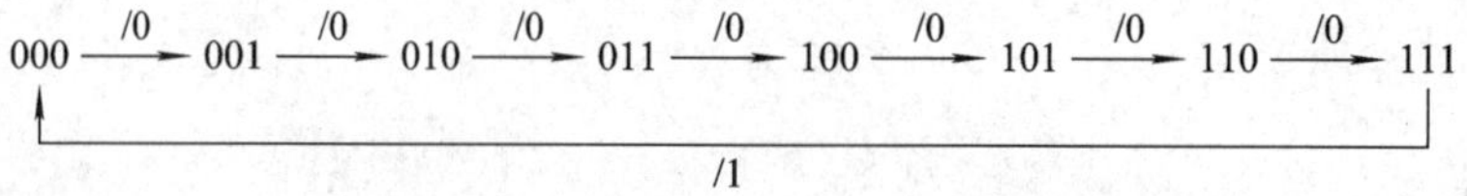

图 4-2 3 位二进制加法计数器的状态图

2. 选择触发器,求时钟方程、输出方程和状态方程

1) 选择触发器

由于 JK 触发器的功能齐全,使用灵活,故选用 3 个时钟下降沿触发的边沿 JK 触发器。

2）求时钟方程

由于要求构成的是同步计数器，显然各个触发器的时钟信号都应使用输入计数脉冲 CP，即

$$CP_0 = CP_1 = CP_2 = CP \tag{4-1}$$

3）求输出方程

由图 4-2 所示状态图可直接得到

$$C = Q_2^n Q_1^n Q_0^n \tag{4-2}$$

4）求状态方程

根据图 4-2 所示状态图的规定，可画出如图 4-3 所示的计数器次态的卡诺图。

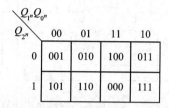

图 4-3 3 位同步二进制加法计数器次态的卡诺图

把图 4-3 所示的卡诺图分解开，便可得到如图 4-4 所示各个触发器次态的卡诺图。

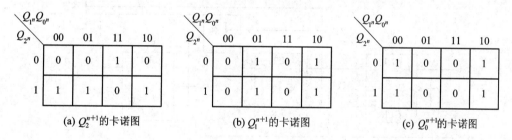

(a) Q_2^{n+1} 的卡诺图 (b) Q_1^{n+1} 的卡诺图 (c) Q_0^{n+1} 的卡诺图

图 4-4 3 位同步二进制加法计数器各个触发器次态的卡诺图

由图 4-4 所示各触发器的卡诺图，可直接写出下列状态方程：

$$\begin{cases} Q_0^{n+1} = \overline{Q_0^n} \\ Q_1^{n+1} = \overline{Q_1^n} Q_0^n + Q_1^n \overline{Q_0^n} \\ Q_2^{n+1} = Q_2^n \overline{Q_1^n} + Q_2^n \overline{Q_0^n} + \overline{Q_2^n} Q_1^n Q_0^n \end{cases} \tag{4-3}$$

5）求驱动方程

JK 触发器的特性方程为

$$Q^{n+1} = J\overline{Q^n} + \overline{K}Q^n \tag{4-4}$$

变换状态方程式(4-3)的形式，可得到如下方程：

$$\begin{cases} Q_0^{n+1} = \overline{Q_0^n} = 1 \cdot \overline{Q_0^n} + \overline{1} \cdot Q_0^n \\ Q_1^{n+1} = \overline{Q_1^n} Q_0^n + Q_1^n \overline{Q_0^n} = Q_0^n \cdot \overline{Q_1^n} + \overline{Q_0^n} \cdot Q_1^n \\ Q_2^{n+1} = Q_2^n \overline{Q_1^n} + Q_2^n \overline{Q_0^n} + \overline{Q_2^n} Q_1^n Q_0^n = Q_1^n Q_0^n \cdot \overline{Q_2^n} + \overline{Q_1^n Q_0^n} \cdot Q_2^n \end{cases} \tag{4-5}$$

比较式(4-5)和式(4-4)，即可得到下列驱动方程：

$$\begin{cases} J_0 = K_0 = 1 \\ J_1 = K_1 = Q_0^n \\ J_2 = K_2 = Q_1^n Q_0^n \end{cases} \qquad (4-6)$$

3. 画逻辑电路图

根据选用的触发器和时钟方程式(4-1)、输出方程式(4-2)以及驱动方程式(4-6)，即可画出如图4-5所示的逻辑电路图。

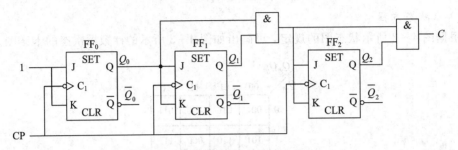

图4-5 3位同步二进制加法计数器

图4-6所示是另一种连接方式的逻辑电路图。

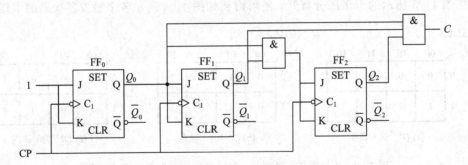

图4-6 3位同步二进制加法计数器的另一种接法

图4-5和图4-6的区别在于进位信号产生的方式上。图4-5所示电路采用的是串行进位方式，产生进位信号的时间较长，需要低位到高位逐级传送，但是只要用2输入端与门就可以了，而且各个触发器Q端所带负载是均匀的。图4-6所示电路采用的是并行进位方式，产生进位信号的时间较短，不需要逐级传送，但是随着计数器级数的增加，所用与门的输入端数也随之增加，而且各个触发器所带的负载是不均匀的，越是低位，带的负载越重。

4. 同步二进制加法计数器的级间连接规律

仔细观察图4-5或图4-6所示的逻辑电路图，就会发现，图中JK触发器都已经转换成T触发器。如果联系到驱动方程式(4-6)，那么就容易明白了。式(4-6)可以改写成为

$$\begin{cases} T_0 = J_0 = K_0 = 1 \\ T_1 = J_1 = K_1 = Q_0^n \\ T_2 = J_2 = K_2 = Q_1^n Q_0^n \end{cases} \qquad (4-7)$$

据此推论可以得到

$$T_i = Q_{i-1}^n \cdot Q_{i-2}^n \cdots Q_1^n \cdot Q_0^n = \prod_{j=0}^{i-1} Q_j^n \qquad (4-8)$$

对于 n 位同步二进制加法计数器，$i = 1, 2, \cdots, n-1$。T_i 是第 i 位触发器 FF_i 的驱动信号。式(4-8)是 FF_i 的驱动方程，$\prod$ 是连乘(逻辑乘即与)符号。

5. 计数器计数容量、长度或模的概念

通常把一个具体的计数器能够记忆输入脉冲的数目叫做计数器的计数容量、长度或模。例如，前面介绍的 3 位同步二进制加法计数器，从状态 000 开始，输入 8 个 CP 脉冲时，计数器计满归零，显然该计数器的容量(长度)或模是 8。观察图 4-2 所示的状态图，不难发现，所谓计数器的容量、长度或模，就是电路的有效状态数。如果用 n 表示状态图中二进制数的位数，也就是计数器中时钟触发器的个数；用 M 表示计数器的容量、长度或模，那么在二进制计数器中有

$$M = 2^n \qquad (4-9)$$

在十进制计数器(一位)中，$M = 10$；在 N 进制计数器中，$M = N$。

(二)同步二进制减法计数器

现以 3 位同步二进制减法计数器为例，说明同步二进制减法计数器的构成方法和连接规律。

1. 结构示意框图与状态图

图 4-7 所示是 3 位同步二进制减法计数器的结构示意图。CP 是减法计数器的输入计数脉冲。每输入一个 CP 脉冲，计数器就减 1，不够减时就向高位借位。显然向高位借来的 1 应当 8，8-1=7。因此在状态图中，当状态为 000 时，输入一个 CP 脉冲，不够减，向高位借 1 当 8，减去 1 后剩 7，所以计数器的状态应该由 000 转换到 111，且同时应向高位送出借位信号。图 4-7 中的输出信号 BO 就是要送给高位的借位信号。图 4-8 所示是根据二进制递减计数规律画出的状态图。

CP →　3 位二进制同步减法计数器　→ BO

图 4-7　3 位同步二进制减法计数器示意框图

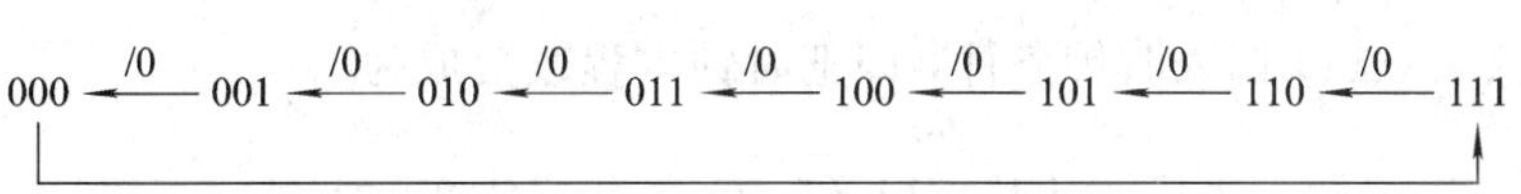

000 ←/0— 001 ←/0— 010 ←/0— 011 ←/0— 100 ←/0— 101 ←/0— 110 ←/0— 111

/1

图 4-8　3 位二进制减法计数器的状态图

2. 时钟方程、输出方程、状态方程和驱动方程

根据图 4-8 所示的状态图，在选择好触发器后，运用基本设计方法，便可得到这些方程式。

选用 3 个时钟脉冲下降沿触发的边沿 JK 触发器，时钟方程为

$$CP_0 = CP_1 = CP_2 = CP \qquad (4-10)$$

输出方程为

$$B = \overline{Q_2^n}\ \overline{Q_1^n}\ \overline{Q_0^n} \tag{4-11}$$

状态方程为

$$\begin{cases} Q_0^{n+1} = \overline{Q_0^n} \\ Q_1^{n+1} = \overline{Q_1^n}\ \overline{Q_0^n} + Q_1^n Q_0^n \\ Q_2^{n+1} = \overline{Q_2^n}\ \overline{Q_1^n}\ \overline{Q_0^n} + Q_2^n Q_1^n + Q_2^n Q_0^n \end{cases} \tag{4-12}$$

驱动方程为

$$\begin{cases} J_0 = K_0 = 1 = T_0 \\ J_1 = K_1 = \overline{Q_0^n} = T_1 \\ J_2 = K_2 = \overline{Q_1^n}\ \overline{Q_0^n} = T_2 \end{cases} \tag{4-13}$$

3. 画逻辑电路图

根据所选用的触发器、时钟方程式(4-10)、输出方程式(4-11)以及驱动方程式(4-13)，即可画出如图4-9所示的逻辑电路图。

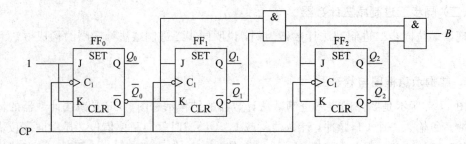

图 4-9　3 位同步二进制减法计数器

4. 同步二进制减法计数器级间连接规律

对于一个 n 位同步二进制减法计数器，从式(4-13)可以推论得到第 i 位 T 触发器 FF_i 的驱动方程为

$$T_i = \overline{Q_{i-1}^n} \cdot \overline{Q_{i-2}^n} \cdots \overline{Q_1^n} \cdot \overline{Q_0^n} = \prod_{j=0}^{i-1} \overline{Q_j^n} \quad i = 1, 2, \cdots, n-1 \tag{4-14}$$

5. 用 T′ 触发器构成同步二进制减法计数器

只要把式(4-14)归入时钟条件，即把时钟方程改变成为

$$CP_i = CP \cdot \prod_{j=0}^{i-1} \overline{Q_j^n} \quad i = 1, 2, \cdots, n-1 \tag{4-15}$$

那么，将 FF_i 换成 T′ 触发器，便可得到由 T′ 触发器构成的同步二进制减法计数器。

(三) 同步二进制可逆计数器

在加减控制信号管理下，把同步二进制加法计数器和减法计数器组合起来，便可获得同步二进制可逆计数器。

1. 单时钟输入同步二进制可逆计数器

若用 $\overline{U}/D$ 表示加减控制信号，且在低电平为 0 时进行加计数，为 1 时做减计数，则只需按照式(4-16)把 T 触发器级联起来，所得到的便是单时钟输入的同步二进制可逆计数器。

$$T_i = \overline{\overline{U/D}} \cdot \prod_{j=0}^{i-1} Q_j^n + \overline{U/D} \cdot \prod_{j=0}^{i-1} \overline{Q_j^n} \quad i = 1, 2, \cdots, n-1 \qquad (4-16)$$

其实，式(4-16)是把同步二进制加法计数器的驱动方程和减法计数器的驱动方程，分别与加减控制信号相与之后再加起来得到。

对于 3 位同步二进制可逆计数器，根据式(4-16)可写出下列驱动方程：

$$\begin{cases} T_0 = 1 = J_0 = K_0 \\ T_1 = \overline{\overline{U/D}}Q_0^n + \overline{U/D}\,\overline{Q_0^n} = J_1 = K_1 \\ T_2 = \overline{\overline{U/D}}Q_1^n Q_0^n + \overline{U/D}\,\overline{Q_1^n}\,\overline{Q_0^n} = J_2 = K_2 \end{cases} \qquad (4-17)$$

根据式(4-17)便可画出 3 位同步二进制可逆计数器的逻辑电路图，其电路如图 4-10 所示。

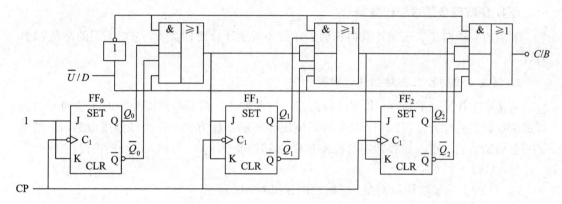

图 4-10　3 位同步二进制可逆计数器

2. 双时钟输入同步二进制可逆计数器

如果用 CP_U 表示加计数脉冲、CP_D 表示减计数脉冲，那么按照下面时钟方程式(4-18)，把 T′ 触发器级联起来，便可得到双时钟输入同步二进制可逆计数器。

$$CP_i = CP_U \cdot \prod_{j=0}^{i-1} Q_j^n + CP_D \cdot \prod_{j=0}^{i-1} \overline{Q_j^n} \quad (i = 1, 2, \cdots, n-1) \qquad (4-18)$$

从式(4-18)可以看出，双时钟输入同步二进制可逆计数器是将加法计数和减法计数的时钟方程加起来。

对于双时钟输入的 3 位同步二进制可逆计数器，根据式(4-18)可写出下列时钟方程：

$$\begin{cases} CP_0 = CP_U + CP_D \\ CP_1 = CP_U \cdot Q_0^n + CP_D \cdot \overline{Q_0^n} \\ CP_2 = CP_U \cdot Q_1^n Q_0^n + CP_D \cdot \overline{Q_1^n}\,\overline{Q_0^n} \end{cases} \qquad (4-19)$$

按照式(4-19)的规定，把 3 个 T′ 触发器级联起来即可，逻辑电路如图 4-11 所示。

注意：双时钟可逆计数器的 CP_U 和 CP_D 是相互排斥的，只能分时工作，否则电路就无法正常计数。

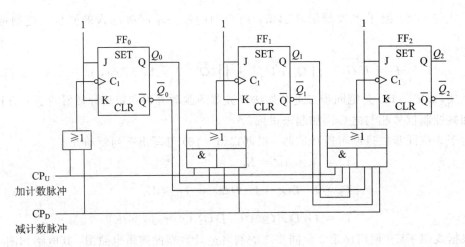

图 4 - 11　双时钟 3 位同步二进制可逆计数器

（四）集成同步二进制计数器

常用的集成同步二进制计数器有加法计数和可逆计数两种类型，它们采用的都是 8421 编码。

1. 集成 4 位同步二进制加法计数器

从基本工作原理的角度，集成 4 位同步二进制加法计数器与前面介绍的 3 位同步二进制加法计数器并没有任何区别，只是为了使用和扩展功能方便，在制作集成电路时，增加了一些辅助功能。现以比较常用的经典芯片 74161 和 CC4520 为例，进行使用说明。

1）74161

74161 的引出端功能排列图、逻辑功能如图 4 - 12 所示。

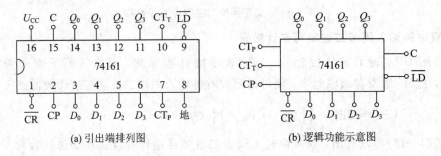

(a) 引出端排列图　　　　　　　　　(b) 逻辑功能示意图

图 4 - 12　集成计数器 74161

在图 4 - 12 中，CP 是输入计数脉冲，也就是加到每一个触发器的时钟脉冲；$\overline{\text{CR}}$ 是清零端，$\overline{\text{LD}}$ 是置数端，CT_P 和 CT_T 是计数器的两个工作状态控制端；$D_0 \sim D_3$ 是并行输入数据端，CO 是进位信号输出端，$Q_0 \sim Q_4$ 是计数器状态输出端。

集成计数器 74161 的状态表如表 4 - 1 所示。

由表 4 - 1 所示的状态表可以清楚地看出，集成 4 位同步二进制加法计数器 74161 具有下列功能：

表 4 - 1 74161 计数器状态表

输 入									输 出					注
$\overline{CR}$	$\overline{LD}$	CT_P	CT_T	CD	D_0	D_1	D_2	D_3	Q_0^{n+1}	Q_1^{n+1}	Q_2^{n+1}	Q_3^{n+1}	CO	
0	$\times$	$\times$	$\times$	$\times$	$\times$	$\times$	$\times$	$\times$	0	0	0	0	0	清零
1	0	$\times$	$\times$	$\uparrow$	d_0	d_1	d_2	d_3	d_0	d_1	d_2	d_3		置数
1	1	1	1	$\uparrow$	$\times$	$\times$	$\times$	$\times$	计数					
1	1	0							保持					
1	1	$\times$	0	$\times$	$\times$	$\times$	$\times$	$\times$	保持				0	

(1) 异步清零功能。当 $\overline{CR}=0$ 时,计数器清零。从表 4-1 中可以看出,在 $\overline{CR}=0$ 时,其他输入信号都不起作用。由触发器的逻辑特性判断,其异步输入信号是优先的。

(2) 同步并行置数功能。当 $\overline{CR}=1$、$\overline{LD}=0$ 时,在 CP 脉冲上升沿操作下,并行输入数据 $d_0 \sim d_3$ 进入计数器,使 $Q_3^{n+1} Q_2^{n+1} Q_1^{n+1} Q_0^{n+1} = d_3 d_2 d_1 d_0$,实现同步置数功能。

(3) 二进制同步加法计数功能。当 $\overline{CR} = \overline{LD} = 1$ 时,若 $CT_T = CT_P = 1$,则计数器对 CP 脉冲信号按照 8421 编码进行加法计数。

(4) 保持功能。当 $\overline{CR} = \overline{LD} = 1$ 时,若 $CT_T \cdot CT_P = 0$,则计数器将保持原来的状态不变。对于进位输出信号有两种情况,如果 $CT_T = 0$,那么 CO=0;若 $CT_T = 1$,则 CO $= Q_3^n Q_2^n Q_1^n Q_0^n$。

综上所述,表 4-1 反映了 74161 是一个具有异步清零、同步置数、可保持状态不变的 4 位二进制同步计数器。

集成计数器 74LS161 的逻辑功能、计数工作原理和外引线排列与 74161 完全相同。而 74163 和 74LS163 除了采用同步清零方式外,其逻辑功能、计数工作原理和外引线排列也与 74161 没有任何区别,其状态表如表 4-2 所示。

表 4 - 2 74163 计数器状态表

输 入									输 出					注
$\overline{CR}$	$\overline{LD}$	CT_P	CT_T	CP	D_0	D_1	D_2	D_3	Q_0^{n+1}	Q_1^{n+1}	Q_2^{n+1}	Q_3^{n+1}	CO	
0	$\times$	$\times$	$\times$	$\uparrow$	$\times$	$\times$	$\times$	$\times$	0	0	0	0	0	清零
1	0	$\times$	$\times$	$\uparrow$	d_0	d_1	d_2	d_3	d_0	d_1	d_2	d_3		置数
1	1	1	1	$\uparrow$	$\times$	$\times$	$\times$	$\times$	计数					
1	1	0	$\times$	$\times$	$\times$	$\times$	$\times$	$\times$	保持					
1	1	$\times$	0	$\times$	$\times$	$\times$	$\times$	$\times$	保持				0	

2) CC4520

CC4520 是双 4 位同步二进制加法计数器,属于 CMOS 集成电路,其引出端排列图和逻辑功能示意图(1/2)如图 4-13 所示。图中,EN 既是使能端,也可以作为计数脉冲的输入端;CP 既是计数脉冲输入端,也可以作为使能端;CR 是清零端。CC4520 的状态表如表 4-3 所示。

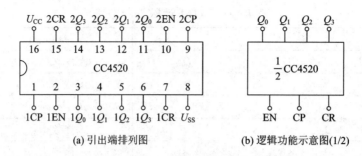

(a) 引出端排列图　　(b) 逻辑功能示意图(1/2)

图 4-13　集成计数器 CC4520

表 4-3　CC4520 计数器的状态表

输　入			输　出				注
CR	EN	CP	Q_0^{n+1}	Q_1^{n+1}	Q_2^{n+1}	Q_3^{n+1}	
1	×	×	0	0	0	0	清零
0	1	↑	加计数				上升沿有效
0	↓	0	加计数				下降沿有效
0	0	×	保持				
0	×	1	保持				

从表 4-3 中可以看出，CC4520 具有异步清零功能，它是一种既可上升沿触发也能下降沿触发的双 4 位二进制同步加法计数器。

2. 集成 4 位同步二进制可逆计数器

集成 4 位同步二进制可逆计数器有单时钟和双时钟两种类型，前者用 T 型触发器，后者用 T′ 触发器。它们的工作原理和构成方法与前面介绍的单时钟和双时钟电路相同，下面以常用的典型集成芯片 74191(单时钟)和 74193(双时钟)为例进行介绍。

1) 集成芯片 74191

74191 的引出端排列图和逻辑功能示意图如图 4-14 所示，状态表如表 4-4 所示。

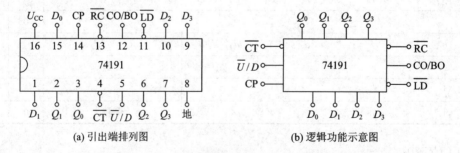

(a) 引出端排列图　　　　(b) 逻辑功能示意图

图 4-14　集成可逆计数器(单时钟)74191

从表 4-4 中可以看出，集成可逆计数器 74191 具有同步可逆计数功能、异步并行置数功能和保持功能。74191 虽然没有专用的清零输入端，但可以借助 $D_0 \sim D_3$ 异步并行置入数据 0000 间接实现清零功能。

表 4-4　74191 的状态表

输入								输出				注
$\overline{LD}$	$\overline{CT}$	$\overline{U}/D$	CP	D_0	D_1	D_2	D_3	Q_0^{n+1}	Q_1^{n+1}	Q_2^{n+1}	Q_3^{n+1}	
0	×	×	×	d_0	d_1	d_2	d_3	d_0	d_1	d_2	d_3	并行异步置数
1	0	0	↑	×	×	×	×	加法计数				CO/BO=$Q_0^n Q_1^n Q_2^n Q_3^n$
1	0	1	↑	×	×	×	×	减法计数				CO/BO=$\overline{Q_3^n}\,\overline{Q_2^n}\,\overline{Q_1^n}\,\overline{Q_0^n}$
1	1	×	×	×	×	×	×	保　持				

多个可逆计数器级联时使用，$\overline{RC}$ 表达式为

$$\overline{RC}=\overline{\overline{CP}\cdot CO/BO\cdot \overline{CT}} \tag{4-20}$$

当 $\overline{CT}=0$ 即 CT=1、CO/BO=1 时，$\overline{RC}=CP$，因此由 $\overline{RC}$ 端产生的输出进位脉冲的波形与输入计数脉冲的波形是相同的。

与 74191 功能和引出端排列完全相同的还有 74LS191。此外，集成单时钟 4 位二进制同步可逆计数器还有 74S169、74LS169、CC4516 等。

2) 集成芯片 74193

74193 的引出端排列图和逻辑功能示意图如图 4-15 所示。图中，CR 是异步清零端，高电平有效；$\overline{LD}$ 是异步置数控制端；CP_U 是加法计数脉冲输入端；CP_D 是减法计数脉冲输入端；$\overline{CO}$ 是进位脉冲输出端；$\overline{BO}$ 是借位脉冲输出端；$D_0\sim D_3$ 是并行数据输入端；$Q_0\sim Q_3$ 是计数器状态输出端。

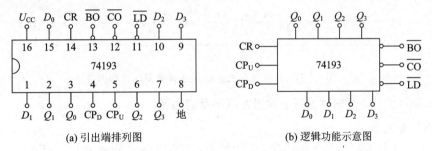

(a) 引出端排列图　　　　　(b) 逻辑功能示意图

图 4-15　集成可逆计数器(双时钟)74193

74193 的状态表如表 4-5 所示。

表 4-5　74193 的状态表

输入								输出				注
CR	$\overline{LD}$	CP_U	CP_D	D_0	D_1	D_2	D_3	Q_0^{n+1}	Q_1^{n+1}	Q_2^{n+1}	Q_3^{n+1}	
1	×	×	×	×	×	×	×	0	0	0	0	异步清零
0	0	×	×	d_0	d_1	d_2	d_3	d_0	d_1	d_2	d_3	异步置数
0	1	↑	1	×	×	×	×	加法计数				$\overline{CO}=\overline{CP_U Q_0^n Q_1^n Q_2^n Q_3^n}$
0	1	1	↑	×	×	×	×	减法计数				$\overline{BO}=\overline{CP_D \overline{Q_0^n}\,\overline{Q_1^n}\,\overline{Q_2^n}\,\overline{Q_3^n}}$
0	1	1	1	×	×	×	×	保　持				$\overline{BO}=\overline{CO}=1$

从表 4－5 中可以看出，74193 具有同步可逆计数功能、异步清零功能、异步置数功能和保持功能。$\overline{BO}$和$\overline{CO}$是提供多个双时钟可逆计数器级联时使用的。当 $Q_3^n=Q_2^n=Q_1^n=Q_0^n$ 时，$\overline{CO}=CP_U$，其波形与加法计数脉冲相同；当 $\overline{Q}_3^n=\overline{Q}_2^n=\overline{Q}_1^n=\overline{Q}_0^n=1$ 时，$\overline{BO}=CP_D$，其波形与 CP_D 相同。多个 74193 级联时，只要把低位的$\overline{CO}$端、$\overline{BO}$端分别与高位的 CP_U 端、CP_D 端连接起来，各个芯片的 CR 端连接在一起、$\overline{LD}$端连接在一起，就可以了。

与 74193 功能和引出端排列完全相同的还有 74LS193。除此之外，CC40193 也是双时钟 4 位二进制可逆计数器。

（五）异步二进制加法计数器

现以 3 位异步二进制加法计数器为例，说明异步二进制加法计数器的构成方法和连接规律。

1. 结构示意框图和状态图

3 位异步二进制加法计数器的示意框图如图 4－16 所示。CP 是输入计数脉冲，C 表示送给高位的进位信号。

CP
3 位二进制异步加法计数器
C

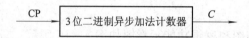

图 4－16　3 位异步二进制加法计数器示意框图

图 4－17 所示是按照 3 位二进制加法计数规律画出的状态图，它与 3 位同步二进制加法计数器的状态图完全相同。

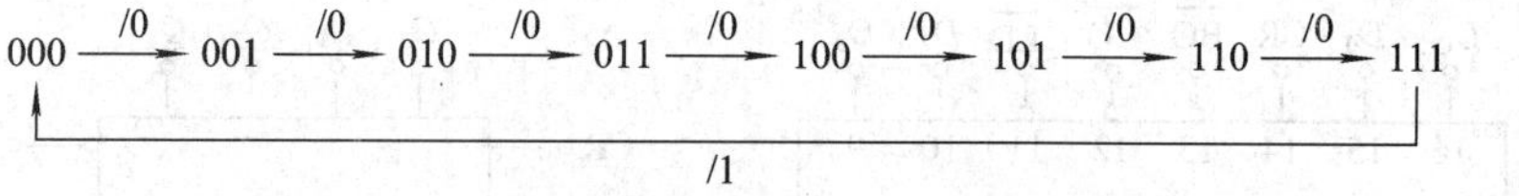

000
/0
001
/0
010
/0
011
/0
100
/0
101
/0
110
/0
111
/1

图 4－17　3 位异步二进制加法计数器的状态图

2. 选择触发器，求时钟方程、输出方程和状态方程

1）选择触发器

选用 3 个 CP 下降沿触发的边沿 JK 触发器，并令其编号分别为 FF_0、FF_1、FF_2。

2）求时钟方程

(1) 画时序图。根据图 4－17 所示状态图的要求，可画出如图 4－18 所示的时序图。

CP
Q0
Q1
Q2

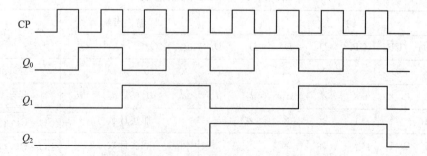

图 4－18　3 位异步二进制加法计数器时序图

（2）选择时钟信号。从图 4-18 所示的时序图可知，应选择

$$\begin{cases} CP_0 = CP \\ CP_1 = Q_0 \\ CP_2 = Q_1 \end{cases} \qquad (4-21)$$

3）求输出方程

根据图 4-17 所示的状态图，可以直接得到输出方程：

$$C = Q_2^n Q_1^n Q_0^n \qquad (4-22)$$

4）求状态方程

仔细观察图 4-18 所示的时序图和时钟方程式（4-21），不难发现，三个时钟触发器均应为 T′触发器，因为无论是 FF_0，还是 FF_1、FF_2，需要翻转时有下降沿，不需要翻转时就没有下降沿。据此可以得到下列状态方程：

$$\begin{cases} Q_0^{n+1} = \overline{Q_0^n} & CP \text{ 下降沿时刻有效} \\ Q_1^{n+1} = \overline{Q_1^n} & Q_0 \text{ 下降沿时刻有效} \\ Q_2^{n+1} = \overline{Q_2^n} & Q_1 \text{ 下降沿时刻有效} \end{cases} \qquad (4-23)$$

3. 求驱动方程

由于选用的是时钟脉冲下降沿触发的边沿 JK 触发器，其特性方程为

$$Q^{n+1} = \overline{J}\,\overline{Q^n} + \overline{K}Q^n \qquad (4-24)$$

转换成 T′触发器，只要取 $J = K = 1$ 即可。如果把式（4-23）变换成 $Q^{n+1} = 1 \cdot \overline{Q^n} + \overline{1}Q^n$，通过与特性方程比较亦可得出同样结论。因此，可直接写出下列驱动方程：

$$\begin{cases} J_0 = K_0 = 1 \\ J_1 = K_1 = 1 \\ J_2 = K_2 = 1 \end{cases} \qquad (4-25)$$

4. 画逻辑电路图

根据所选用的触发器和时钟方程式（4-21）、输出方程式（4-22）以及驱动方程式（4-25），即可画出如图 4-19 所示的逻辑电路图。

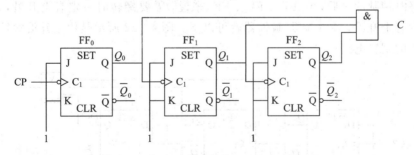

图 4-19　3 位异步二进制加法计数器

如果选用的是下降沿触发的 D 触发器，那么除了驱动方程有所变化之外，其他地方都不会有区别，因为 D 触发器转换成 T′触发器，只要令 $D = \overline{Q^n}$ 就可以了。由下降沿触发的 D 触发器构成的 3 位异步二进制加法计数器的逻辑电路如图 4-20 所示。

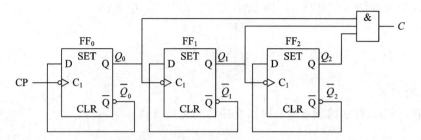

图 4-20 D 触发器构成的 3 位异步二进制计数器

5. 选用上升沿触发的边沿触发器

当选用的是时钟脉冲上升沿触发的边沿触发器时,可画出如图 4-21 所示的时序图。

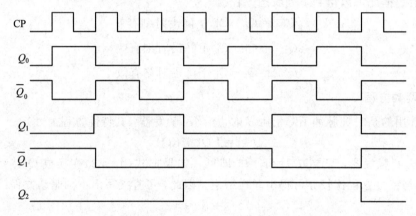

图 4-21 上升沿触发的 3 位异步二进制加法计数器的时序图

从图 4-21 所示的时序图,不难看出,时钟方程应选用

$$\begin{cases} CP_0 = CP \\ CP_1 = \overline{Q}_0 \\ CP_2 = \overline{Q}_1 \end{cases} \qquad (4-26)$$

确定好时钟脉冲之后,对 FF_0、FF_1、FF_2 来说,需要翻转时一定有上升沿,不需要翻转时肯定没有上升沿,用 3 个 T' 触发器就可以了。图 4-22 所示是用上升沿触发的边沿 D 触发器构成的逻辑电路。

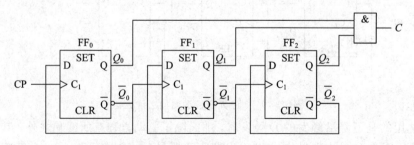

图 4-22 上升沿触发的 D 触发器构成的 3 位异步二进制加法计数器

6. 异步二进制加法计数器的构成特点和连接规律

通过 3 位异步二进制加法计数器的具体介绍，可以得出下列一般性的结论：

（1）从电路结构看，二进制异步加法计数器使用的触发器是 T' 触发器。

（2）从连接规律讲，高位触发器的时钟信号是低位的输出。若选择的是下降沿触发的 T' 触发器，则应取 $CP_i = Q_{i-1}$；如果选用的是上升沿触发的 T' 触发器，那么就应取 $CP_i = \overline{Q_{i-1}}$。

（六）异步二进制减法计数器

下面仍以 3 位异步二进制减法计数器为例，说明异步二进制减法计数器的构成方法和连接规律。

1. 状态图

根据 3 位二进制减法计数的规律，可画出其状态图如图 4-23 所示。

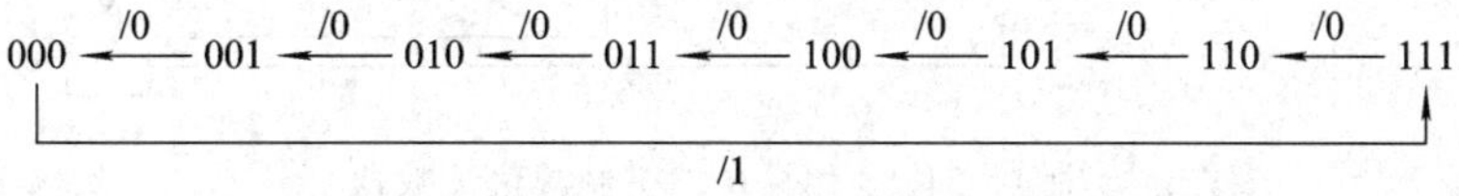

$$000 \xleftarrow{/0} 001 \xleftarrow{/0} 010 \xleftarrow{/0} 011 \xleftarrow{/0} 100 \xleftarrow{/0} 101 \xleftarrow{/0} 110 \xleftarrow{/0} 111$$

$$/1$$

图 4-23　3 位异步二进制减法计数器的状态图

2. 选择触发器，求时钟方程、输出方程、状态方程和驱动方程

1）选择触发器

选用上升沿触发的 JK 触发器。根据图 4-23 所示的状态图，便可以获得时钟方程为

$$\begin{cases} CP_0 = CP \\ CP_1 = Q_0 \\ CP_2 = Q_1 \end{cases} \tag{4-27}$$

2）求输出方程

从图 4-23 所示的状态图，可以写出输出方程为

$$B = \overline{Q_2^n} \, \overline{Q_1^n} \, \overline{Q_0^n} \tag{4-28}$$

3）求状态方程

仔细观察图 4-23 所示的状态图和时钟方程式（4-27），不难发现，三个时钟触发器均应为 T' 触发器。因为无论是 FF_0，还是 FF_1、FF_2，需要翻转时有下降沿，不需要翻转时没有下降沿。据此可以得到下列状态方程：

$$\begin{cases} Q_0^{n+1} = \overline{Q_0^n} & CP \text{ 下降沿时刻有效} \\ Q_1^{n+1} = \overline{Q_1^n} & Q_0 \text{ 下降沿时刻有效} \\ Q_2^{n+2} = \overline{Q_2^n} & Q_1 \text{ 下降沿时刻有效} \end{cases} \tag{4-29}$$

4）求驱动方程

由于选用的是时钟脉冲上升沿触发的边沿 JK 触发器，因此其特性方程为

$$Q^{n+1} = \overline{J} \, \overline{Q^n} + \overline{K} Q^n \tag{4-30}$$

转换成 T' 触发器，只要取 $J = K = 1$ 即可。如果把式（4-30）变换成 $Q^{n+1} = 1 \cdot \overline{Q^n} + \overline{1} \cdot Q^n$，通过与特性方程比较亦可得出同样结论。因此，可直接写出下列驱动方程：

$$\begin{cases} J_0 = K_0 = 1 \\ J_1 = K_1 = 1 \\ J_2 = K_2 = 1 \end{cases} \tag{4-31}$$

3. 画逻辑电路图

根据所选用的触发器和时钟方程式(4-27)、输出方程式(4-28)以及驱动方程式(4-31)，即可画出如图 4-24 所示的逻辑电路图。

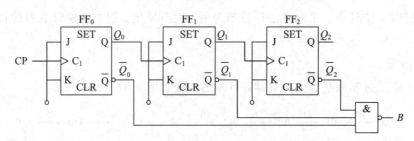

图 4-24　3 位异步二进制减法计数器

最后，将异步二进制加法计数器和减法计数器的级间连接规律归纳如表 4-6 所示。

表 4-6　异步二进制计数器级间连接规律

连接规律	T' 触发器的触发沿	
	上升沿	下降沿
加法计数器	$CP_i = \overline{Q}_{i-1}$	$CP_i = Q_{i-1}$
减法计数器	$CP_i = Q_{i-1}$	$CP_i = \overline{Q}_{i-1}$

关于异步二进制计数器中的进位信号 C 和借位信号 B 的说明：大家知道，在 3 位二进制计数器中，$C = Q_2^n Q_1^n Q_0^n$，$B = \overline{Q}_2^n \overline{Q}_1^n \overline{Q}_0^n$。异步计数器并不需要实现这样的表达式，因为进位或借位信号可以直接取自 FF_2 的输出 Q_2 或 $\overline{Q}_2$。但作为进位和借位信号的指示，其物理意义直观明确，和状态图关系紧密，所以在 3 位异步二进制计数器的求解过程中，仍然作为求输出方程处理了，在逻辑电路图中也画出了 C 或 B 的逻辑，而这一点在实际应用中是可以省去的。

（七）集成异步二进制计数器

集成异步二进制计数器是按照 8421 编码进行加法计数的电路，规格品种很多，常用的典型芯片有 74197 和 74LS197 等。因为 74197 和 74LS197 的功能和引脚排列完全相同，所以下面仅介绍 74197 芯片。

1. 74197 的引出端排列图和逻辑功能示意图

图 4-25 所示是集成 4 位异步二进制加法计数器 74197 的引出端排列图和逻辑功能示意图。其中，$\overline{CR}$ 是异步清零端，$CT/\overline{LD}$ 是计数和置数控制端，CP_0 是触发器 FF_0 的时

钟输入端，CP_1 是 FF_1 的时钟输入端，$D_0 \sim D_3$ 是并行数据输入端，$Q_0 \sim Q_4$ 是计数器的输出端。

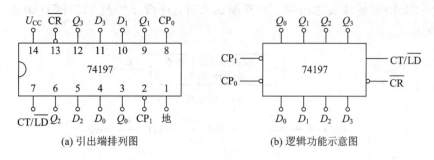

(a) 引出端排列图　　　　　　(b) 逻辑功能示意图

图 4-25　集成异步加法计数器 74197

2. 74197 的状态表

表 4-7 所示是 74197 的状态表。

表 4-7　74197 的状态表

输　入							输　出				注
$\overline{CR}$	CT/$\overline{LD}$	CP	D_0	D_1	D_2	D_3	Q_0^{n+1}	Q_1^{n+1}	Q_2^{n+1}	Q_3^{n+1}	
0	×	×	×	×	×	×	0	0	0	0	清零
1	0	×	d_0	d_1	d_2	d_3	d_0	d_1	d_2	d_3	置数
1	1	↓	×	×	×	×	计数				$CP_0 = CP$　$CP_1 = Q_0$

从表 4-7 中可以看出 74197 具有下列功能：

(1) 清零功能。当 $\overline{CR}=0$ 时，计数器异步清零。

(2) 置数功能。当 $\overline{CR}=1$、CT/$\overline{LD}=0$ 时，计数器异步置数。

(3) 4 位二进制异步加法计数功能。当 $\overline{CR}=1$、CT/$\overline{LD}=1$ 时，计数器异步加法计数。

注意：将 CP 加在 CP_0 端，把 Q_0 与 CP_1 连接起来，即可构成 4 位二进制异步加法计数器；若将 CP 加在 CP_1 端，则计数器中 FF_1、FF_2、FF_3 构成 3 位二进制计数器，FF_0 不工作；如果只将 CP 加在 CP_0 端，CP_1 接 0 或 1，那么 FF_0 工作，形成 1 位二进制计数器，FF_1、FF_2、FF_3 不工作。因此，也把 74197 又叫做二-八-十六进制计数器。

属于二-八-十六进制计数器的芯片还有 74177、74S197、74293、74LS293 等，属于双 4 位二进制异步加法计数器的芯片有 74393、74LS393。而 CMOS 集成异步计数器有 7 位的 CC4024、12 位的 CC4040、14 位的 CC4060 等。

（八）同步十进制加法计数器

1. 结构示意框图和状态图

同步十进制加法计数器的结构示意框图和状态图如图 4-26 所示。

CP 是输入加法计数脉冲，C 是送给高位的输出进位信号。当 CP 到来时，电路按照 8421BCD 码进行加法计数。所谓十进制计数器，实质就是 1 位十进制计数器。

图 4-26(b)准确地表达了当 CP 不断到来时，计数器按照 8421BCD 码进行计数的过程。

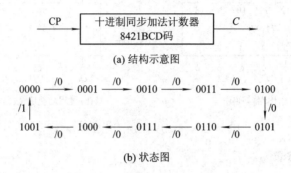

(a) 结构示意图

(b) 状态图

图 4-26 同步十进制加法计数器

2. 选择触发器，求时钟方程、输出方程和状态方程

1) 选择触发器

选用 4 个时钟脉冲下降沿触发的 JK 触发器，并用 FF_0、FF_1、FF_2、FF_3 表示。

2) 求时钟方程

因选用同步电路，所以时钟方程应为

$$CP_0 = CP_1 = CP_2 = CP_3 = CP \tag{4-32}$$

3) 求输出方程

根据图 4-26(b)所示的状态图，可画出如图 4-27 所示的 C 的卡诺图。注意：无效状态所对应的最小项可当成约束项，即 1010～1111 可看做约束项对待。

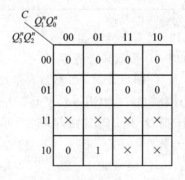

图 4-27 输出进位信号 C 的卡诺图

由图 4-27 所示的卡诺图可直接得到 C 的表达式

$$C = Q_3^n Q_0^n \tag{4-33}$$

根据图 4-26(b)所示的状态图，可画出如图 4-28 所示的 $Q_3^{n+1} Q_2^{n+1} Q_1^{n+1} Q_0^{n+1}$ 的卡诺图。再分解开，画出每一个触发器次态的卡诺图，如图 4-29 所示。

4) 求状态方程

由图 4-29 所示的各卡诺图，可得到下列状态方程：

$$\begin{cases} Q_0^{n+1} = \overline{Q_0^n} \\ Q_1^{n+1} = \overline{Q_3^n}\,\overline{Q_1^n}Q_0^n + Q_1^n\overline{Q_0^n} \\ Q_2^{n+1} = \overline{Q_2^n}Q_1^nQ_0^n + Q_2^n\overline{Q_1^n} + Q_2^n\overline{Q_0^n} \\ Q_3^{n+1} = Q_2^nQ_1^nQ_0^n + Q_3^n\overline{Q_0^n} \end{cases} \qquad (4-34)$$

$Q_3^nQ_2^n$ \ $Q_1^nQ_0^n$	00	01	11	10
00	0001	0010	0100	0011
01	0101	0110	1000	0111
11	××××	××××	××××	××××
10	1001	0000	××××	××××

图 4-28 十进制同步加法计数器次态 $Q_3^{n+1}Q_2^{n+1}Q_1^{n+1}Q_0^{n+1}$ 的卡诺图

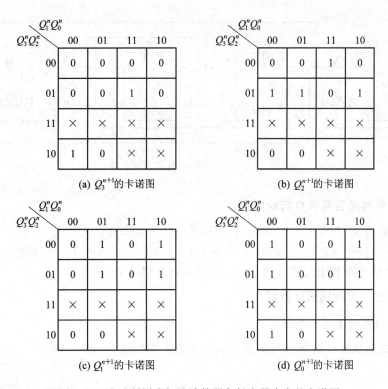

(a) Q_3^{n+1}的卡诺图

(b) Q_2^{n+1}的卡诺图

(c) Q_1^{n+1}的卡诺图

(d) Q_0^{n+1}的卡诺图

图 4-29 十进制同步加法计数器各触发器次态的卡诺图

3. 求驱动方程

JK 触发器的特性方程为

$$Q^{n+1} = J\,\overline{Q^n} + \overline{K}Q^n \qquad (4-35)$$

将式(4-34)变换成和式(4-35)一致的形式：

$$\begin{cases} Q_0^{n+1} = 1 \cdot \overline{Q_0^n} + \overline{1} \cdot Q_0^n \\ Q_1^{n+1} = \overline{Q_3^n} Q_0^n \overline{Q_1^n} + \overline{Q_0^n} Q_1^n \\ Q_2^{n+2} = Q_1^n Q_0^n \overline{Q_2^n} + \overline{Q_1^n Q_0^n} Q_2^n \\ Q_3^{n+1} = Q_2^n Q_1^n Q_0^n \overline{Q_3^n} + \overline{Q_0^n} Q_3^n \end{cases} \tag{4-36}$$

比较式(4-35)和式(4-36)，可写出驱动方程：

$$\begin{cases} J_0 = K_0 = 1 \\ J_1 = \overline{Q_3^n} Q_0^n \qquad K_1 = Q_0^n \\ J_2 = K_2 = Q_1^n Q_0^n \\ J_3 = Q_2^n Q_1^n Q_0^n \qquad K_3 = Q_0^n \end{cases} \tag{4-37}$$

4. 画逻辑电路图

根据选择的触发器和时钟方程式(4-32)、输出方程(4-33)和驱动方程式(4-37)，可画出同步十进制加法计数器的逻辑电路，如图4-30所示。

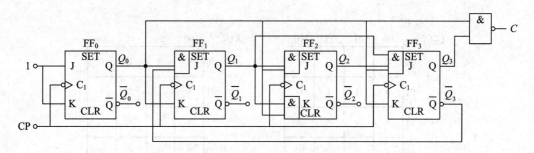

图4-30　同步十进制加法计数器

5. 检查电路是否具备自启动能力

将无效状态1010~1111代入式(4-36)进行计算，结果如下：

$$1010 \rightarrow 1011 \rightarrow 0100 \quad 1100 \rightarrow 1011 \rightarrow 0100 \quad 1110 \rightarrow 1111 \rightarrow 0000$$

可见，在CP操作下都能回到有效状态，电路具备自启动能力。

（九）同步十进制减法计数器

1. 结构示意框图和状态图

同步十进制减法计数器的结构示意框图和状态图如图4-31所示。

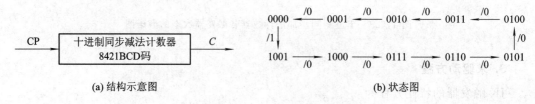

(a) 结构示意图　　　　　　　　　　　　(b) 状态图

图4-31　同步十进制减法计数器

CP 是输入减法计数脉冲，C 是送给高位的输出借位信号。当 CP 到来时，电路按照 8421BCD 码进行减法计数。所谓十进制计数器，实质就是 1 位十进制计数器。

图 4-31(b)准确地表达了当 CP 不断到来时，计数器按照 8421BCD 码进行计数的过程。

2. 选择触发器，求时钟方程、输出方程、状态方程和驱动方程

1）选择触发器

选用时钟下降沿触发的 JK 触发器。

2）求时钟方程、输出方程、状态方程和驱动方程

按照在构成同步十进制加法计数器中使用的方法，根据图 4-31(b)所示的状态图，可以写出下列时钟方程、输出方程、状态方程和驱动方程。

时钟方程为

$$CP_0 = CP_1 = CP_2 = CP_3 = CP \tag{4-38}$$

输出方程为

$$B = \overline{Q}_3^n \overline{Q}_2^n \overline{Q}_1^n \overline{Q}_0^n \tag{4-39}$$

状态方程为

$$\begin{cases} Q_0^{n+1} = \overline{Q}_0^n \\ Q_1^{n+1} = Q_3^n \overline{Q}_1^n \overline{Q}_0^n + Q_2^n \overline{Q}_1^n \overline{Q}_0^n + Q_1^n Q_0^n \\ Q_2^{n+1} = Q_3^n \overline{Q}_0^n + Q_2^n Q_1^n + Q_2^n Q_0^n \\ Q_3^{n+1} = \overline{Q}_3^n \overline{Q}_2^n \overline{Q}_1^n \overline{Q}_0^n + Q_3^n Q_0^n \end{cases} \tag{4-40}$$

驱动方程为

$$\begin{cases} J_0 = K_0 = 1 \\ J_1 = \overline{\overline{Q}_3^n \overline{Q}_2^n \overline{Q}_0^n} \quad K_1 = \overline{Q}_0^n \\ J_2 = Q_3^n \overline{Q}_0^n \quad K_2 = \overline{Q_1^n + Q_0^n} = \overline{Q}_1^n \overline{Q}_0^n \\ J_3 = \overline{Q}_2^n \overline{Q}_1^n \overline{Q}_0^n \quad K_3 = \overline{Q}_0^n \end{cases} \tag{4-41}$$

3. 画逻辑电路图

根据选用的触发器和式(4-38)、式(4-40)和式(4-41)即可画出逻辑电路图。作为习题，读者可自己动手画逻辑电路图。

（十）集成同步十进制计数器

常用的集成同步十进制计数器有加法计数器和可逆计数器两大类，采用的都是 8421BCD 码。

1. 集成同步十进制加法计数器

集成同步十进制加法计数器有 TTL 和 CMOS 两大类，其中 TTL 产品有 74160、74LS160、74162、74S162、74LS162 等，CMOS 产品有 CC4518 等。下面以常用的典型 74160 芯片为例进行介绍。

1）引出端排列图和逻辑功能示意图

74160 的引出端功能排列图、逻辑功能示意图如图 4-32 所示。

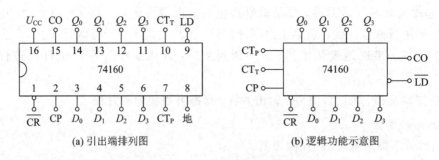

(a) 引出端排列图　　　　　　　　　(b) 逻辑功能示意图

图 4 - 32　集成同步十进制加法计数器

在图 4 - 32 中，CP 是输入计数脉冲，也就是加到每一个触发器的时钟脉冲；$\overline{CR}$ 是清零端；$\overline{LD}$ 是置数端；CT_P 和 CT_T 是计数器的两个工作状态控制端；$D_0 \sim D_3$ 是并行输入数据端；CO 是进位信号输出端；$Q_0 \sim Q_4$ 是计数器状态输出端。

2）74160 的状态表

集成同步十进制加法计数器 74160 的状态表如表 4 - 8 所示。

表 4 - 8　74160 的状态表

输　入									输　出					注
$\overline{CR}$	$\overline{LD}$	CT_P	CT_T	CP	D_0	D_1	D_2	D_3	Q_0^{n+1}	Q_1^{n+1}	Q_2^{n+1}	Q_3^{n+1}	CO	
0	×	×	×	×	×	×	×	×	0	0	0	0	0	清零
1	0	×	×	↑	d_0	d_1	d_2	d_3	d_0	d_1	d_2	d_3		置数
1	1	1	1	↑	×	×	×	×	计数					
1	1	0	×	×	×	×	×	×	保持					
1	1	×	0	×	×	×	×	×	保持				0	

从表 4 - 8 中可以看出，74160 具有下列功能：

（1）异步清零功能。

当 $\overline{CR} = 0$ 时，通过各触发器 $\overline{R}_D$ 端清零计数器，无论其他输入端在何种状态。

（2）同步置数功能。当 $\overline{CR} = 1$、$\overline{LD} = 0$，即清零信号端为高电平、置数控制端为低电平时，在 CP 上升沿操作下，将并行数据 $d_0 \sim d_3$ 送入计数器中，进位输出 $CO = CT_T \cdot Q_3^n Q_0^n$。

（3）同步计数功能。当 $\overline{CR} = \overline{LD} = 1$、$CT_P = CT_T = 1$，即清零和置数信号均撤销、工作状态控制端均为高电平时，电路按照 8421BCD 码进行同步加法计数。

（4）保持功能。当 $\overline{CR} = \overline{LD} = 1$、$CT_P = CT_T = 0$ 时，计数器保持原来状态不变。这里有两种情况：当 $CT_P = 0$ 时，进位输出信号也保持，即 $CO = Q_3^n Q_0^n$；当 $CT_T = 0$ 时，$CO = CT_T \cdot Q_3^n Q_2^n = 0$，即进位输出端为低电平。

值得提醒的是 74162、74S162、74LS162 采用的是同步清零方式，即当 $\overline{CR} = 0$，同时需在 CP 上升沿到来时，计数器才被清零。CMOS 电路中有同步十进制减法计数器，型号为 CC4522。

2. 集成同步十进制可逆计数器

集成同步十进制可逆计数器和集成同步二进制可逆计数器一样，也有单时钟和双时钟两种类型。常用的产品型号有 74192、74LS192、74S168、74LS168、74190、74LS190、CC4510、CC40192 等。现以 74190（单时钟）、74192（双时钟）为例进行介绍。

1）集成芯片 74190

74190 的引出端排列图和逻辑功能示意图如图 4 - 33 所示，状态表如表 4 - 9 所示。

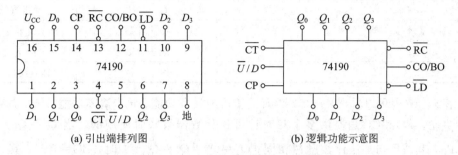

(a) 引出端排列图　　　　　　(b) 逻辑功能示意图

图 4 - 33　集成可逆计数器（单时钟）74190

表 4 - 9　74190 的状态表

输　入								输　出				注
$\overline{LD}$	$\overline{CT}$	$\overline{U}/D$	CP	D_0	D_1	D_2	D_3	Q_0^{n+1}	Q_1^{n+1}	Q_2^{n+1}	Q_3^{n+1}	
0	×	×	×	d_0	d_1	d_2	d_3	d_0	d_1	d_2	d_3	并行异步置数
1	0	0	↑	×	×	×	×	加法计数				$CO/BO=Q_3^n Q_0^n$
1	0	1	↑	×	×	×	×	减法计数				$CO/BO=\overline{Q_3^n}\,\overline{Q_2^n}\,\overline{Q_1^n}\,\overline{Q_0^n}$
1	1	×	×	×	×	×	×	保　持				

从表 4 - 9 中可以看出，集成可逆计数器 74190 具有同步可逆计数功能、异步并行置数功能和保持功能。74190 虽然没有专用的清零输入端，但可以借助 $D_0 \sim D_3$ 异步并行置入数据 0000，间接实现清零功能。

2）集成芯片 74192

74192 的引出端排列图和逻辑功能示意图如图 4 - 34 所示。其中：CR 是异步清零端，高电平有效；$\overline{LD}$ 是异步置数控制端；CP_U 是加法计数脉冲输入端；CP_D 是减法计数脉冲输入端；$\overline{CO}$ 是进位脉冲输出端；$\overline{BO}$ 是借位脉冲输出端；$D_0 \sim D_3$ 是并行数据输入端；$Q_0 \sim Q_3$ 是计数器状态输出端。

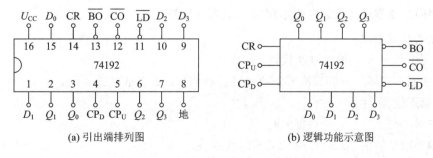

(a) 引出端排列图　　　　　　(b) 逻辑功能示意图

图 4 - 34　集成可逆计数器（双时钟）74192

74192 的状态表如表 4 - 10 所示。

表 4－10   74192 的状态表

输 入								输 出				注
CR	$\overline{\text{LD}}$	CP_U	CP_D	D_0	D_1	D_2	D_3	Q_0^{n+1}	Q_1^{n+1}	Q_2^{n+1}	Q_3^{n+1}	
1	$\times$	$\times$	$\times$	$\times$	$\times$	$\times$	$\times$	0	0	0	0	异步清零
0	0	$\times$	$\times$	d_0	d_1	d_2	d_3	d_0	d_1	d_2	d_3	异步置数
0	1	$\uparrow$	1	$\times$	$\times$	$\times$	$\times$	加法计数				$\overline{\text{CO}} = \overline{\text{CP}_U Q_3^n Q_0^n}$
0	1	1	$\uparrow$	$\times$	$\times$	$\times$	$\times$	减法计数				$\overline{\text{BO}} = \overline{\text{CP}_D \ \overline{Q_3^n} \ \overline{Q_2^n} \ \overline{Q_1^n} \ \overline{Q_0^n}}$
0	1	1	1	$\times$	$\times$	$\times$	$\times$	保 持				$\overline{\text{BO}} = \overline{\text{CO}} = 1$

从表 4－10 中可以看出，74192 具有同步可逆计数功能、异步清零功能、异步置数功能和保持功能。$\overline{\text{BO}}$ 和 $\overline{\text{CO}}$ 是提供多个双时钟可逆计数器级联时使用的。当 $Q_3^n = Q_0^n = 1$ 时，$\overline{\text{CO}} = \text{CP}_U$，其波形与加法计数脉冲相同；$\overline{Q_3^n} = \overline{Q_2^n} = \overline{Q_1^n} = \overline{Q_0^n} = 1$ 时，$\overline{\text{BO}} = \text{CP}_D$，其波形与 CP_D 相同。多个 74192 级联时，只要把低位的 $\overline{\text{CO}}$ 端、$\overline{\text{BO}}$ 端分别与高位的 CP_U 端、CP_D 端连接起来，各个芯片的 CR 端连接在一起、$\overline{\text{LD}}$ 端连接在一起，就可以了。

（十一） N 进制计数器

获得 N 进制计数器常用的方法有两种：一是用时钟触发器和门电路进行设计；二是用集成计数器构成。由于集成计数器是生产厂家生产的定型产品，其函数关系已被固化在芯片中了，状态分配即编码是不可能更改的，而且多为纯自然态序编码，因此主要是利用清零端或置数端，让电路跳过某些状态而获得 N 进制计数器。这也是本书重点介绍的内容。

集成计数器一般都设置有清零输入端和置数端，而且无论是清零还是置数都有同步和异步之分。有的集成计数器采用同步方式，当 CP 触发沿到来时才能完成清零或置数任务；有的则采用异步方式，通过时钟触发器异步输入端实现清零或置数，与 CP 脉冲无关。在前面介绍的集成计数器中，通过状态表可以很容易地就能鉴别其清零和置数方式。例如清零、置数均采用同步方式的有集成 4 位同步二进制加法计数器 74163，均采用异步方式的有 4 位二进制同步可逆计数器 74193、4 位二进制异步加法计数器 74197、十进制同步可逆计数器 74192；清零方式采用异步方式、置数方式采用同步方式的有 4 位二进制同步加法计数器 74161、十进制同步加法计数器 74160；有的只具有异步清零功能，例如 CC4520、74190、74191。

用清零端和置数端实现归零，从而获得按自然态序进行计数的 N 进制计数器是以下要介绍的主要内容。

1. 用同步清零端或置数端归零获得 N 进制计数器

1）主要设计步骤

（1）写出状态 S_{N-1} 的二进制代码。

（2）求归零逻辑——同步清零端或置数控制信号的逻辑表达式。

（3）画连线图。

2）应用举例

【例 4－1】 试用 74163 构成十二进制计数器。

解 （1）写出 S_{N-1} 的二进制代码。

$$S_{N-1} = S_{12-1} = S_{11} = 1011$$

（2）求归零逻辑。

$$\overline{CR} = \overline{LD} = \overline{P_{N-1}} = \overline{P_{11}} \tag{4-42}$$

$$P_{N-1} = P_{11} = \prod_{0\sim3} Q' = Q_3^n Q_1^n Q_0^n$$

式中，P_{N-1} 代表状态 S_{N-1} 的译码；$\prod\limits_{0\sim n-1} Q'$ 代表 S_{N-1} 时状态为 1 的各个触发器 Q 端的连乘积。

需要说明的是，在 S_{N-1} 状态的译码中，本应为 $P_{N-1} = \prod\limits_{0\sim n-1} Q^1 \cdot \prod\limits_{0\sim n-1} Q^0$，$\prod\limits_{0\sim n-1} Q^0$ 是 S_{N-1} 状态为 0 时各个触发器 $\overline{Q}$ 端的连乘积。但是在利用同步归零法所获得的 N 进制加法计数器中，由于 $S_N - S_{2^n-1}$ 是不会出现的，因此对应的最小项可以作为约束项处理。充分利用这些约束项进行化简之后，$\prod\limits_{0\sim n-1} Q^0$ 就消去了，即

$$P_{N-1} = \prod_{0\sim n-1} Q^1 \cdot \prod_{0\sim n-1} Q^0 = \prod_{0\sim n-1} Q^1 \tag{4-43}$$

（3）画连线图，如图 4-35 所示。

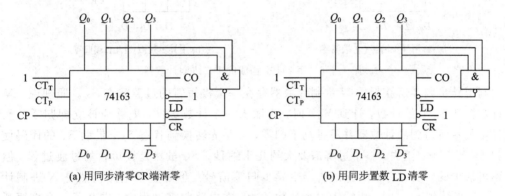

(a) 用同步清零 $\overline{CR}$ 端清零　　　　　　　(b) 用同步置数 $\overline{LD}$ 清零

图 4-35　用 74163 构成的十二进制计数器

图 4-35(a) 是用同步清零 $\overline{CR}$ 端清零构成的十二进制同步加法计数器的连线图，$D_0 \sim D_3$ 可以随意处理，现均将其接低电平 0；图 4-35(b) 是用同步置数 $\overline{LD}$ 端清零构成的十二进制同步加法计数器的连线图，注意 $D_0 \sim D_3$ 均必须接低电平 0。

2. 用异步清零端或置数端归零获得 N 进制计数器

1）设计主要步骤

（1）写出状态 S_N 的二进制代码。

（2）求归零逻辑——异步清零端或置数控制信号的逻辑表达式。

（3）画连线图

2）应用举例

【例 4-2】　试用 74197 构成十二进制计数器。

解　74197 是一个二-八-十六进制异步加法计数器芯片。当仅将脉冲信号 CP 接在 CP_0 端时，FF_0 构成 1 位二进制计数器；当仅将 CP 接在 CP_1 端时，FF_1、FF_2、FF_3 构成八进制计数器；如果不仅把 CP 脉冲加到 CP_0 端，而且还将 CP_1 与 Q_0 连接起来，那么构成的就是十六进制计数器。

（1）写出 S_N 的二进制代码。

$$S_N = S_{12} = 1100$$

（2）求归零逻辑。

$$\overline{CR} = \overline{CT/\overline{LD}} = \overline{P}_N = \overline{P}_{12} \tag{4-44}$$

$$P_N = P_{12} = \prod_{0\sim3} Q' = Q_3^n Q_2^n$$

（3）画连线图，如图 4-36 所示。

图 4-36（a）是用异步清零$\overline{CR}$端归零构成的十二进制异步加法计数器，图 4-36（b）是利用 CT/$\overline{LD}$端异步置数归零构成的十二进制异步加法计数器。

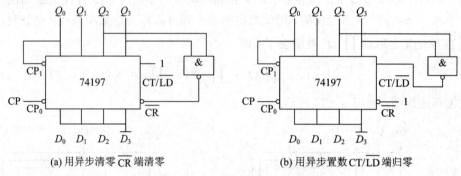

(a) 用异步清零$\overline{CR}$端清零　　　　(b) 用异步置数CT/$\overline{LD}$端归零

图 4-36　用 74197 构成的十二进制计数器

利用异步归零所获得的 N 进制计数器存在一个极短暂的过渡状态 S_N。照理说，N 进制计数器从 S_0 开始计数，计到 S_{N-1} 时，再输入一个计数脉冲，电路应该立即归零。然而用异步归零所得到的计数器并不是马上归零，而是先转换到状态 S_N，借助 S_N 的译码使电路归零，随后 S_N 消失，整个过程需要大约几十纳秒。S_N 虽然是极短暂的过渡过程，但却是不可缺少的，没有它就没有办法产生异步归零信号。但是整个电路仍然是 N 进制计数器，只是当计到 S_{N-1} 时，再输入一个计数脉冲，在电路归零过程中，夹杂了一个极短暂的过渡过程 S_N 罢了。

3. 计数器容量的扩展

1）把集成计数器级联起来扩展容量

集成计数器一般都设置有级联用的输入端和输出端，只要把它们正确地连接起来，便可得到容量更大的计数器。

图 4-37 是把两片 74161 级联起来构成的 256 进制（8 位二进制）同步加法计数器。

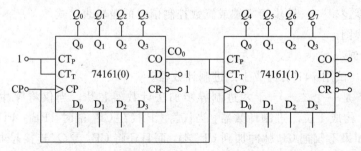

图 4-37　两片 74161 构成的 256 进制同步加法计数器

2）利用级联方法获得大容量的 N 进制计数器

所谓级联方法，就是把多个计数器串接起来，从而获得所需的大容量 N 进制计数器。

例如，把一个 N_1 进制计数器和一个 N_2 进制计数器串接起来，便可以构成 $N=N_1 \cdot N_2$ 进制的计数器，如图 4-38 所示。

图 4-38　$N=N_1 \cdot N_2$ 进制的计数器示意框图

例如，图 4-39 就是由十进制和十进制计数器级联起来构成的 $10 \times 10 = 100$ 进制的计数器。

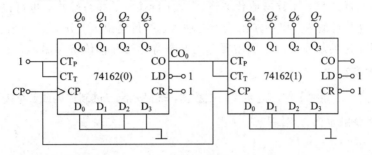

图 4-39　100 进制的同步加法计数器

在许多情况下，则是先把集成计数器级联起来扩大容量后，再用归零法获得大容量的 N 进制计数器。例如，要获得 60 进制的计数器，可先把两片 74162 级联起来构成 100 进制的计数器，再用同步归零法即可得到 60 进制的同步加法计数器，如图 4-40 所示。

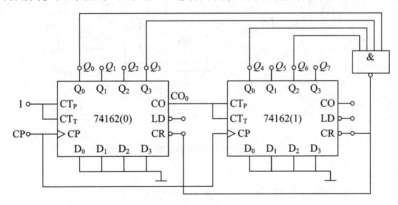

图 4-40　用两片 74162 构成的 60 进制同步加法计数器

首先，把两个 74162 级联起来构成 100 进制的计数器。因为 $N=60$，所以

$$S_{N-1} = S_{59} = (01011001)_{\text{BCD}}$$

$$\overline{\text{CR}} = Q_6^n Q_4^n Q_3^n Q_0^n \tag{4-45}$$

最后需要说明的一点是，在集成计数器的基础上，用跳过某些状态获得 N 进制计数器的方法很多。这里只介绍了可以获得按自然态序进行计数的归零法，其他方法与归零法大同小异，并无本质区别。若有兴趣，可以查看相关书籍。

二、寄存器

把二进制数据或代码暂时储存起来的操作叫做寄存，具有寄存功能的电路称为寄存器。寄存器是一种基本的时序电路，在各种数字系统中几乎无所不在。因为任何现代数字系统都必须把需要处理的数据、代码先寄存起来，以便随时取用。

寄存器是由具有存储功能的触发器组合起来构成的。这些触发器可以是基本触发器、同步触发器，也可以是边沿触发器，电路结构比较简单。寄存器的主要任务是暂时存储二进制数据或代码，一般不对存储内容进行处理，逻辑功能比较单一。

寄存器主要有基本寄存器和移位寄存器两大类。基本寄存器的特点是数据或代码只能并行送入寄存器中，需要时也只能并行输出；存储单元用基本触发器、同步触发器或边沿触发器均可。移位寄存器的特点是存储在寄存器中的数据或代码在移位脉冲的操作下，可以依次逐位右移或左移，而数据或代码既可以并行输入、并行输出，也可以串行输入、串行输出，还可以并行输入、串行输出或串行输入、并行输出，十分灵活，因此用途广泛，但存储单元只能用边沿触发器。下面主要介绍基本寄存器和移位寄存器。

（一）基本寄存器

一个触发器可以储存 1 位二进制代码或数据，寄存 n 位二进制代码或数据需要 n 个触发器。

1. 4 边沿 D 触发器

1）电路组成

图 4-41 所示是 4 边沿 D 触发器 74175、74LS175 的逻辑电路图。其中，$D_0 \sim D_3$ 是并行数码输入端；$\overline{CR}$ 是清零端；CP 是控制时钟脉冲端；$Q_0 \sim Q_3$ 是并行数据输出端。

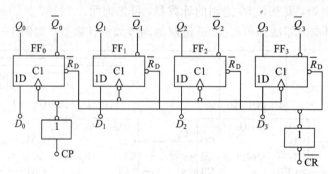

图 4-41　4 边沿 D 触发器 74175、74LS175

2）工作原理

表 4-11 是 4 边沿 D 触发器 74175、74LS175 的状态表。

表 4-11　74175、74LS175 的状态表

输　入						输　出				注
$\overline{CR}$	CP	D_0	D_1	D_2	D_3	Q_0^{n+1}	Q_1^{n+1}	Q_2^{n+1}	Q_3^{n+1}	
0	×	×	×	×	×	0	0	0	0	清零
1	↑	d_0	d_1	d_2	d_3	d_0	d_1	d_2	d_3	置数

从表 4-11 中可以看出 74175、74LS175 具有以下功能：

（1）清零功能。$\overline{CR}=0$ 时，异步清零。无论寄存器中原来的内容是什么，只要 $\overline{CR}=0$，就立即通过异步输入端将 4 个边沿 D 触发器都复位到 0 状态。

（2）送数功能。$\overline{CR}=1$ 时，CP 上升沿送数。无论寄存器中原来存储的数码是多少，在 $\overline{CR}=1$ 时，只要送数控制时钟脉冲 CP 上升沿到来，加在并行数码输入端的数码 $d_0 \sim d_3$ 马上就被送入寄存器中，即

$$\begin{cases} Q_0^{n+1} = d_0 \\ Q_1^{n+1} = d_1 \\ Q_2^{n+1} = d_2 \\ Q_3^{n+1} = d_3 \end{cases} \text{CP 上升沿时刻有效} \tag{4-46}$$

（3）保持功能。在 $\overline{CR}=1$、CP 上升沿以外的时间，寄存器保持内容不变，即各个输出端 Q、$\overline{Q}$ 的状态与 d 无关，都将保持不变。

这种寄存器结构简单，在 CP 操作下工作，抗干扰能力很强，应用十分广泛。

2. 双 4 位锁存器 74116

1）引出端排列图和逻辑功能示意图

图 4-42(a)是 4 位锁存器 74116 的引出端排列图，图 4-42(b)是其逻辑功能示意图。

从图 4-42(a)可以看出，74116 芯片集成了两组彼此独立的 4 位 D 锁存器。其中，$\overline{CR}$ 是清零端；$\overline{LE_A}$、$\overline{LE_B}$ 是送控制端；$D_0 \sim D_3$ 是数码并行输入端；$Q_0 \sim Q_3$ 是并行输出端。

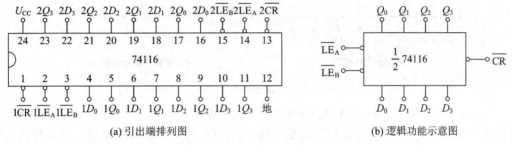

(a) 引出端排列图　　　　　　　　(b) 逻辑功能示意图

图 4-42　双 4 位寄存器 74116

2）逻辑功能

表 4-12 是 74116 的状态表。

表 4-12　74116 的状态表

输　入						输　出				注
$\overline{CR}$	$\overline{LE_A}+\overline{LE_B}$	D_0	D_1	D_2	D_3	Q_0^{n+1}	Q_1^{n+1}	Q_2^{n+1}	Q_3^{n+1}	
0	×	×	×	×	×	0	0	0	0	清零
1	0	d_0	d_1	d_2	d_3	d_0	d_1	d_2	d_3	送数
1	1	×	×	×	×	保持				

从表 4-12 可以看出，集成芯片 74116 具有下列功能：

（1）清零功能。$\overline{CR}=0$ 时，清零。无论寄存器中原来的内容是什么，只要 $\overline{CR}=0$，就马上清零。

（2）送数功能。当 $\overline{CR}=1$ 时，只要 $\overline{LE_A}+\overline{LE_B}=\overline{LE}=0$，加在并行数码输入端的数码 $d_0 \sim d_3$ 就立即被送入寄存器中，即

$$\begin{cases} Q_0^{n+1} = d_0 \\ Q_1^{n+1} = d_1 \\ Q_2^{n+1} = d_2 \\ Q_3^{n+1} = d_3 \end{cases} \overline{LE}=0 \text{ 期间有效} \tag{4-47}$$

(3) 保持功能。当 $\overline{CR}=1$、$\overline{LE_A}+\overline{LE_B}=\overline{LE}=1$ 时，寄存器保持内容不变，各输出端的状态与 $d_0\sim d_3$ 无关。

3）主要特点

(1) 芯片中有两组独立的 4 位 D 锁存器，构成两个 4 位基本寄存器。

(2) 每一组都设置有自己的直接清零输入端和送数控制端。

(3) 单端并行输出数码。

3. 4×4 寄存器阵列 74170、74LS170

1）引出端排列图和逻辑功能示意图

图 4-43 是 4×4 寄存器阵列 74170、74LS170 的引出端排列图和逻辑功能示意图。

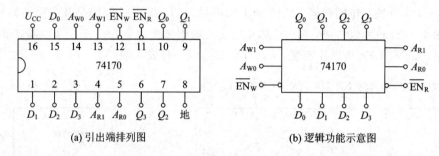

(a) 引出端排列图　　　　(b) 逻辑功能示意图

图 4-43　4×4 寄存器阵列 74170、74LS170

其中：A_{W_0}、A_{W_1} 是写入地址码；$\overline{EN_W}$ 是写入时钟脉冲；A_{R0}、A_{R1} 是读出地址码，$\overline{EN_R}$ 是读出时钟脉冲；$D_0\sim D_3$ 是并行数码输入端；$Q_0\sim Q_3$ 是并行数码输出端。写入和读出是彼此互不干扰的。

2）逻辑功能

表 4-13 是 74170、74LS170 的状态表。

表 4-13　74170、74LS170 的状态表

输 入						$d_0\sim d_3$ 是加在 $D_0\sim D_3$ 端的数码				输 出			
A_{W1}	A_{W0}	$\overline{EN_W}$	A_{R1}	A_{R2}	$\overline{EN_R}$					Q_0	Q_1	Q_2	Q_3
0	0	0				$Q_{00}'^{n+1}=d_0$	$Q_{01}'^{n+1}=d_1$	$Q_{02}'^{n+1}=d_2$	$Q_{03}'^{n+1}=d_3$				
0	1	0				$Q_{10}'^{n+1}=d_0$	$Q_{11}'^{n+1}=d_1$	$Q_{12}'^{n+1}=d_2$	$Q_{13}'^{n+1}=d_3$				
1	0	0				$Q_{20}'^{n+1}=d_0$	$Q_{21}'^{n+1}=d_1$	$Q_{22}'^{n+1}=d_2$	$Q_{23}'^{n+1}=d_3$				
1	1	0				$Q_{30}'^{n+1}=d_0$	$Q_{31}'^{n+1}=d_1$	$Q_{32}'^{n+1}=d_2$	$Q_{33}'^{n+1}=d_3$				
×	×	1				保持							
			0	0	0					Q_{00}'	Q_{01}'	Q_{02}'	Q_{03}'
			0	1	0					Q_{10}'	Q_{11}'	Q_{12}'	Q_{13}'
			1	0	0					Q_{20}'	Q_{21}'	Q_{22}'	Q_{23}'
			1	1	0					Q_{30}'	Q_{31}'	Q_{32}'	Q_{33}'
			×	×	1					1	1	1	1

4×4 寄存器内部有一个由 16 个 D 锁存器 $FF_{00} \sim FF_{03}$、$FF_{10} \sim FF_{13}$、$FF_{20} \sim FF_{23}$、$FF_{30} \sim FF_{33}$ 构成的存储矩阵，共有 W_0、W_1、W_2、W_3 4 个字，每个字各有 4 位，分别为 $Q'_{00} \sim Q'_{03}$、$Q'_{10} \sim Q'_{13}$、$Q'_{20} \sim Q'_{23}$、$Q'_{30} \sim Q'_{33}$。

从表 4-13 中可以看出，74170、74LS170 具有以下功能：

(1) 写入功能。当输入的写入地址码 $A_{W1}A_{W0} = 00$、写入时钟信号 $\overline{EN_W} = 0$ 时，加在并行输入端 $D_0 \sim D_3$ 的数码 $d_0 \sim d_3$ 被送入锁存器 $FF_{00} \sim FF_{03}$ 中，因此有 $Q'^{n+1}_{00} \sim Q'^{n+1}_{03} = d_0 \sim d_3$；当 $A_{W1}A_{W0} = 01$、$\overline{EN_W} = 0$ 时，$d_0 \sim d_3$ 被送入 $FF_{10} \sim FF_{13}$ 中，有 $Q'^{n+1}_{10} \sim Q'^{n+1}_{13} = d_0 \sim d_3$；当 $A_{W1}A_{W0} = 10$、$\overline{EN_W} = 0$ 时，$d_0 \sim d_3$ 被送入 $FF_{20} \sim FF_{23}$ 中，$Q'^{n+1}_{20} \sim Q'^{n+1}_{23} = d_0 \sim d_3$；当 $A_{W1}A_{W0} = 11$、$\overline{EN_W} = 0$ 时，$d_0 \sim d_3$ 被送入 $FF_{30} \sim FF_{33}$ 中，$Q'^{n+1}_{30} \sim Q'^{n+1}_{33} = d_0 \sim d_3$。

(2) 读出功能。当输入的读出地址码 $A_{R1}A_{R0} = 00$、读出时钟信号 $\overline{EN_R} = 0$ 时，存储矩阵中的字 W_0 被读出，即 $Q_0 \sim Q_3 = Q'_{00} \sim Q'_{03}$；当 $A_{R1}A_{R0} = 01$、$\overline{EN_R} = 0$ 时，读出 W_1，即 $Q_0 \sim Q_3 = Q'_{10} \sim Q'_{13}$；当 $A_{R1}A_{R0} = 10$、$\overline{EN_R} = 0$ 时，读出 W_2，即 $Q_0 \sim Q_3 = Q'_{20} \sim Q'_{23}$；当 $A_{R1}A_{R0} = 11$、$\overline{EN_R} = 0$ 时，读出 W_3，输出 $Q_0 \sim Q_3 = Q'_{30} \sim Q'_{33}$。

(3) 禁止功能。当 $\overline{EN_W} = 1$ 时，数码输入被禁止，内部存储矩阵保持状态不变；当 $\overline{EN_R} = 1$ 时，数码输出被禁止，各输出端均为高电平，即 $Q_0 \sim Q_3$ 均为 1 状态。

3) 主要特点

(1) 4×4 寄存器读出地址及时钟信号都是分开的，因此允许同时进行读和写操作。

(2) 4×4 寄存器为集电极开路输出。

(3) 4×4 寄存器共 4 个字，每个字 4 位，容量为 4×4＝16 位。

(二) 移位寄存器

按照移位的情况不同，移位寄存器可以分为单向移位寄存器和双向移位寄存器两大类。

1. 单向移位寄存器

1) 电路组成

图 4-44 是用边沿 D 触发器构成的单向移位寄存器。从电路的结构看，它有两个基本特征：一是由相同的存储单元组成，存储单元的个数就是移位寄存器的位数；二是各个存储单元共用一个时钟信号——移位操作命令，电路工作是同步的，属于同步时序电路。

2) 工作原理

在图 4-44(a) 所示的右移移位寄存器中，假设各个触发器的起始状态均为 0，即 $Q_0^n Q_1^n Q_2^n Q_3^n = 0000$，根据图 4-44(a) 所示电路可得其时钟方程为

$$CP_0 = CP_1 = CP_2 = CP_3 = CP$$

驱动方程为

$$D_0 = D_i, \ D_1 = Q_0^n, D_2 = Q_1^n, \ D_3 = Q_2^n$$

状态方程为

$$Q_0^{n+1} = D_i, \ Q_1^{n+1} = Q_0^n, \ Q_2^{n+1} = Q_1^n, \ Q_3^{n+1} = Q_2^n$$

根据状态方程和假设的起始状态可列出如表 4-14 所示的状态表。

表 4 - 14 4 位右移移位寄存器的状态表

输 入		现 态				次 态				注
D_i	CP	Q_0^n	Q_1^n	Q_2^n	Q_3^n	Q_0^{n+1}	Q_1^{n+1}	Q_2^{n+1}	Q_3^{n+1}	
1	↑	0	0	0	0	1	0	0	0	
1	↑	1	0	0	0	1	1	0	0	
1	↑	1	1	0	0	1	1	1	0	连续输入 4 个 1
1	↑	1	1	1	0	1	1	1	1	
0	↑	1	1	1	1	0	1	1	1	
0	↑	0	1	1	1	0	0	1	1	
0	↑	0	0	1	1	0	0	0	1	连续输入 4 个 0
0	↑	0	0	0	1	0	0	0	0	

表 4 - 14 状态表生动具体地描述了右移移位过程。当连续输入 4 个 1 时，D_i 经 FF_0 在 CP 上升沿操作下，依次被移入寄存器中；经过 4 个 CP 脉冲，寄存器就变成全 1 状态，即 4 个 1 右移输入完毕；再连续输入 0，4 个 CP 脉冲之后，寄存器变成全 0 状态。

图 4 - 43(b)为左移移位寄存器，其工作原理与右移移位寄存器并无本质区别，只是因为连接方向不同，所以移位方向也随之变成由右至左。

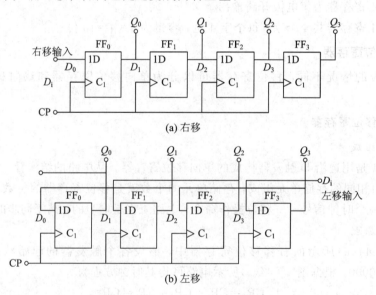

(a) 右移

(b) 左移

图 4 - 44 基本的单向移位寄存器

3) 主要特点

(1) 单向移位寄存器中的数码在 CP 脉冲作用下，可以依次右移(右移移位寄存器)或左移(左移移位寄存器)。

(2) n 位单向移位寄存器可以寄存 n 位二进制数码，n 个 CP 脉冲即可完成串行输入工作。此后可从 $Q_0 \sim Q_{n-1}$ 端获得并行的 n 位二进制数码，再用 n 个 CP 脉冲又可实现串行输出操作。

（3）若串行输入端状态为 0，则 n 个 CP 脉冲后，寄存器便被清零。

2. 双向移位寄存器

把左移和右移移位寄存器组合起来，加上移位方向控制信号，便可方便地构成双向移位寄存器。此部分内容在本书中略掉，如果读者有兴趣可以查阅相关资料。

3. 集成移位寄存器

集成移位寄存器产品较多，现以比较常用的典型 8 位单向移位寄存器 74164 和 4 位双向移位寄存器 74LS194 为例进行介绍。

1）8 位单向移位寄存器 74164

8 位单向移位寄存器 74164 的引出端排列图和逻辑功能示意图如图 4-45 所示，状态表如表 4-15 所示。

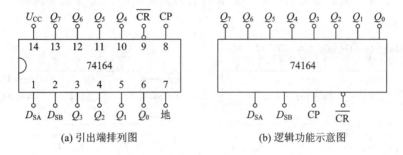

(a) 引出端排列图　　　　　　　　(b) 逻辑功能示意图

图 4-45　8 位单向移位寄存器 74164

图 4-45 中，$D_S = D_{SA} \cdot D_{SB}$ 是数码串行输入端；$\overline{CR}$ 是清零端；$Q_0 \sim Q_7$ 是数码并行输出端；CP 是时钟脉冲——移位操作信号。

表 4-15　74164 状态表

输　入				输　出								注
$\overline{CR}$	D_{SA}	D_{SB}	CP	Q_0^{n+1}	Q_1^{n+1}	Q_2^{n+1}	Q_3^{n+1}	Q_4^{n+1}	Q_5^{n+1}	Q_6^{n+1}	Q_7^{n+1}	
0	×	×	0	0	0	0	0	0	0	0	清零
1	×		0	Q_0^n	Q_1^n	Q_2^n	Q_3^n	Q_4^n	Q_5^n	Q_6^n	Q_7^n	保持
1	1		↑	1	Q_0^n	Q_1^n	Q_2^n	Q_3^n	Q_4^n	Q_5^n	Q_6^n	输入一个 1
1	0		↑	0	Q_0^n	Q_1^n	Q_2^n	Q_3^n	Q_4^n	Q_5^n	Q_6^n	输入一个 0

从表 4-15 中可以看出，74164 具有以下功能：

（1）清零功能。当 $\overline{CR} = 0$ 时，移位寄存器异步清零。

（2）保持功能。当 $\overline{CR} = 1$、CP$= 0$ 时，移位寄存器保持状态不变，$Q_i^{n+1} = Q_i^n$（$i = 0 \sim 7$）。

（3）送数功能。当 $\overline{CR} = 1$ 时，CP 上升沿将加在 $D_S = D_{SA} \cdot D_{SB}$ 端的二进制数码依次送入移位寄存器中，其状态方程为

$$\begin{cases} Q_0^{n+1} = D_{SA} \cdot D_{SB} \\ Q_1^{n+1} = Q_0^n \\ Q_2^{n+1} = Q_1^n \\ Q_3^{n+1} = Q_2^n \\ Q_4^{n+1} = Q_3^n \\ Q_5^{n+1} = Q_4^n \\ Q_6^{n+1} = Q_5^n \\ Q_7^{n+1} = Q_6^n \end{cases} \quad \text{CP 上升沿时刻有效} \qquad (4-48)$$

2）4 位双向移位寄存器 74LS194

4 位双向移位寄存器 74LS194 的引出端排列图和逻辑功能示意图如图 4-46 所示。其中，$\overline{CR}$ 是清零端；M_0、M_1 是工作状态控制端；D_{SR} 和 D_{SL} 分别为右移和左移串行数码输入端；$D_0 \sim D_3$ 是并行数码输入端；$Q_0 \sim Q_3$ 是并行数码输出端；CP 是时钟脉冲——移位操作信号。

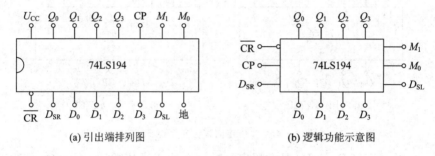

(a) 引出端排列图　　　　　　(b) 逻辑功能示意图

图 4-46　4 位双向移位寄存器 74LS194

表 4-16 是 74LS194 的状态表，它十分清晰地反映了 4 位双向移位寄存器 74LS194 的工作过程。

表 4-16　74LS194 的状态表

输　入										输　出				注
$\overline{CR}$	M_1	M_0	D_{SR}	D_{SL}	CP	D_0	D_1	D_2	D_3	Q_0^{n+1}	Q_1^{n+1}	Q_2^{n+1}	Q_3^{n+1}	
0	×	×	×	×	×	×	×	×	×	0	0	0	0	清零
1	×	×	×	×	0	×	×	×	×	Q_0^n	Q_1^n	Q_2^n	Q_3^n	保持
1	1	1	×	×	↑	d_0	d_1	d_2	d_3	d_0	d_1	d_2	d_3	并行输入
1	0	1	1	×	↑	×	×	×	×	1	Q_0^n	Q_1^n	Q_2^n	右移输入 1
1	0	1	0	×	↑	×	×	×	×	0	Q_0^n	Q_1^n	Q_2^n	右移输入 0
1	1	0	×	1	↑	×	×	×	×	Q_1^n	Q_2^n	Q_3^n	1	左移输入 1
1	1	0	×	0	↑	×	×	×	×	Q_1^n	Q_2^n	Q_3^n	0	左移输入 0
1	0	0	×	×	×	×	×	×	×	Q_0^n	Q_1^n	Q_2^n	Q_3^n	保持

从表 4-16 中可以看出，74LS194 具有下列功能：

（1）清零功能。当 $\overline{CR}=0$ 时，双向移位寄存器异步清零。

（2）保持功能。当 $\overline{\mathrm{CR}}=1$ 时，$\mathrm{CP}=0$ 或 $M_1=M_2=0$，双向移位寄存器保持状态不变。

（3）并行送数功能。当 $\overline{\mathrm{CR}}=1$、$M_1=M_0=1$ 时，CP 上升沿可将加在并行输入端 $D_0 \sim D_3$ 的数码 $d_0 \sim d_3$ 送入寄存器中。

（4）右移串行送数功能。当 $\overline{\mathrm{CR}}=1$、$M_1=0$、$M_0=1$ 时，在 CP 上升沿的操作下，可依次把加在 D_{SR} 端的数码从时钟触发器 FF_0 串行送入寄存器中。

（5）左移串行送数功能。当 $\overline{\mathrm{CR}}=1$、$M_1=1$、$M_0=0$ 时，在 CP 上升沿的操作下，可依次把加在 D_{SL} 端的数码从时钟触发器 FF_3 串行送入寄存器中。

三、移位寄存器型计数器

如果把移位寄存器的输出以一定的方式反馈送至串行输入端，就可得到一些电路连接十分简单、编码别具特色、用途极为广泛的移位寄存器型计数器。

图 4-47 是移位寄存器型计数器的电路结构示意图。

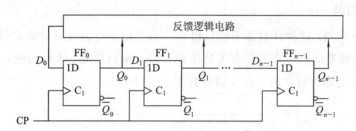

图 4-47　移位寄存器型计数器电路结构示意图

图 4-46 中，D 型触发器 $\mathrm{FF}_0 \sim \mathrm{FF}_{n-1}$ 构成了 n 位右移移位寄存器。反馈逻辑电路由门电路组成，其输入是移位寄存器的输出，输出送给 FF_0。FF_0 的驱动方程为

$$D_0 = F(Q_0^n, Q_1^n, \cdots, Q_{n-1}^n) \tag{4-49}$$

随着式（4-49）的不同，电路也会各异。下面介绍几种常用电路。

（一）环形计数器

1. 电路组成

取 $D_0 = Q_{n-1}^n$，即将 FF_{n-1} 的输出 Q_{n-1} 接到 FF_0 的输入端 D_0。这样连接以后，触发器构成了环形，故名环形计数器，实际上它就是自循环的移位寄存器。图 4-48 是一个 $n=4$ 的环形计数器。

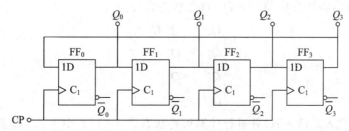

图 4-48　4 位环形计数器

2. 工作原理

利用逻辑分析的方法，可以很容易地画出环形计数器的状态图，如图 4-49 所示。

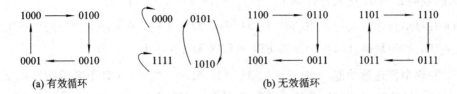

(a) 有效循环　　　　　　　　　　　　　　　(b) 无效循环

图 4-49　4 位环形计数器的状态图

由状态图 4-49 可以看出，这种电路在输入计数脉冲 CP 的操作下，可以循环移位一个 1，也可以循环移位一个 0。如果选用循环移位一个 1，则有效状态是 1000、0100、0010、0001。工作时，应先用启动脉冲将计数器置入有效状态，例如 1000，然后才能加 CP。

3. 自启动问题

由图 4-49 可知，这种计数器不能自启动。倘若由于电源故障或者信号干扰使电路进入无效状态，计数器就将一直工作在无效循环。只有重新启动，才会回到有效状态。

图 4-50 是能够自启动的 4 位环形计数器。

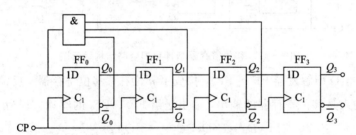

图 4-50　能自启动的 4 位环形计数器

由图 4-50 可得驱动方程为

$$\begin{cases} D_0 = \overline{Q_0^n}\ \overline{Q_1^n}\ \overline{Q_2^n} \\ D_1 = Q_0^n \\ D_2 = Q_1^n, \\ D_3 = Q_2^n \end{cases} \qquad (4-50)$$

代入 D 型触发器的特性方程 $Q^{n+1} = D$，可得状态方程为

$$\begin{cases} Q_0^{n+1} = \overline{Q_0^n}\ \overline{Q_1^n}\ \overline{Q_2^n} \\ Q_1^{n+1} = Q_0^n \\ Q_2^{n+1} = Q_1^n \\ Q_3^{n+1} = Q_2^n \end{cases} \qquad (4-51)$$

依次设定现态，代入式(4-51)并进行计算可得状态表 4-17。图 4-51 是其状态图。

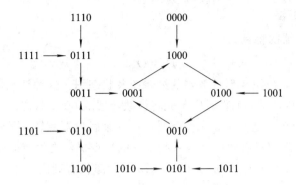

图 4-51　能自启动的 4 位环形计数器的状态图

表 4-17　能启动的 4 位环形计数器的状态表

Q_0^n	Q_1^n	Q_2^n	Q_3^n	Q_0^{n+1}	Q_1^{n+1}	Q_2^{n+1}	Q_3^{n+1}
0	0	0	0	1	0	0	0
0	0	0	1	1	0	0	0
0	0	1	0	0	0	0	1
0	0	1	1	0	0	0	1
0	1	0	0	0	0	1	0
0	1	0	1	0	0	1	0
0	1	1	0	0	0	1	1
0	1	1	1	0	0	1	1
1	0	0	0	0	1	0	0
1	0	0	1	0	1	0	0
1	0	1	0	0	1	0	1
1	0	1	1	0	1	0	1
1	1	0	0	0	1	1	0
1	1	0	1	0	1	1	0
1	1	1	0	0	1	1	1
1	1	1	1	0	1	1	1

4. 基本特点

这种环形计数器的突出优点是，正常工作时所有触发器中只有一个是 1(或 0)状态，因此，可以直接利用各个触发器的 Q 端作为电路的状态输出，不需要附加译码器。当连续输入 CP 脉冲时，各个触发器的 Q 端或 $\overline{Q}$ 端将轮流地出现矩形脉冲，所以又常常把这种电路叫做环形脉冲分配器。其缺点是状态利用率低，即 N 个数需要 N 个触发器，使用的触发器较多。

（二）扭环形计数器

n 位扭环形计数器的特点为

$$D_0 = \overline{Q_{n-1}^n} \tag{4-52}$$

图 4-52 是一个 4 位扭环形计数器的逻辑图及状态图。这种计数器有 8 个有效状态和 8 个无效状态，不能自启动，工作时应预先将计数器置成 0000 状态。

扭环形计数器的特点是每次状态变化时仅有一个触发器翻转，因此译码时不存在竞争冒险，而且所有译码门都只需要两个输入端。它的缺点仍然是没有能够利用计数器的所有状态，在 n 位计数器中（当 $n \geqslant 3$ 时），有 $2^n - 2n$ 个状态没有利用。

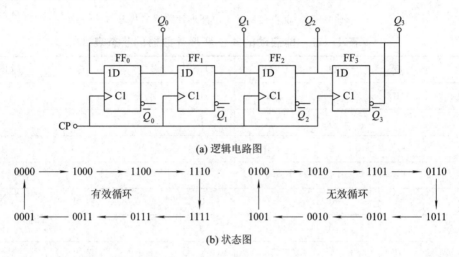

(a) 逻辑电路图

$$0000 \longrightarrow 1000 \longrightarrow 1100 \longrightarrow 1110 \qquad 0100 \longrightarrow 1010 \longrightarrow 1101 \longrightarrow 0110$$

有效循环　　　　　　　　　　无效循环

$$0001 \longleftarrow 0011 \longleftarrow 0111 \longleftarrow 1111 \qquad 1001 \longleftarrow 0010 \longleftarrow 0101 \longleftarrow 1011$$

(b) 状态图

图 4-52　4 位扭环形计数器

四、顺序脉冲发生器

在数控装置和数字计算机中，往往需要机器按照人们事先规定的顺序进行运算或操作，这就要求机器的控制部分不仅能正确地发出各种控制信号，而且要求这些控制信号在时间上有一定的先后顺序。通常采用的方法是用一个顺序脉冲发生器（或称节拍脉冲发生器）产生时间上有先后顺序的脉冲，以实现整机各部分的协调动作。

按电路结构的不同，顺序脉冲发生器可分为计数型和移位型两大类。

（一）计数型顺序脉冲发生器

计数型顺序脉冲发生器一般都是用按自然态序计数的二进制计数器和译码器组成的。大家知道，计数器在输入计数脉冲——时钟脉冲的操作下，其状态是依次转换的，而且在有效状态中循环工作。显然，用译码器把这些状态"翻译"出来，就可以得到顺序脉冲。

下面介绍计数型顺序脉冲发生器。

1. 电路组成

图 4-53 是一个能循环输出 4 个脉冲的顺序脉冲发生器的逻辑电路图。两个 JK 触发器构成一个四进制计数器，4 个与门构成译码器。其中，$\overline{CR}$ 是异步清零信号，可对电路进行初始化，即置零；CP 是输入计数脉冲，即主时钟脉冲；Y_0、Y_1、Y_2、Y_3 是 4 个顺序脉冲输出端。

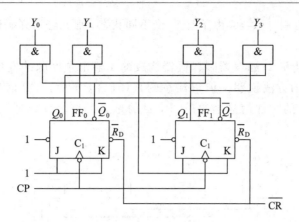

图 4-53　4 输出顺序脉冲发生器

2. 工作原理

1）输出方程、状态方程

根据图 4-53 所示的逻辑电路图，可得到输出方程和状态方程。

输出方程为

$$\begin{cases} Y_0 = \overline{Q_1^n}\ \overline{Q_0^n} \\ Y_1 = \overline{Q_1^n}\ Q_0^n \\ Y_2 = Q_1^n\ \overline{Q_0^n} \\ Y_3 = Q_1^n\ Q_0^n \end{cases} \tag{4-53}$$

状态方程为

$$\begin{cases} Q_0^{n+1} = \overline{Q_0^n} \\ Q_1^{n+1} = Q_0^n\ \overline{Q_1^n} + \overline{Q_0^n}\ Q_1^n \end{cases} \qquad \text{CP 下降沿时刻} \tag{4-54}$$

2）时序图

根据 $CP_0 = CP_1 = CP$ 及式（4-53）、式（4-54）可画出如图 4-54 所示的时序图，该图告诉我们，图 4-53 所示电路是一个 4 输出顺序的脉冲发生器。

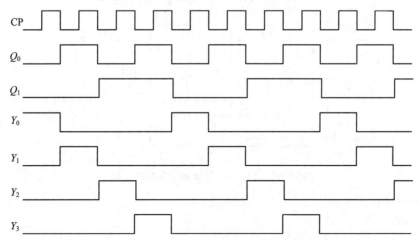

图 4-54　图 4-52 所示电路的时序图

如果用 n 位二进制计数器，由于有 2^n 个不同状态，那么经过译码器译码之后，就可以获得 2^n 个顺序脉冲。

图 4-55 是用边沿 D 触发器和译码器构成的 4 输出顺序脉冲发生器，其工作原理读者可以用画时序图的方法说明。值得注意的是译码门引入了 CP 信号作为选通脉冲，D 型触发器 FF_0、FF_1 的时钟信号用的是 $\overline{CP}$，目的是为了克服译码器可能出现的竞争冒险现象。

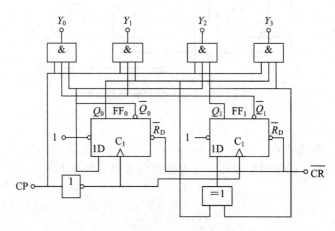

图 4-55 D 触发器和译码器构成的顺序脉冲发生器

（二）移位型顺序脉冲发生器

移位型顺序脉冲发生器从本质上看仍然是由计数器和译码器构成的，与计数型顺序脉冲发生器没有区别。但是，它采用的是按非自然态序进行计数的移位寄存器型计数器，其电路组成、工作原理和特性都别具特色，因此将其命名为移位型顺序脉冲发生器。

1. 由环形计数器构成的顺序脉冲发生器

1）电路组成

图 4-56 是由 4 位环形计数器构成的 4 输出顺序脉冲发生器。

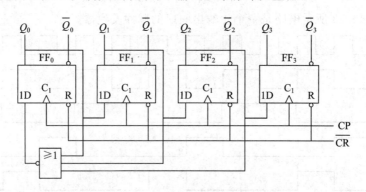

图 4-56 4 输出移位型顺序脉冲发生器

2）工作原理

状态方程为

$$\begin{cases} Q_0^{n+1} = \overline{Q_0^n + Q_1^n + Q_2^n} = \overline{Q_0^n} \cdot \overline{Q_1^n} \cdot \overline{Q_2^n} \\ Q_1^{n+1} = Q_0^n \\ Q_2^{n+1} = Q_1^n \\ Q_3^{n+1} = Q_2^n \end{cases} \qquad \text{CP 上升沿时刻有效} \qquad (4-55)$$

状态如图 4-57 所示，排列顺序为 $Q_0^n Q_1^n Q_2^n Q_3^n$。

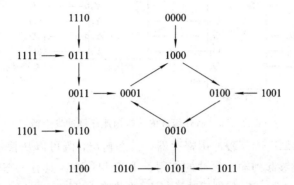

图 4-57 4 输出移位型顺序脉冲发生器的状态图

由图 4-57 可知，图 4-56 所示的顺序脉冲发生器是能自启动的。

时序图如图 4-58 所示。

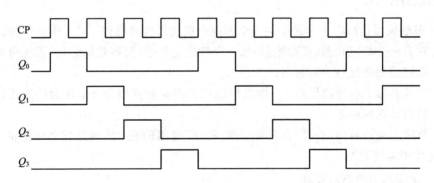

图 4-58 4 输出移位型顺序脉冲发生器的时序图

由图 4-57 的状态图和图 4-58 的时序图可知，图 4-56 所示的输出移位顺序脉冲发生器具有下列特点：

（1）不需要译码器便从 4 个触发器的 Q 端得到 4 个顺序脉冲，而且电路连接特别简单。

（2）触发器状态利用率很低，4 个触发器有 16 种状态，但只利用了 4 种，其他 12 种均为无效状态。

2. 用 MSI 构成顺序脉冲发生器

把集成计数器和译码器结合起来，便可构成 MSI 顺序脉冲发生器，图 4-59 就是用集成计数器 74LS163 和 3 线-8 线译码器 74LS138 构成的 8 输出顺序脉冲发生器。

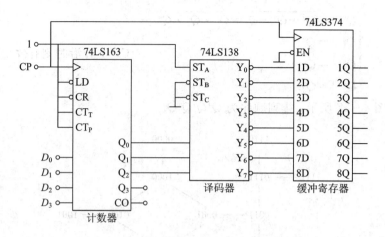

图 4-59　MSI 组成的 8 输出顺序脉冲发生器

图 4-59 中，74LS374 是缓冲用寄存器，三态输出，既可以从根本上解决译码器中的竞争冒险问题，又能够起到输出缓冲的作用。由于 74LS374 具有三态输出结构，因此当输出使能端 $\overline{EN}=0$ 时，$1Q \sim 8Q$ 分别反映 $\overline{Y_0} \sim \overline{Y_7}$ 的状态；当 $\overline{EN}=1$ 时，输出被禁止，各输出均为高阻态。注意：寄存器 74LS374 的输出比译码器 74LS138 的输出要滞后一个时钟周期。

五、单稳态触发器

单稳态触发器是指有一个稳态和一个暂稳态的波形变换电路，其工作特性为：

（1）它有一个稳定状态（简称稳态）和一个暂稳定状态（简称暂稳态）。若无外界触发脉冲作用，电路将始终保持稳定状态。

（2）在外界触发脉冲的作用下，触发器能从稳态翻转到暂稳态，在暂稳态维持一段时间以后，再自动返回稳态。

（3）暂稳态维持时间的长短通常都是靠 R-C 电路的充、放电过程来维持的，与触发脉冲的宽度和幅度无关。

（一）常用的单稳态触发器

1. 74LS121 集成单稳态触发器

1）逻辑符号和引脚排列

74LS121 引脚图如图 4-60 所示。其中，A_1、A_2 和 B 为三个触发信号输入端；Q 和 $\overline{Q}$ 是两个状态互补的输出端，Q 为正脉冲输出端，$\overline{Q}$ 为负脉冲输出端；$R_{\text{ext}}/C_{\text{ext}}$、$C_{\text{ext}}$ 是外接定时电阻和电容的连接端；R_{int} 是 74LS121 内部 2 kΩ 的定时电阻的引出端；NC 为空引脚；U_{CC} 为电源端；GND 为接地端。

2）逻辑功能

74LS121 的逻辑功能如表 4-18 所示。

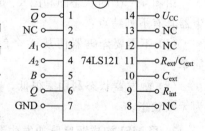

图 4-60　74LS121 的引脚图

表 4-18 74LS121 的逻辑功能表

输　入			输　出		工作特征
A_1	A_2	B	Q	$\overline{Q}$	
0	×	1	0	1	保持稳态
×	0	1	0	1	
×	×	0	0	1	
1	1	×	0	1	
1	↓	1	⊓	⊔	下降沿触发
↓	1	1	⊓	⊔	
↓	↓	1	⊓	⊔	
0	×	↑	⊓	⊔	上升沿触发
×	0	↑	⊓	⊔	

2. 74LS123 集成单稳态触发器

1）逻辑符号和引脚排列

74LS123 的引脚排列、逻辑符号如图 4-61 所示，内部含有两个独立的可重复触发的单稳态触发器，每一个电路分别具有各自的正触发输入端 B、负触发输入端 $\overline{A}$、复位输入端 $\overline{R}_D$、外接电容端 C_{ext}、外接电阻/电容端 $R_{\mathrm{ext}}/C_{\mathrm{ext}}$、输出端 Q 和 $\overline{Q}$ 端。

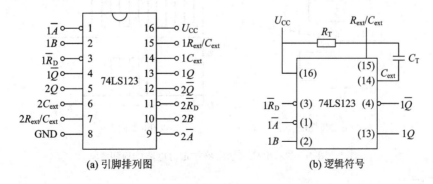

图 4-61　74LS123 集成单稳态触发器

2）逻辑功能

74LS123 的逻辑功能如表 4-19 所示。

表 4-19 74LS123 的逻辑功能表

输入			输出		工作特征
$\overline{R_D}$	$\overline{A}$	B	Q	$\overline{Q}$	
0	×	×	0	1	复位清零
1	0	⌐	⊓	⊔	上升沿触发
1	⌐	1	⊓	⊔	下降沿触发
⌐	0	1	⊓	⊔	上升沿触发
×	1	×	0	1	稳定状态
×	×	0	0	1	

（二）单稳态触发器的应用

1. 定时

单稳态触发器能产生一定宽度(t_w)的矩形输出脉冲，利用这个矩形脉冲作为定时信号去控制某电路，可使其在 t_w 时间内动作或不动作。例如，利用单稳态输出的矩形脉冲作为与门输入的控制信号，如图 4-62 所示，则只有在这个矩形波的 t_W 时间内，信号 u_A 才有可能通过与门。

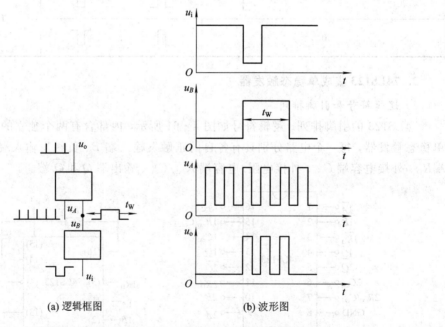

(a) 逻辑框图 (b) 波形图

图 4-62 单稳态触发器作定时电路的应用

2. 延时

单稳态触发器的延时作用可以从图 4-63(b)所示的微分型单稳态触发器的工作波形看出。图 4-62 中，输出端 u_o 的上升沿相对输入信号 u_i 的上升沿延迟了 t_1 段时间。单稳态的延时作用常被应用于时序控制。

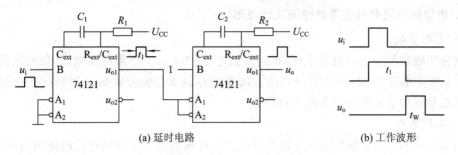

(a) 延时电路   (b) 工作波形

图 4-63   用 74121 组成的延时电路及工作波形

具体的延时时间分为两种情况：上升沿触发：$t_w = 0.7R_wC_w$；下降沿触发：$t = 0.7R_1C_1$。

3. 脉冲整形

利用单稳态触发器能产生一定宽度的脉冲这一特性，可以将过窄或过宽的输入脉冲整形成固定宽度的脉冲输出。

如图 4-64 所示的不规则输入波形，经单稳态触发器处理后，便可得到固定宽度、固定幅度且上升、下降沿陡峭的规整矩形波输出。

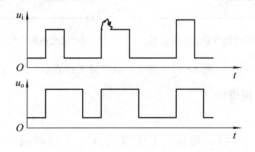

图 4-64   脉冲整形波形图

六、施密特触发器

施密特触发器是一种靠输入触发信号维持的双稳态电路，其特点是：电路具有两个稳态，当输入信号电压升高至上限触发电压 U_{T+} 时，电路翻转到第二稳态；当输入触发信号降低至下限触发电压 U_{T-} 时，电路就由第二稳态返回第一稳态。施密特触发器分为反相输出施密特触发器和同相输出施密特触发器两种，分别如图 4-65、图 4-66 所示。

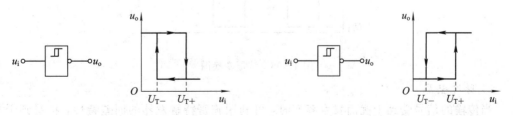

图 4-65   反相输出施密特触发器   图 4-66   同相输出施密特触发器

1. 施密特触发器的主要参数与工作波形

1）主要参数

施密特触发器的上限触发电压（正向阈值电压）为 U_{T+}，下限触发电压（负向阈值电压）为 U_{T-}，回差电压为 $\Delta U_T = U_{T+} - U_{T-}$。回差电压越大，施密特触发器的抗干扰性越强。施密特触发器的这种特性称为滞回特性。

2）工作波形

当输入三角波时，根据施密特触发器的电压传输特性，可得到对应的施密特触发器的输出波形，如图 4-67 所示。

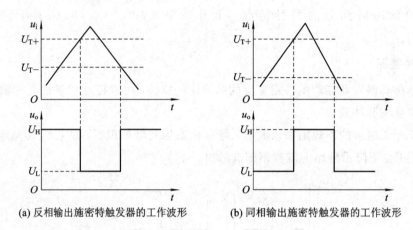

(a) 反相输出施密特触发器的工作波形　　　(b) 同相输出施密特触发器的工作波形

图 4-67　施密特触发器工作波形

2. 施密特触发器应用举例

1）波形变换

利用施密特触发器，可将三角波、正弦波及其他不规则信号变换成矩形脉冲。如图 4-68 所示，用施密特触发器将正弦波变换成同周期的矩形脉冲。

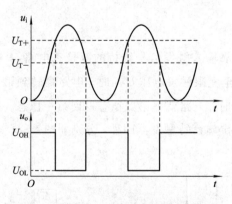

图 4-68　波形变换图

2）脉冲整形

当传输的信号受到干扰而发生畸变时，可利用施密特触发器的回差特性，将受到干扰的信号整形成较好的矩形脉冲，如图 4-69 所示。

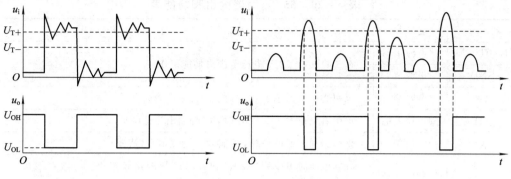

图 4-69 脉冲整形图

七、555 定时器

1. 电路组成和引脚功能

1）电路组成

如图 4-70 所示，555 定时器一般由分压器、比较器、触发器和开关及输出等四部分组成。分压器由三个阻值为 5 kΩ 的电阻串联组成，555 由此得名。两个电压比较器分别为 C_1 和 C_2，其中 $u_+ > u_-$ 时，$u_o = 1$；$u_+ < u_-$ 时，$u_o = 0$。基本 RS 触发器包括放电三极管 V 及缓冲器 G。

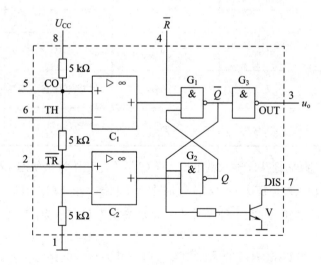

图 4-70 555 定时器

2）引脚功能

555 定时器的引脚排列如图 4-71 所示，功能表如表 4-20 所示。

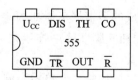

图 4-71 引脚排列图

表 4-20　555 定时器的引脚功能表

符　号	名　称	功　能
$U_{CC}(U_{DD})$	电源正	在+4.5～+12 V 电压范围内均能工作
GND	电源负	
TR	触发端	该引脚电位低于 $1/3U_{CC}$ 时，③脚输出为高电平
TH	阈值输入端	该引脚电位大于 $2/3U_{CC}$ 时，③脚输出为低电平
$\overline{R}$	复位端	该引脚加上低电平时，③脚输出为低电平（清零）
CO	控制电压端	外加电压时可改变"阈值"和"触发"端的比较电平。一般对地接一个 $0.1\ \mu\text{F}$ 的电容
OUT	输出端	最大输出电流达 200 mA，可与 YYL、MOS 逻辑电路或模拟电路相配合使用
DIS	放电端	输出逻辑状态与③脚相同，输出高电平时开关管 V 截止，输出低电平时开关管 V 导通

2. 逻辑功能

555 定时器的逻辑功能如表 4-21 所示。

表 4-21　555 定时器的逻辑功能表

$\overline{R}$	u_{TH}	$u_{\overline{TR}}$	u_o	V 的状态
0	×	×	0	导通
1	$>\frac{2}{3}U_{CC}$	$>\frac{1}{3}U_{CC}$	0	导通
1	$<\frac{2}{3}U_{CC}$	$>\frac{1}{3}U_{CC}$	保持原状态不变	不变
1	$<\frac{2}{3}U_{CC}$	$<\frac{1}{3}U_{CC}$	1	截止

为了便于记忆，我们把 TH 输入端电压大于 $(2/3)U_{CC}$ 时作为 1 状态，小于 $(2/3)U_{CC}$ 时作为 0 状态；而把 $\overline{TR}$ 输入端电压大于 $(1/3)U_{CC}$ 时作为 1 状态，小于 $(1/3)U_{CC}$ 作为 0 状态。这样在 $\overline{R}=1$ 时，555 定时器输入 TH、$\overline{TR}$ 与输出 Q 的状态关系可归纳为：1、1 出 0，0、0 出 1，0、1 不变。

值得注意的是，当 $U_{TH}>(2/3)U_{CC}$、$U_{\overline{TR}}<(1/3)U_{CC}$ 时，电路的工作状态不确定。在实际应用中不允许使用，应避免。

3. 555 定时器的应用

1）构成多谐振荡器

（1）电路组成。555 定时器构成的多谐振荡器如图 4-72 所示。外接的 R_1、R_2 和 C 为多谐振荡器的定时元件，2 脚 $\overline{TR}$ 端和 6 脚 TH 端连接在一起并对地外接电容 C，7 脚接放电管 T 的集电极与 R_1、R_2 的连接点。

（2）输出脉冲周期。电容充电形成的第一暂稳态时间 $t_{w1}=0.7(R_1+R_2)C$，电容放电形成的第二暂稳态时间 $t_{w2}=0.7R_2C$。所以，电路输出脉冲周期 $T=t_{w1}+t_{w2}=0.7(R_1+2R_2)C$。

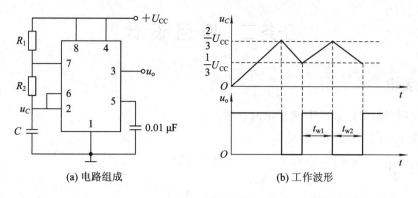

(a) 电路组成　　　　　　　(b) 工作波形

图 4 - 72　555 定时器构成的多谐振荡器

2) 构成单稳态触发器

(1) 电路组成。555 定时器构成的单稳态触发器如图 4 - 73 所示。外接的 R、C 为定时元件，外加触发脉冲 u_i 与 2 脚 $\overline{TR}$ 端，6 脚 TH 端与 7 脚放电管 T 的集电极相连，并连接在 R、C 之间。

(2) 输出脉冲宽度 t_w。电容 C 充电形成的暂态时间 $t_w = 1.1RC$。

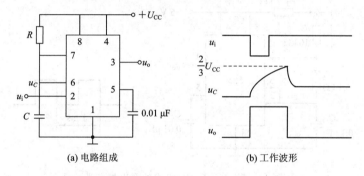

(a) 电路组成　　　　　　　(b) 工作波形

图 4 - 73　555 定时器构成的单稳态触发器

3) 构成施密特触发器

555 定时器构成的施密特触发器如图 4 - 74 所示。2 脚 $\overline{TR}$ 端、6 脚 TH 端短接在一起作为输入端。通过此电路可将输入的锯形波或正弦波变换成矩形波输出。

若在 5 脚 CO 端加一控制电压，可改变电路的阈值电压，从而改变回差电压 ΔU_T。

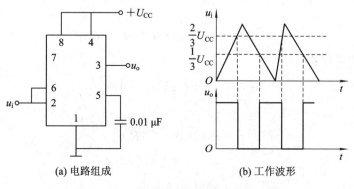

(a) 电路组成　　　　　　　(b) 工作波形

图 4 - 74　555 定时器构成施密特触发器

任务二 项目设计

一、设计要求

(1) 准确计时，以数字形式显示时、分、秒。
(2) 校正时间，整点报时。

二、方案设计

(一) 时间脉冲产生电路

1. 振荡器设计

振荡器是数字钟的核心。振荡器的稳定度及频率的精确度决定了数字钟计时的准确程度。

该项目由集成电路定时器 555 与 RC 组成的多谐振荡器作为时间标准信号源，其电路如图 4 - 75 所示。

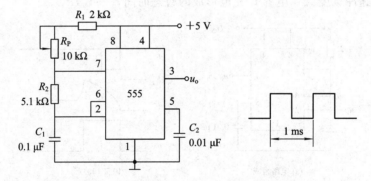

图 4 - 75 555 与 RC 组成的多谐振荡器

555 定时器的脉冲时间是由 RC 充放电确定的，根据三要素公式

$$U_{C_1}(t) = U_{C_1}(\infty) + [U_{C_1}(0_+) - U_{C_1}(\infty)] e^{\frac{-t}{RC_1}} \qquad (4-56)$$

充电过程的方程式

$$\frac{2}{3} U_{CC} = U_{CC} + \left(\frac{1}{3} U_{CC} - U_{CC}\right) e^{\frac{-t_1}{RC_1}} \qquad (4-57)$$

充电时间

$$t_1 = (R_1 + R_2) C_1 \ln 2 = 0.7 (R_1 + R_2) C_1 \qquad (4-58)$$

放电过程的方程式

$$\frac{1}{3} U_{CC} = 0 + \left(\frac{2}{3} U_{CC} - 0\right) e^{\frac{-t_2}{RC_1}} \qquad (4-59)$$

放电时间

$$t_2 = R_2 C_1 \ln 2 = 0.7 R_2 C_1 \qquad (4-60)$$

总时间

$$t = t_1 + t_2 = \frac{1}{f} \qquad (4-61)$$

频率

$$f = \frac{1}{t} = \frac{1}{0.7(R_1 + 2R_2)C_1} = \frac{1.43}{(R_1 + 2R_2)C_1} \tag{4-62}$$

可确定 $C_1 = 0.1\ \mu F$, $R_2 = 5.1\ k\Omega$, 输出频率 $f = 1\ kHz$, 然后即可算出充放电时间, 并确定 $R_1 = 4.1\ k\Omega$。

2. 分频器的设计

分频器的工作目的主要有两个: 一是产生标准的秒脉冲, 二是提供电路工作所需要的信号, 比如校时电路中用到的 10 Hz, 就是为了校时方便而设计的。若选择计数器作为分频器, 计数器有很多元件可以选择, 但是要合理充分地利用, 选择 3 片中规模集成计数器 SN74LS90D 即可完成上述功能。SN74LS90D 是二-五-十进制计数器。555 定时器可产生 1 kHz 的信号, 第一片的 Q_3 输出 100 Hz, 第二片的 Q_3 输出 10 Hz, 第三片输出 1 Hz。经过 3 次 1/10 分频后正好是 1 Hz, 为标准的秒输入脉冲, 电路如图 4-76 所示。

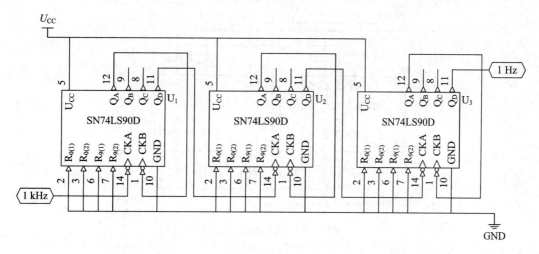

图 4-76 分频电路

(二) 时分秒计数器的设计

1. 分、秒计数部分设计

分和秒一样, 都采用六十进制计数。本设计选用 SN74LS90D 作为计数器, 设计电路如图 4-77 所示。分(秒)计数部分的个位接收秒计数部分的信号(秒计数接收的信号为振荡器经分频后输出的 1 Hz 的标准脉冲), 计数满 60 后向时计数部分的十位给出一个进位信号; 十位计数部分接收个位的进位信号并进行计数, 计满 6 就向前一级给出进位信号; 十位和个位计满 60 个数后, 计数器清零, 计数规律是 00—59—00。

2. 时计数部分设计

时间计数设计为二十四进制计数, 有多种计数器可供选择, 本设计仍选 SN74LS90D 作为计数器, 设计电路如图 4-78 所示。时计数部分的个位接收分计数部分的信号, 计数满 10 后向时计数部分的十位给出一个进位信号; 时十位计数部分接收个位的进位信号并进行计数, 当十位和个位计满 24 个数后, 计数器清零, 计数规律是 00—23—00。

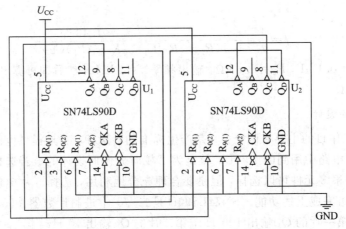

图 4 - 77 分、秒计数部分电路设计

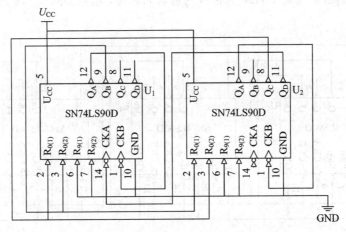

图 4 - 78 时计数部分电路

（三）显示电路设计

显示部分由数码管和 BCD 数码管译码器 SN74LS48D 组成，根据 SN74LS48D 的特性进行设计，如图 4 - 79 所示。$Q_0 \sim Q_3$ 接收计数器输出的数据，按照数码管的显示规律译码出可直接输入数码管的数据，将时间实时显示出来。

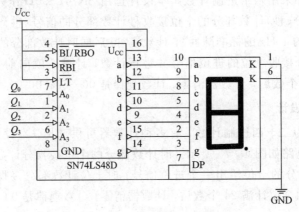

图 4 - 79 数码管显示电路

（四）校时电路的设计

当数字钟接通电源或者计时出现错误时，需要校正时间。校时是数字钟应具备的基本功能，一般的电子手表都具有时、分、秒等校时功能。为了电路简单，我们只对时和分进行校时。校时电路要求在小时校正时不影响分和秒的正常计数，在分校时时不影响秒和小时的计数。时校时电路和分校时电路都是一致的，校时脉冲信号为 10 Hz 的脉冲，这个速度正好适中，适合校时。校时电路如图 4 - 80 所示。

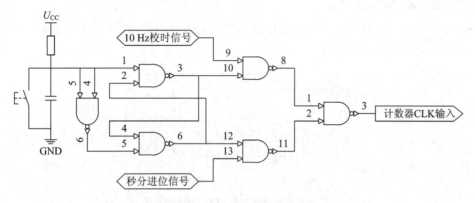

图 4 - 80　校时电路

（五）整点报时电路设计

整点报时电路设计原理如图 4 - 81 所示。由图 4 - 81 可知，当分十位 Q_0Q_1、分个位 Q_0Q_3、秒十位 Q_0Q_2 和秒个位 Q_3 同时为"1"时，电路驱动 NPN 三极管，报时电路工作，即在分、秒时间为 59 分 58～59 秒两秒内，蜂鸣器发出响声报时。

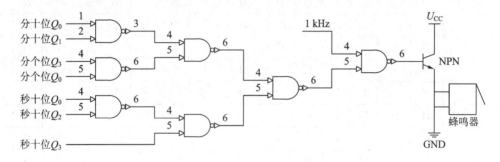

图 4 - 81　整点报时电路

（六）总体设计电路

请读者根据数字时钟的设计思想，结合各个模块的电路设计，自行设计数字时钟的总体设计电路。

三、元器件选择

（一）振荡器 NE555

NE555（Timer IC）大约在 1971 年由 Signetics Corporation 发布，在当时是唯一一款快速且商业化的 Timer IC，其特点如下：

（1）只需简单的电阻器、电容器即可完成特定的振荡延时作用，其延时范围极广，在几微秒至几小时之间。

（2）操作电源范围极大，可与 TTL、CMOS 等逻辑闸配合，也就是它的输出准位及输入触发准位，均能与这些逻辑系列的高、低态组合。

（3）输出端的供给电流较大，可直接推动多种自动控制的负载。

（4）计时精确度高，温度稳定度佳，且价格便宜。

（二）译码器 SN74LS48D

SN74LS48D 芯片是一种常用的七段数码管译码器驱动器，图 4-82 和表 4-22 分别为 SN74LS48D 的引脚图和功能表。

图 4-82　SN74LS48D 的引脚图

表 4-22　SN74LS48D 的功能表

十进制/功能	$\overline{LT}$	$\overline{RBI}$	D	C	B	A	BI/RBO	a	b	c	d	e	f	g	注
0	H	H	L	L	L	L	H	H	H	H	H	H	H	L	1
1	H	×	L	L	L	H	H	L	H	H	L	L	L	L	1
2	H	×	L	L	H	L	H	H	H	L	H	H	L	H	
3	H	×	L	L	H	H	H	H	H	H	H	L	L	H	
4	H	×	L	H	L	L	H	L	H	H	L	L	H	H	
5	H	×	L	H	L	H	H	H	L	H	H	L	H	H	
6	H	×	L	H	H	L	H	L	L	H	H	H	H	H	
7	H	×	L	H	H	H	H	H	H	H	L	L	L	L	
8	H	×	H	L	L	L	H	H	H	H	H	H	H	H	
9	H	×	H	L	L	H	H	H	H	H	L	L	H	H	
10	H	×	H	L	H	L	H	L	L	L	H	H	L	H	
11	H	×	H	L	H	H	H	L	L	H	H	L	L	H	
12	H	×	H	H	L	L	H	L	H	L	L	L	H	H	
13	H	×	H	H	L	H	H	H	L	L	H	L	H	H	
14	H	×	H	H	H	L	H	L	L	L	H	H	H	H	
15	H	×	H	H	H	H	H	L	L	L	L	L	L	L	
BI	×	×	×	×	×	×	L	L	L	L	L	L	L	L	2
RBI	H	L	L	L	L	L	L	L	L	L	L	L	L	L	3
$\overline{LT}$	L	×	×	×	×	×	H	H	H	H	H	H	H	H	4

四、电路仿真

（一）振荡器部分的仿真

1. NE555 输出结果仿真

将示波器接到 NE555 的输出端 3 脚上，仿真结果如图 4 - 83 所示。由图 4 - 83 可知，单位时间宽度为 100 μs，一个周期的输出波形正好占据 10 个方格，所以 $T = 10 * 100\ \mu s = 1000\ \mu s$。$f = 1/T = 1000$ Hz，符合设计要求。

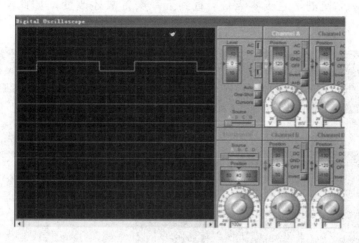

图 4 - 83　NE555 的输出波形图

2. NE555 输出结果仿真

如图 4 - 84 所示，NE555 的输出电平是由 C_1 充放电经比较电路后的结果。当 C_1 电压小于 $(1/3)U_{CC}$ 时，给 C_1 充电，波形上升；当 C_1 充电到 $(2/3)U_{CC}$ 时，C_1 通过电阻和三极管对地放电，波形下降。

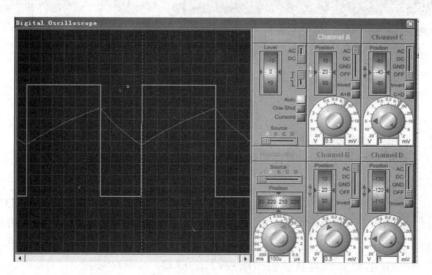

图 4 - 84　电容 C_1 的波形

（二）分频器的仿真

图 4-85 中从上到下依次是 1 kHz、100 Hz、10 Hz、1 Hz 的波形。从图 4-85 中可以看出，波形的高低电平不标准，产生了形如充放电的波形。分析电路不难发现，这是正常的情况，因为芯片的引脚接了负载。当芯片引脚从低电平置数为高电平时，引脚变高电平，由于该引脚要驱动负载，所以电平会慢慢变低，当引脚与负载电平相等，即为零时，电平保持不变，一直到下一个置数改变才发生变化；当芯片引脚从高电平置数为低电平时，由于置数前负载是高电平，变为低电平后，负载的高电平与引脚的低电平中和，使电平趋于零点位，直到下一次置数才改变。如此反复便形成了图示波形。

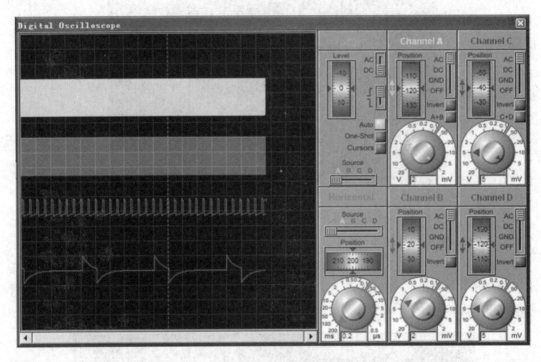

图 4-85 分频电路的仿真波形

习　题

4-1　采用反馈清零法，利用 74LS192 构成同步八进制加法计数器。

4-2　采用反馈置数法，利用 74LS192 构成同步减法计数器，其计数状态为 0001 ~1000。

4-3　试分析图 4-86 所示电路，画出它的状态转换图，并说明它是几进制计数器。

4-4　分析图 4-87 所示电路，试求：① 数据输出端(Q 端)由高位到低位依次排列的顺序如何？② 画出状态转换图，分析该电路构成几进制计数器。③ 该电路输出一组何种权的 BCD 码？④ 若将该计数器的输出端按 $Q_H Q_G Q_F Q_E$ 的顺序接到 8421BCD 码的译码显示电路中，则在 CP 作用下依次显示的十进制数是多少？

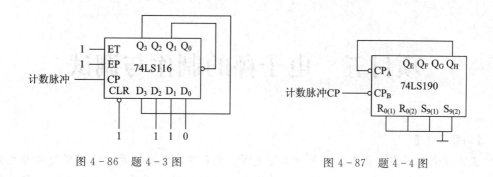

图 4-86　题 4-3 图　　　　　　　图 4-87　题 4-4 图

4-5　由 555 定时器组成的多谐振荡器如图 4-88 所示。已知：$U_{DD} = 15$ V，$C = 0.1$ μF，$R_1 = 15$ kΩ，$R_2 = 20$ kΩ。试求：① 多谐振荡器的振荡频率。② 画出 u_C 和 u_o 的波形。

4-6　分析图 4-89 所示时序逻辑电路的功能。

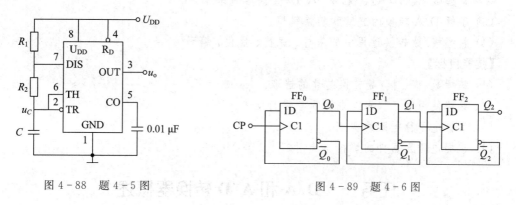

图 4-88　题 4-5 图　　　　　　　图 4-89　题 4-6 图

4-7　如图 4-90 所示 12 位寄存器的初始状态为 101001111000，那么它在每个时钟脉冲之后的状态是什么？

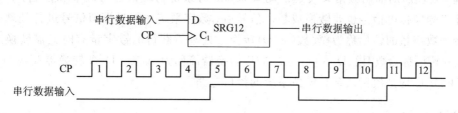

图 4-90　题 4-7 图

4-8　试用 3 片 74LS194 构成 12 位双向移位寄存器。

4-9　试用 555 定时器构成施密特触发器。已知电源电压为 15 V，两个触发电平分别为 4 V、8 V，要求：① 画出电路图；② 画出其电压传输特性。

4-10　用集成计数器 74163 和与非门组成六进制计数器。

项目五　电子秤的制作与调试

【问题导入】

工业或者生活中的很多物理量都是非电量，这些非电量可以通过传感器变成与之对应的电压、电流等模拟量。为了实现数字系统对这些模拟量的测量、运算和控制，就需要在模拟量和数字量之间进行相互转换。如何实现这一转换？

【学习目标】

(1) 掌握数字量、模拟量相互转换的方法。

(2) 掌握数/模(D/A)、模/数(A/D)转换器的原理。

(3) 了解 D/A 转换的速度和转换精度。

(4) 熟悉模/数转换过程中的采样、保持、量化、编码。

【技能目标】

(1) 掌握数/模、模/数转换芯片的选取。

(2) 熟练使用电子仪表对电路质量进行检查。

(3) 掌握电子秤电路的调试。

(4) 掌握电子元器件的焊接与选用。

任务一　D/A 和 A/D 转换器概述

在数字系统的应用中，通常要将一些被测量的物理量通过传感器送到数字系统进行加工处理；处理后的输出数据又要送回物理系统，对系统物理量进行调节和控制；同时，传感器输出的模拟电信号也要转换成数字信号后，数字系统才能对模拟信号进行处理。这种模拟量到数字量的转换称为模/数(A/D)转换。处理后获得的数字量有时又需转换成模拟量，这种转换称为数/模(D/A)转换。A/D 转换器简称为 ADC，D/A 转换器简称为 DAC。ADC 和 DAC 均是数字系统和模拟系统的接口电路。

一、D/A 转换

D/A 转换器一般由转换网络和模拟电子开关组成，其功能是：输入 n 位数字量 D ($D_{n-1} \cdots D_1 D_0$)分别控制电子开关，通过转换网络产生与数字量各位权对应的模拟量，通过加法电路输出与数字量成比例的模拟量。转换网络一般有权电阻转换网络、$R-2R$ T 型电阻转换网络和权电流转换网络等几种。

（一）转换网络

1. 权电阻转换网络

权电阻转换网络如图 5-1 所示，每一个电子开关 S_i 所接的电阻 R_i 等于 $2^{n-1-i}R(i=$

$0 \sim n-1$），与二进制数的位权相似，如 $R_0 = 2^{n-1}R$，$R_{n-1} = R$。对应二进制位 $D_i = 1$ 时，电子开关 S_i 合上，R_i 上流过的电流 $I_i = U_{REF}/R_i$。

令 $U_{REF}/(2^{n-1}R) = I_{REF}$，则有 $I_i = 2^i I_{REF}$，即 R_i 上流过对应二进位权倍的基准电流，R_i 称为权电阻。权电阻网络中的电阻从 R 到 $2^{n-1}R$ 成倍增大，位数越多阻值越大，很难保证精度。

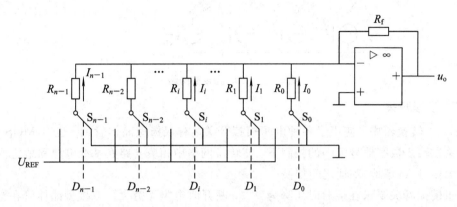

图 5-1　权电阻转换网络

2. $R\text{-}2R$ T 型电阻转换网络

$R\text{-}2R$ T 型电阻转换网络中串联臂上的电阻为 R，并联臂上的电阻为 $2R$，如图 5-2 所示。从每个并联臂上的 $2R$ 电阻往后看，电阻都为 $2R$，所以流过每个与电子开关 S_i 相连的 $2R$ 电阻的电流 I_i 是前级电流 I_{i+1} 的一半。因此，$I_i = 2^i I_0 = 2^i I_{REF}/2^n$，即与二进制 i 位权成正比。

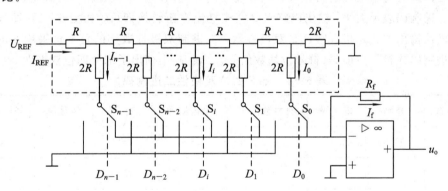

图 5-2　$R\text{-}2R$ T 型电阻转换网络

3. 权电流转换网络

$R\text{-}2R$ T 型电阻转换网络只有两个电阻值，虽然有利于提高转换精度，但电子开关并非理想器件，模拟开关的压降以及各开关参数不一致时都会引起转换误差。采用恒流源权电流能克服这些缺陷，集成 D/A 转换器一般采用这种转换方式。图 5-3 是四位权电流 D/A 转换器的示意图。高位电流是低位电流的倍数，即各二进制位所对应的电流为其权乘最低位电流。

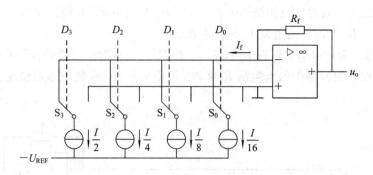

图 5-3　权电流转换网络

（二）模拟开关

在 D/A 转换器中，使用了各种电子模拟开关，有双极型晶体管的，也有 MOS 管的。模拟开关在输入数字信号(D_i)的控制下，使转换网络中相应支路在基准电源和地之间或在运算放大器输入(虚地)和地之间切换。

理想模拟开关要求在接通时压降为 0 V，断开时电阻无穷大。双极型晶体管在饱和导通时管压降很小，截止时有很大的截止电阻，可用作模拟开关。

（三）D/A 转换器的输出方式

D/A 转换器大部分是数字电流转换器，使用中通常需增加输出电路，实现电流电压转换。在转换网络中，电流是单方向的，即在 0 和正满度值或负满度值之间变化，是单极性的。为了能使输出在正负满度值之间变化，需要增加输出电路。

输出方式分为单极性输出方式和双极性输出方式两种。单极性输出方式是指数字量采用自然二进制码表示大小，输出电路只要完成电流电压转换即可，如图 5-1～图 5-3 所示。双极性输出方式是指数字量是双极性数，二进制双极性数字的负数可采用 2 的补码、偏移二进制码或符号数值码(符号位加数值码)。表 5-1 列出了部分四位双极性二进制码。

表 5-1　部分四位双极性二进制码

十进制数	补码	偏移码	符号数值码	十进制数	补码	偏移码	符号数值码
0	0000	1000	0000	-1	1111	0111	1001
1	0001	1001	0001	-2	1110	0110	1010
2	0010	1010	0010	-3	1101	0101	1011
3	0011	1011	0011	-4	1100	0100	1100
4	0100	1100	0100	-5	1011	0011	1101
5	0101	1101	0101	-6	1010	0010	1110
6	0110	1110	0110	-7	1001	0001	1111
7	0111	1111	0111	-8	1000	0000	

由表 5-1 可知，偏移二进制码是在自然二进制码的基础上偏移而成的，四位偏移二进制码的偏移量为 1000(8H)。因此，按自然二进制码进行 D/A 转换后，只要将输出模拟量也进行相应偏移(减去 1000 对应的模拟值)，即可获得双极性输出。数字量以 2 的补码表示时，需先将 2 的补码转换成偏移二进制码(2 的补码加 1000)，然后送 D/A 转换器，即可得双极性输出。

（四）转换精度

D/A 转换器的转换精度用分辨率和转换误差来描述。

1. 分辨率

分辨率是 D/A 转换器在理论上可达到的精度，定义为电路能分辨的最小输出(ΔU)和满度输出(U_m)之比，分辨率为 $1/(2^n-1)$。D/A 转换器的位数 n 表示分辨率，分辨率也可以用数字位数表示。

2. 转换误差

转换误差用以说明 D/A 转换器实际上能达到的转换精度。转换误差可用满度值的百分数表示，也可用 LSB 的倍数表示。如转换误差为 $(1/2)$LSB，表示绝对误差为 $\Delta V/2$。

（五）集成 D/A 转换器

单片集成 D/A 转换器产品种类繁多，按其内部电路结构一般可分为两类：一类集成芯片内部只集成了转换网络和模拟电子开关；另一类则集成了组成 D/A 转换器的所有电路。AD7520 十位 D/A 转换器属于前一类集成 D/A 转换器。

AD7520 芯片内部包含 $R-2R$ T 型电阻网络、CMOS 电子开关和反馈电阻($R_f = 10\ \text{k}\Omega$)。应用 AD7520 时必须外接参考电源和运算放大器。由 AD7520 内部反馈电阻组成的 D/A 转换器如图 5-4 所示，虚框中是 AD7520 的内部电路。

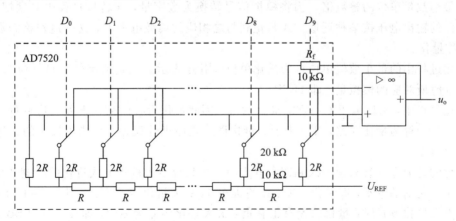

图 5-4　AD7520 内部电路及其组成的 D/A 转换器

二、A/D 转换

将时间连续和幅值连续的模拟量转换为时间离散、幅值也离散的数字量，A/D 转换一般要经过采样、保持、量化及编码 4 个过程。在实际电路中，有些过程是合并进行的，如采样和保持、量化和编码在转换过程中是同时实现的。

（一）采样和保持

采样是指将时间连续的模拟量转换为时间离散的模拟量，即获得某些时间点（离散时间）的模拟量值。由于进行 A/D 转换需要一定的时间，这段时间内的输入值需要保持稳定，因此必须有保持电路维持采样所得的模拟值。采样和保持通常是通过采样-保持电路同时完成的。

为使采样后的信号能够还原模拟信号，根据采样定理，采样频率 f_s 必须大于或等于 2 倍输入模拟信号的最高频率 f_{imax}，即两次采样时间间隔不能大于 $1/f_s$，否则将失去模拟输入的某些特征。

图 5-5 给出了采样-保持电路和经采样、保持后的输出波形。图中采样电子开关 S 受采样信号 $S(t)$ 控制，定时合上 S，对保持电容 C_H 进行充放电，此时 $u_o = u_i$。S 打开时，保持电容 C_H 因无放电回路，所以采样所获得的输入电压、输出电压保持不变。

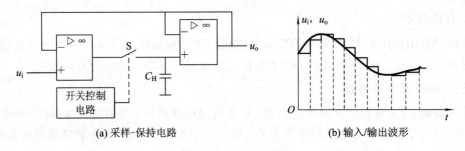

(a) 采样-保持电路　　　　　　　　　　(b) 输入/输出波形

图 5-5　采样-保持电路及输入/输出波形

（二）量化与编码

数字信号不仅在时间上是离散的，而且在幅值上也是非连续的。任何一个数字量只能是某个最小数量单位的整数倍。为将模拟信号转换为数字量，在转换过程中必须把采样-保持电路的输出电压按某种近似方式归化到与之相应的离散电平上，这一过程称为数值量化，简称量化。

量化过程中的最小数值单位称为量化单位，用 Δ 表示。它是数字信号最低位为 1、其他位为 0 时所对应的模拟量，即 1LSB。

量化过程中，采样电压不一定能被 Δ 整除，因此量化后必然存在误差。这种量化前后的不等（误差）称为量化误差，用 ε 表示。量化误差是原理性误差，只能用较多的二进制位缩小量化误差。

量化的近似方式有只舍不入和四舍五入两种。只舍不入量化方式量化后的电平总是小于或等于量化前的电平，即量化误差 ε 始终大于 0，最大量化误差为 Δ，即 $\varepsilon_{max} = 1\,\text{LSB}$。采用四舍五入量化方式时，量化误差有正有负，最大量化误差为 $\Delta/2$，即 $|\varepsilon_{max}| = \text{LSB}/2$。显然，后者量化误差小，故为大多数 A/D 转换器所采用。

量化后的电平值为量化单位 Δ 的整数倍，这个整数用二进制数表示，即为编码。量化和编码也是同时进行的。

（三）A/D 转换器

按工作原理，A/D 转换器可以分为直接型 A/D 转换器和间接型 A/D 转换器两种。直接型 A/D 转换器可直接将模拟信号转换成数字信号，这类转换器工作速度较快，并行比较型和逐次比较型 A/D 转换器属于这一类。而间接型 A/D 转换器先将模拟信号转换成中间量（如时间、频率等），然后再将中间量转换成数字信号，转换速度比较慢，双积分型 A/D 转换器属于间接型 A/D 转换器。

1. 并行比较型 A/D 转换器

图 5-6 所示为并行比较型 A/D 转换器原理框图。转换器由 2^n-1 个比较器、2^n-1 位寄存器、优先编码器和能产生 2^n-1 个基准电压的 2^n 个精密电阻组成。图中并未画出精密电阻构成的分压电路，仅标出了比较器基准电压。输入模拟电压 u_i 与各比较器参考电平进行比较后，产生 2^n-1 位二进制码，通过寄存器寄存被译码成 n 位二进制数（$D_0 \sim D_{n-1}$），完成模拟信号到数字信号的转换。

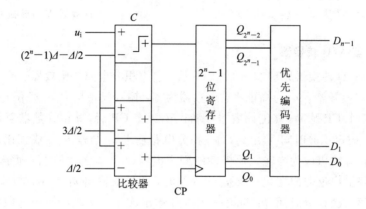

图 5-6　并行比较型 A/D 转换器原理框图

并行比较型 A/D 转换器的优点在于转换速度快，但输出位数增加一位，所需的电路元件翻倍。

2. 反馈比较型 A/D 转换器

反馈比较型 A/D 转换器的基本原理是：计数器产生一个二进制数，经过 D/A 转换器将该二进制数转换成模拟电压；此模拟电压和输入模拟电压分别送至比较器的不同输入端进行电压比较，根据比较结果控制计数器状态；二进制数逼近输入模拟电压完成 A/D 转换，计数器中的二进制数即为 A/D 转换后的数字输出。

逐次比较型 A/D 转换器（见图 5-7）和计数型 A/D 转换器（见图 5-8）都属于反馈比较型 A/D 转换器。逐次比较型 A/D 转换器是在计数型 A/D 转换器基础上用寄存器和控制逻辑电路取代计数器而成的。逐次比较型用最快的方法逼近输入模拟量，而计数型则用计数器递增方式逼近模拟量。显然，逐次比较型 A/D 转换器的转换速度优于反馈比较型 A/D 转换器。

逐次比较型 A/D 转换器开始转换时计数器最高位为 1，D/A 转换器的输出 u_A（1/2 最大输出电压）与输入电压 u_i 进行比较：若 u_A 大于 u_i，则下个 CP 脉冲后，计数器高位为 0，本位为 1；若 u_A 小于 u_i，则 CP 脉冲来到后，计数器高位保持而本位为 1，即第二个 CP 来到后 $u_A = u_{Amax}/4$ 或 $3u_{Amax}/4$。依次类推，最终计数器各位数值被确定。确定 n 位计数器各位的值至少需要 n 个时钟周期（T_{CP}），一般一次转换需（$n+2$）个 T_{CP}。

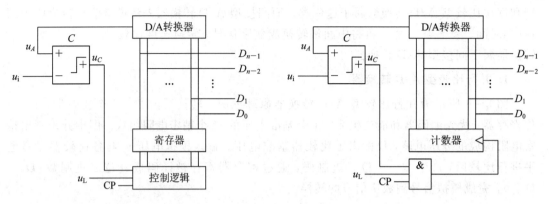

图 5-7 逐次比较型 A/D 转换器原理框图   图 5-8 计数型 A/D 转换器原理框图

3. 双积分型 A/D 转换器

双积分型 A/D 转换器原理如图 5-9 所示，它由积分电路、比较器、$n+1$ 位计数器和门电路组成。转换开始，u_L 为高电平，计数器为零，输入模拟信号 u_i 经积分电路第一次积分；经过 2^n-1 个 CP 脉冲，n 位计数器计满；第 2^n 个 CP 后，n 位计数器复位，第 $n+1$ 位计数器置 1；经固定积分时间 $T_1 = 2^n T_{CP}$，积分电路输出 u_o 与输入 u_i 成正比；第 $n+1$ 位数器为 1 后，积分输入改为与输入反极性的固定电压($-U_{REF}$)，并进行固定速率的第二次积分，积分电路输出反方向变化；当 u_o 变为 0 时，比较器输出 u_C 为 0，与非门关闭，计数器停止计数；第二次积分时间 T_2 与第一次积分输出成正比，即与停止计数时 n 位计数器中所计数 N 成正比，从而把模拟输入 u_i 转换成数字输出 $N=D_{n+1} \cdots D_1 D_0$。

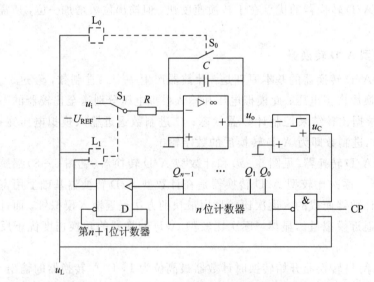

图 5-9 双积分型 A/D 转换器原理图

（四）主要技术指标

1. 转换精度

A/D 转换器采用分辨率和转换误差来描述转换精度。

分辨率是指引起输出数字量变动一个二进制码最低有效位(LSB)时，输入模拟量的最小变化量。分辨率反映了 A/D 转换器对输入模拟量微小变化的分辨能力。在最大输入电压一定时,位数越多,量化单位越小,分辨率越高。

转换误差通常用输出误差的最大值形式给出,常用最低有效位的倍数表示,反映了 A/D 转换器实际输出数字量和理论输出数字量之间的差异。

2. 转换时间

转换时间是指从接收到转换控制信号(u_L)到 A/D 转换器输出端得到稳定的数字量所需要的时间。转换时间与 A/D 转换器类型有关,并行比较型 A/D 转换器的转换时间一般为几十纳秒,逐次比较型 A/D 转换器的转换时间为几十微秒,双积分型 A/D 转换器的转换时间为几十毫秒。

实际应用中,应根据数据位数、输入信号极性与范围、精度要求和采样频率等几个方面综合考虑 A/D 转换器的选用。

(五)集成 A/D 转换器

集成 A/D 转换器品种繁多,选用时应综合各种因素选取集成芯片。一般逐次比较型 A/D 转换器用得较多,ADC0804 就是这类单片集成 A/D 转换器。ADC0804 采用 CMOS 工艺,20 引脚集成芯片,分辨率为 8 位,转换时间为 $100~\mu s$,输入电压范围为 $0 \sim 5$ V。芯片内具有三态输出数据锁存器,可直接接在数据总线上。

任务二 D/A 和 A/D 转换器分析

一、D/A 转换器分析

在分析 D/A 转换器时,关键在于转换网络分析。转换网络相应模拟开关 S_i 合上时,流向运算放大器虚地的电流(即 R_f 上的电流)应与对应二进制码位的权相关联。输入数字信号为自然二进制码时,高位数字位的权是低位数字位权的 2 倍,所以高位开关合上后,流经 R_f 的电流是低位电流的 2 倍。权电阻网络各电阻接在虚地和 U_{REF} 之间($D_i = 1$)或地之间($D_i = 0$),所以对应权电阻为 $2^0 R$,$2^1 R$,$\cdots$,$2^{n-1} R$。因为 $R - 2R$ T 型电阻网络前后级并联臂(2R 电阻)上的电流为 2 倍关系,所以可作为自然二进制码的转换网络。

二、A/D 转换器分析

A/D 转换器分析一般为转换时间、转换精度及分辨率的分析计算,需对转换器的工作原理及参数定义有深刻的理解。

三、典型例题

【例 5 - 1】 某一 8 位权电阻二进制 D/A 转换器如图 5 - 10 所示,已知 $U_{REF} = 5$ V,$R_f = 10$ kΩ,运算放大器电压输出范围为 $-5 \sim +5$ V,试求各权电阻的阻值。

解 由图 5 - 10 可知运算放大器反相输入端为虚地,所以,$D_i = 0$ 时,S_i 接地,$I_i = 0$;$D_i = 1$ 时,S_i 接 U_{REF},$I_i = U_{REF}/R_i$,即权电阻 R_i 上电流 $I_i = D_i \times (U_{REF}/R_i)$。运算放大器反馈电阻 R_f 上流过的电流为

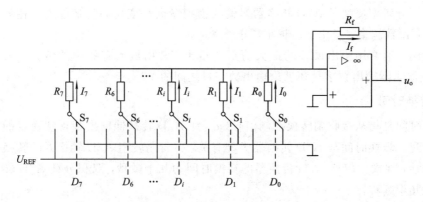

图 5-10　8 位权电阻 D/A 转换器

$$I_{\rm f} = \sum I_i = \left(\frac{D_7}{R_7} + \frac{D_6}{R_6} + \frac{D_5}{R_5} + \frac{D_4}{R_4} + \cdots + \frac{D_1}{R_1} + \frac{D_0}{R_0}\right)U_{\rm REF}$$

$$u_{\rm o} = -R_{\rm f}I_{\rm f} = \left(\frac{D_7}{R_7} + \frac{D_6}{R_6} + \frac{D_5}{R_5} + \frac{D_4}{R_4} + \cdots \frac{D_1}{R_1} + \frac{D_0}{R_0}\right)U_{\rm REF}R_{\rm f}$$

根据二进制 D/A 转换器输出定义，输出电压为

$$u_{\rm o} = (2^7 D_7 + 2^6 D_6 + 2^5 D_5 + 2^4 D_4 + \cdots 2^1 D_1 + 2^0 D_0) \times \Delta$$

比较这两式的绝对值，可得

$$R_7 = \frac{U_{\rm REF}R_{\rm f}}{2^7 \Delta}$$

$$R_6 = \frac{U_{\rm REF}R_{\rm f}}{2^6 \Delta} = 2R_7$$

$$R_5 = \frac{U_{\rm REF}R_{\rm f}}{2^5 \Delta} = 2^2 R_7$$

$$R_4 = \frac{U_{\rm REF}R_{\rm f}}{2^4 \Delta} = 2^3 R_7$$

$$\vdots$$

$$R_1 = \frac{U_{\rm REF}R_{\rm f}}{2^1 \Delta} = 2^6 R_7$$

$$R_0 = \frac{U_{\rm REF}R_{\rm f}}{2^0 \Delta} = 2^7 R_7$$

该 D/A 转换器单极性输出最大电压为 5 V，8 位 D/A 转换器将 5 V 分成 $2^5 - 1$ 个等份，称为量化阶 Δ，可得 $(2^5 - 1)\Delta \approx 19.6$ mV，$R_7 \approx 19.93$ kΩ。

R_7 取整数，即 $R_7 = 20$ kΩ，则 $R_6 = 40$ kΩ，$R_5 = 80$ kΩ，$R_4 = 160$ kΩ，$\cdots$，$R_1 = 1280$ kΩ，$R_0 = 2560$ kΩ，电阻阻值相差极大。1LSB 对应输出电压绝对值为 $\Delta = U_{\rm REF}R_{\rm f}/R_0 = U_{\rm REF}R_{\rm f}/2^7 R_7 \approx 19.53$ mV，最大输出电压绝对值为 $U_{\rm om} = (2^5 - 1)\Delta \approx 4.98$ V。

【例 5-2】　某一 4 位二进制 T 型电阻网络 D/A 转换器如图 5-11 所示，已知 $U_{\rm REF} = 5$ V，$R_{\rm f} = 10$ kΩ，运算放大器电压输出范围为 $-5 \sim +5$ V，试求电阻 R。

　　解　图 5-11 所示 T 型电阻网络无论开关接地还是接虚地，从串联臂的电阻 R 往后级看，其等效电阻都等于 $2R$，所以参考电流 $I_{\rm REF} = U_{\rm REF}/(2R)$，$I_3 = I_{\rm REF}/2$。因为流经反馈电阻 $R_{\rm f}$ 上的电流最大值为各 $2R$ 电阻上的电流之和，而高位电流是低位电流的倍数，即 $I_3 = $

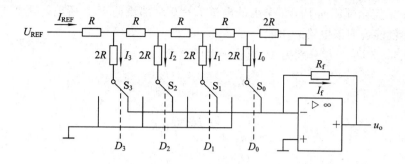

图 5-11　R-$2R$ T 型电阻网络 D/A 转换器

$2I_2=4I_1=8I_0$，所以 $I_{fmax}=15I_0$。因为单极性输出最大幅度 u_{om} 为 5 V，$I_{fmax}\times R_f\leqslant u_{om}$，$I_0\leqslant\dfrac{u_{om}}{15R_f}$，同时 $I_0=\dfrac{I_{REF}}{16}=\dfrac{U_{REF}}{32R}$，所以，$R\geqslant\dfrac{15R_fU_{REF}}{32u_{om}}=4.6875$ kΩ。

取整数 $R=5$ kΩ，则最大输出电压绝对值

$$u_{omax}=\frac{15R_fU_{REF}}{32R}=4.6875 \text{ V}$$

最小输出电压绝对值

$$u_{omin}=\frac{R_fU_{REF}}{32R}=0.3125 \text{ V}$$

取标称值 $R=4.7$ kΩ，则最大输出电压绝对值

$$u_{omax}=\frac{15R_fU_{REF}}{32R}=4.9867 \text{ V}$$

最小输出电压绝对值

$$u_{omin}=\frac{R_fU_{REF}}{32R}=0.3324 \text{ V}$$

【例 5-3】　图 5-12 所示为二级权电阻网络 D/A 转换器，试证明当 $r=8R$ 时，该电路是 8 位自然二进制码 D/A 转换器。

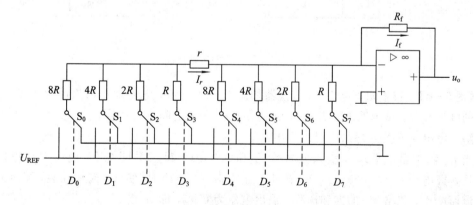

图 5-12　8 位二级权电阻 D/A 转换器

解　由图 5-12 可知，模拟开关 S_i 在 $D_i=0$ 时接地，$D_i=1$ 时接 U_{REF}，高 4 位权电阻接虚地，低 4 位权电阻通过 r 接虚地；高 4 位权电阻上的电流全部流向 R_f，低 4 位权电阻上

的电流并不一定全部流向 R_f，但 r 上的电流 $I_r = 0$ 全部流向 R_f。所以，只要证明 I_r 是 D_i 的权电流，就能说明该电路的功能。

令 D_0、D_1、D_2、D_3 分别为 1，可得 r 上的电流为

$$D_3 = 1，I_{r3} = \frac{U_{REF}}{16R}$$

$$D_2 = 1，I_{r2} = \frac{U_{REF}}{32R}$$

$$D_1 = 1，I_{r1} = \frac{U_{REF}}{64R}$$

$$D_0 = 1，I_{r0} = \frac{U_{REF}}{128R}$$

计算 I_r 的等效电路如图 5-13 所示。运用叠加原理，有

$$I_f = \frac{D_7 U_{REF}}{R} + \frac{D_6 U_{REF}}{2R} + \frac{D_5 U_{REF}}{4R} + \frac{D_4 U_{REF}}{8R} + D_3 I_{r3} + D_2 I_{r2} + D_1 I_{r1} + D_0 I_{r0}$$

$$= \frac{(2^7 D_7 + 2^6 D_6 + 2^5 D_5 + 2^4 D_4 + \cdots + 2^1 D_1 + 2^0 D_0)U_{REF}}{2^7 R}$$

$$u_o = -I_f \times R_f = -\frac{(2^7 D_7 + 2^6 D_6 + 2^5 D_5 + 2^4 D_4 + \cdots + 2^1 D_1 + 2^0 D_0)U_{REF}}{2^7 R}$$

所以，这是一个 8 位二进制 D/A 转换器。

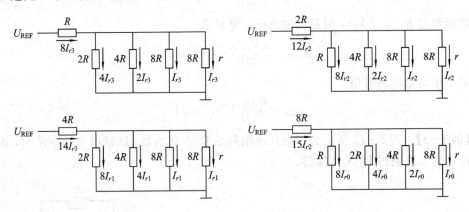

图 5-13 I_r 计算的等效电路

【例 5-4】 权电阻网络 D/A 转换器如图 5-14 所示，电路虚框内为由双极型晶体管组成的电子开关，试说明电子开关 S_i 如何在 U_{REF} 和地之间进行切换。

解 由电子开关内部结构可以看出：

当 D_i 为 0（低电平）时，输入低电平 U_{iL} 和负电源（$-U_{CC}$）共同作用，使 V 基极电位 U_{B1} 小于发射极电位 U_{E1}（$=-U_D$），V_1 截止。正电源（U_{CC}）经 R_3 使 V_3 饱和导通，V_2 因无基极电流而截止，忽略 V_3 的饱和压降，输出电压为 U_{REF}，即 S_i 接 U_{REF}。

当 $D_i = 1$（高电平）时，输入高电平 U_{iH} 使 U_{B1} 大于 U_{E1}，适当的 R_1、R_2 可使 V_1 饱和导通，$-U_D$ 为 V_2 提供基极电流并使 V_2 饱和导通，V_3 截止，忽略 V_3 的饱和压降，输出电压为 0 V，即 S_i 接地。

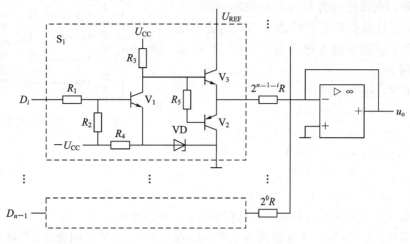

图 5-14　模拟开关及 D/A 转换网络

【例 5-5】　某 8 位 D/A 转换器：

(1) 若最小输出电压增量为 0.02 V，试问当输入二进制码 01001101 时，输出电压 u_o 为多少伏？

(2) 若用百分数表示，则其分辨率为多少？

(3) 若某一系统中要求 D/A 转换器的精度优于 0.25%，则这一 D/A 转换器能否应用？

解　解此题关键是掌握指标和名词定义。

(1) 最小输出电压增量为数字量变化一个 LSB 引起的输出电压变化量，即 $D=00000001$ 时的输出电压($u_{omin}=\Delta$)。所以，$D=01001101$ 时，输出电压

$$u_o = (2^6 + 2^3 + 2^2 + 2^0) \times 0.02 = 1.54 \text{ V}$$

(2) 分辨率定义为最小输出电压增量 u_{omin} 与最大输出电压增量 u_{omax} 之比，或 D/A 转换器的(数字量)位数 n。8 位 D/A 转换器的分辨率为 8 位，用百分数表示为

$$\frac{1}{2^5-1} \times 100\% = 0.392\%$$

(3) 转换精度取决于转换误差。若该 D/A 转换器的绝对误差为 0.01 V(即为(1/2) LSB)，用相对值百分数表示即为

$$\frac{0.01}{(2^5-1) \times 0.02} \times 100\% = 0.196\%$$

优于系统要求的 0.25%，可用于该系统。若该 D/A 转换器的绝对误差为 0.02 V(即为 1LSB)，用相对值百分数表示即为

$$\frac{0.02}{(2^5-1) \times 0.02} \times 100\% = 0.392\%$$

劣于系统要求的 0.25%，不可用于该系统。

【例 5-6】　在图 5-15 所示数字系统中，计数器为 4 位递增计数器，4 位 D/A 转换器见图 5-12。已知 $R_f=20$ kΩ，$R=5$ kΩ，$U_{REF}=-2.56$ V。设计数器初始状态为 0000，试画出输出电压 u_o 波形。

解　由图 5-11 所示 $R-2R$ T 型电阻网络 D/A 转换器电路可知，最低位权电流为

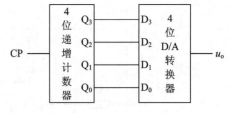

图 5-15　阶梯波发生器

$I_{REF}/16$，最小电压增量为 $U_{REF}R_f/(32R)=32$ V。所以，对应于计数器的不同状态有不同的输出电压值，以状态二进制值为输出电压下标，相应输出电压分别为

$u_{o0}=0$ V，$u_{O1}=0.32$ V，

$u_{O2}=0.64$ V，$u_{O3}=0.96$ V

$u_{o4}=1.28$ V，$u_{O5}=1.6$ V，

$u_{O6}=1.92$ V，$u_{O7}=2.24$ V

$u_{o8}=2.56$ V，$u_{O9}=2.88$ V，$u_{O10}=3.2$ V，$u_{O11}=3.52$ V

$u_{O12}=3.84$ V，$u_{O13}=4.16$ V，$u_{O14}=4.48$ V，$u_{O15}=4.8$ V

以上电压值均未考虑运算放大器的倒相作用，即输出电压应为负值。

计数器状态在 0000～1111 递增变化时，u_o 在 0～−4.8 V 之间变化，即状态二进制数每增加 1，输出电压就增大 0.32 V。输出电压波形如图 5-16 所示，其中某一电平持续时间为一个时钟周期。

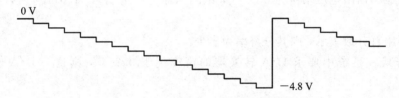

图 5-16　阶梯波发生器输出波形

【例 5-7】 图 5-17 所示 D/A 转换器标称满量程输出为 10 V，对其输入代码 101001 分别为自然二进制码、偏移二进制码和 2 的补码，则相应的输出模拟信号电压 u_o 各为多少？

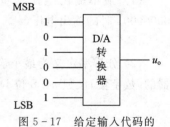

图 5-17　给定输入代码的 D/A 转换器（DAC）

解　① 当 101001 为自然二进制码时，只表示大小而无极性，对应的 DAC 为单极性自然二进制码 DAC，最小输出电压增量 $u_{omin}=10/(2^6-1)=158.7$ mV，对应输出电压为

$$u_O=(2^5+2^3+2^0)\times158.7\times10^{-3}=6.5 \text{ V}$$

② 当 101001 为偏移二进制码时，最高位为 1 表示正数，为 0 表示负数；表示正数时低位为自然二进制码，表示负数时低位为 2 的补码，所以 101001 表示 +9。DAC 满量程输出 10 V，即 −5 V～+5 V，最小输出电压增量 u_{omin} 仍为 158.7 mV，对应的输出电压为

$$u_O=158.7\times10^{-3}\times(2^3+2^0)=1.428 \text{ V}$$

③ 当 101001 为 2 的补码时，高位为 0 表示正数，高位为 1 表示负数，所以对 101001 减 1 并求反，10111=$(23)_D$ 即为负数大小，对应的输出电压

$$u_o=-23\times158.7\times10^{-3}=-3.65 \text{ V}$$

也可以先转换成偏移二进制码（符号位求反）001001，得到对应的输出电压为

$$u_o=9\times158.7\times10^{-3}-2^5\times158.7\times10^{-3}=-3.65 \text{ V}$$

【例 5-8】 图 5-18 所示为 10 位权电阻 DAC，已知 $U_{REF}=10$ V，若要求 $I_{max}\leqslant10$ mA，则电阻 R 可取多大？若 MSB、LSB 权电阻公差引起的输出电流误差 $\leqslant\pm I_{min}/2$，则 MSB、LSB 上权电阻的允许公差为多少？

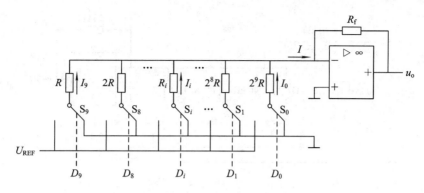

图 5 - 18　10 位权电阻 D/A 变换器

解　限定最大电流 I 实质是限定最大输出电压，根据电路图可知 LSB 最小电流为

$$I_{min} = I_0 = \frac{U_{REF} R_f}{2^9 R}$$

最大电流为

$$I_{max} = (2^{10} - 1) I_{min} = \frac{(2^{10} - 1) U_{REF} R_f}{2^9 R}$$

根据限定条件，有

$$R \geqslant \frac{(2^{10} - 1) U_{REF}}{10 \times 2^9} = \frac{1023}{512} \approx 2 \text{ k}\Omega$$

对于 MSB 位

$$I_{MSB} = I_9 = \frac{U_{REF}}{R}, \quad I'_{MSB} = \frac{U_{REF}}{R + \Delta R}$$

则由

$$I_{MSB} - I'_{MSB} \leqslant \frac{I_{min}}{2} = \frac{U_{REF}}{2^{10} R}$$

可得

$$\frac{\Delta R}{R + \Delta R} < \frac{\Delta R}{R} \leqslant 5^{-10} \approx 0.097\%$$

对于 LSB 位：

$$I_{LSB} = \frac{U_{REF}}{2^9 R}, \quad I'_{LSB} = \frac{U_{REF}}{2^9 R + \Delta R}$$

则由

$$I_{LSB} - I'_{LSB} \leqslant \frac{I_{min}}{2}$$

可得

$$\frac{\Delta R}{2^9 R + \Delta R} < \frac{\Delta R}{2^9 R} \leqslant \frac{1}{2} = 50\%$$

由以上分析可知，权电阻 DAC 的高位电阻精度对输出精度影响很大，即对高位权电阻精度要求高。

综上可知，$R = 2 \text{ k}\Omega$，MSB 位权电阻误差要求小于 0.097%，LSB 位权电阻误差要求小于 50%。

【例 5 - 9】　图 5 - 19 所示为 4 位双极性 D/A 转换器，试分析电路，输入数字量 $D_3 D_2 D_1 D_0$ 应采用什么码？

解　$D_i = 0$ 时，S_i 接地，$I_i = 0$；$D_i = 1$ 时，S_i 接 U_{REF}，$I_i = U_{REF}/R_i$，即权电阻 R_i 上的电流 $I_i = D_i \times (U_{REF}/R_i)$，运算放大器反馈电阻 R_f 上流过电流。

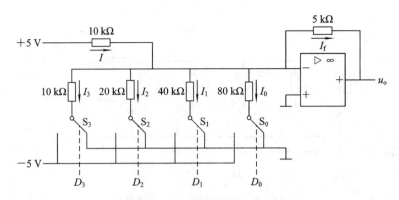

图 5-19　4 位双极性 D/A 转换器

分析图 5-19 所示的电路可知，该 D/A 转换器是权电阻 D/A 转换器，与权电阻 D/A 转换器比较，多了一个偏移电压（+5 V 电源）。模拟开关接地或接 -5 V 电压，设 $D_i = 0$，S_i 接地，则相应权电阻上的电流为 0；$D_i = 1$，S_i 接 -5 V，相应地有 $I_3 = 0.5$ mA，$I_2 = 0.25$ mA，$I_1 = 0.125$ mA，$I_0 = 0.0625$ mA

附加 10 kΩ 偏移电阻上的电流恒为 0.5 mA，反馈电阻（5 kΩ）的电流

$$I_f = I - (D_3 I_3 + D_2 I_2 + D_1 I_1 + D_0 I_0)$$

输出电压

$$u_o = R_f I_0 (2^3 D_3 + 2^2 D_2 + 2^1 D_1 + 2^0 D_0) - I R_f$$

由此可见，当 $I = 2^3 I_0 = 0.5$ mA 时，该 DAC 电路输出符合偏移二进制码，所以输入数字量 $D_3 D_2 D_1 D_0$ 应为偏移二进制码。表 5-2 列出了二进制码与输出电压的关系。

表 5-2　4 位偏移二进制码 DAC 的输入、输出对照表

$D_3 D_2 D_1 D_0$	I_f/mA	u_o/V	$D_3 D_2 D_1 D_0$	I_f/mA	u_o/V
0000	0.5	-2.5	1000	0	0
0001	0.4375	-2.1875	1001	-0.0625	0.3125
0010	0.375	-1.875	1010	-0.125	0.625
0011	0.3125	-1.5625	1011	-0.1875	0.9375
0100	0.25	-1.25	1100	-0.25	1.25
0101	0.1875	-0.9375	1101	-0.3125	1.5625
0110	0.125	-0.625	1110	-0.375	1.875
0111	0.0625	-0.3125	1111	-0.4375	2.1875

由于偏移电压和偏移电阻的作用，输出电压偏移一个固定电压（-2.5 V）值，所以输入数字应采用偏移二进制码。

【例 5-10】 在图 5-20(a) 所示的计数型 ADC 电路方框图中，比较器 CA 是理想的，锯齿电压的上升速率为 1 mV/μs，时钟 CP 是周期为 1 μs 的方波，采用 10 位二进制加法计数器。试求：(1) 此 ADC 容许转换的最大被测电压值是多少？

(2) 若被测电压值为 250 mV，转换完后二进制计数器将输出何值？

(3) 已知清零脉冲及锯齿波的波形如图 5-20(b) 所示，试画出 A、B 两点的波形。

解　该计数型 ADC 采用锯齿波信号作为比较器 CA 的比较信号。转换开始时，10 位二进

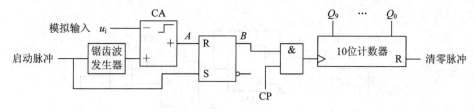

(a) 计数式ADC电路方框图

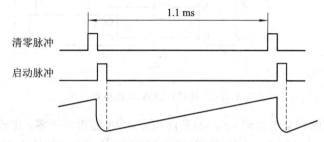

(b) 清零脉冲及锯齿波的波形图

图 5 - 20　计数型 A/D 转换器

制计数器清零，启动脉冲使 RS 触发器置 1，计数器从 0 开始计数；同时启动脉冲令锯齿波发生器启动，锯齿波上升到与输入采样保持电压相等时，比较器输出高电平，RS 触发器复位，封锁时钟信号，计数器停止计数。此时计数器所计的 CP 脉冲数即为输出数字量。模拟信号越大，锯齿波上升到该值所需时间越长，计数器记录的 CP 脉冲越多，输出的数字量就越大。

（1）锯齿信号能达到的最大值即为能够测量的最大输入电压，所以

$$u_{imax}=1.1(ms)\times 1(mV/\mu s)=1.1\ V$$

（2）锯齿波上升到 250 mV 时需 250 μs，此时计数器计到 250 个 CP 脉冲，所以转换结束后输出的数字量为 0011111010。

（3）A、B 两点的波形如图 5 - 21 所示。

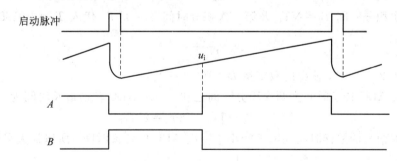

图 5 - 21　计数型 A/D 转换器 A、B 两点的波形

【**例 5 - 11**】　在图 5 - 22 所示的双积分型 ADC 中，$U_{REF}=5\ V$。$Q=0$ 时，S 接 1；$Q=1$ 时，S 接 2，计数器模为 2^8，CO 为进位输出，$\overline{R}_D$ 为清零脉冲。试求：

（1）第一次积分时间 T_1；

（2）当 $u_i=2.5\ V$ 时，输出数字 D 为多少？

（3）从本电路看，要求模拟信号的采样频率 f_{max} 为多少？

解　由图 5 - 22 可知，复位信号 $\overline{R}_D$ 低电平时可使计数器和 RS 触发器为 0，模拟开关

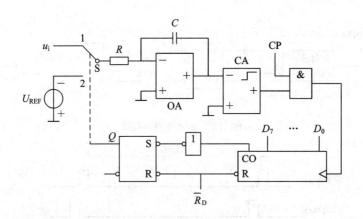

图 5-22 双积分型 A/D 转换器

接 1 位置，OA 组成的积分电路对 $u_i(\geqslant 0)$ 负向积分，OA 输出小于零，比较器输出为 1，计数器从 0 开始计数；经过 2^8 个 CP 脉冲，计数器回到 0，进位位 CO 输出高电平脉冲，反相后使 RS 触发器置 1，模拟开关接 2 位置，积分电路对反极性的固定电压（$-U_{REF}$）正向积分，积分初值为负向积分的终值；当 OA 输出上升到 0 V 时，CA 输出 0，计数器停止计数，计数器中 CP 脉冲数 N 的二进制值即为模拟输入 u_i 的二进制码。

（1）双积分 ADC 的积分时间 T_1 为计数器从 0 计数回到 0 的时间，即

$$T_1 = 2^n T_{CP} = 2^8 T_{CP}$$

（2）第一次积分终值为 $-u_i T_1/RC$，第二次积分终值为 0，即

$$\frac{U_{REF} T_2}{RC} - \frac{u_i T_1}{RC} = 0$$

可得

$$T_2 = \frac{u_i T_1}{U_{REF}} = -2.56 。$$

将第二次积分时间 $T_2 = N T_{CP}$ 及第一次积分时间 $T_1 = 2^8 T_{CP}$ 代入 $T_2 = u_i T_i/U_{REF}$，可得

$$N = \frac{2^8 u_i}{U_{REF}} = 2^7$$

所以输入 2.5 V 时，输出的数字量 $D = 10000000$。

（3）一次 ADC 转换时间为两次积分时间之和，一次 ADC 转换最长时间为

$$T_{max} = T_1 + T_{2max} = 2T_1 = 2^9 T_{CP}$$

两次模拟信号的采样时间间隔不能小于一次 ADC 的转换时间，所以最大采样频率

$$f_{max} = \frac{1}{T} = \frac{1}{2^9 T_{CP}} = f_{CP}/2^9$$

任 务 三　项 目 设 计

一、概述

电子秤是利用物体的重力作用来确定物体质量（重量）的测量仪器，也可用来确定与质

量相关的其他量的大小、参数或特性。电子秤主要由承重传力复位系统、称重传感器、测量显示和数据输出的载荷测量装置三部分组成。

(一)承重传力复位系统

承重传力复位系统是指被称物体与转换元件之间的机械、传力复位系统，又称电子秤的秤体，一般包括接受被称物体载荷的承载器、秤桥结构、吊挂连接部件和限位减振机构等。

(二)称重传感器

称重传感器是指把非电量(质量或重量)转换成电量的转换元件，它是把支承力转换成电或其他形式的适合计量求值的信号所用的一种辅助手段。

按照称重传感器的结构形式，可以将其分为位移传感器(包括电容式、电感式、电位计式、振弦式、空腔谐振器式等)和应变传感器(包括电阻应变式、声表面谐振式)或是利用磁弹性、压电和压阻等物理效应的传感器。

对称重传感器的基本要求是输出电量与输入重量保持单值对应，并有良好的线性关系；有较高的灵敏度；对被称物体的状态的影响要小；能在较差的工作条件下工作；有较好的频响特性；稳定可靠。

(三)测量显示和数据输出的载荷测量装置

测量显示和数据输出的载荷测量装置是指处理称重传感器信号的电子线路(包括放大器、模/数转换、电流源或电压源、调节器、补偿元件和保护线路等)和指示部件(如显示、打印、数据传输和存储器件等)，这部分习惯上称为载荷测量装置或二次仪表。在数字式的测量电路中，通常包括前置放大、滤波、运算、变换、计数、寄存、控制和驱动显示等环节。

二、设计任务和要求

(1)电子秤称量范围为 0～5 kg，分度值为 0.01 kg，精度等级为Ⅲ级；电源为DC1.5 V。

(2)电子秤称量能够通过 LCD 直接显示出来。

三、设计方案分析

数字电子秤与普通秤的区别在于数字电子秤能将物体的重量用数字的形式直接在LED数码管或液晶显示器上显示出来。因此，数字电子秤首先需要传感器将重量值转化成电压信号或电流信号，而一般经传感器产生的电压信号或电流信号都是比较微弱的，需经放大电路进行放大。放大后的电压或电流信号均属于模拟信号，要通过数码管或液晶显示器显示，必须转变成数字信号。因此，放大电路后需再接一 A/D 转换电路，将模拟信号转换成数字信号，以便于数码显示。

要实现这一功能，有以下两种方案：

方案一：通过传感器产生电压信号，经放大系统把信号放大后输入 A/D 转换芯片进行A/D 转换。由于此芯片可直接用于数字显示，故转换后的数字量直接用数码显示器进行显示即可，其量程切换通过修改放大系统的增益实现。方案一原理如图 5-23 所示。

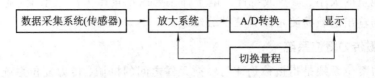

图 5 - 23　电子秤整体设计方案一

方案二：通过传感器产生电压信号，经放大系统把信号放大后，输入 A/D 转换芯片进行 A/D 转换；然后把转换后的数字信号输入单片机，由单片机进行数据处理和对 A/D 转换的控制，再由单片机输出显示信号，通过显示电路进行显示。方案中的自动换挡功能可通过控制单片机来实现，其原理如图 5 - 24 所示。

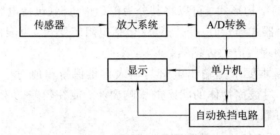

图 5 - 24　电子秤整体设计方案二

方案一的优点是外部电路非常简单，且能实现较高的精度；缺点是无法对 A/D 转换进行控制；方案二的优点是可控性好，电路简单；缺点是数据量大且存储器存储容量有限，需要对单片机编写程序进行数据处理，比较复杂。

因此，基于简单、实用原则，设计总体方案采用方案一。该方案主要包括称重传感器模块、放大电路模块、A/D 转换模块和数码显示模块四个模块。

（一）称重传感器模块

1. 称重传感器的基本原理

称重传感器在受到压力或拉力时会产生电信号，压力或拉力不同时，产生的电信号也随着变化，而且力与电信号的关系一般为线性关系。称重传感器主要由弹性体、电阻应变片、电缆线等组成，内部线路采用惠更斯电桥。传感器的量程越接近分配到每个传感器的载荷，其称量的准确度就越高。

电阻应变片传感器是以应变片为传感元件的一种传感器，它具有精度高、测量范围广、使用寿命长、性能稳定可靠、结构简单、尺寸小、重量轻、价格便宜等优点。

电阻应变片传感器就是将被测物质量的变化转换成电阻值的变化，再经相应的电桥电路转换为被测物质量值相对应的电压信号。电阻应变片传感器由感压装置、电阻应变片和惠更斯电桥电路三部分组成，其应用范围非常广泛。本设计采用 SP20C - G501 电阻应变片传感器，该传感器结构简单，灵敏度高。

电阻应变片传感器是基于电阻的应变效应（即导体产生机械形变时，它的电阻值也会相应发生变化）进行工作的。设有一根长为 l 的电阻丝，它在未受力时的原始电阻值为 $R=\rho l/s$。电阻丝在外力的作用下，引起电阻的相对变化为 $\Delta R/R \approx k_0 \varepsilon$，其中 $\varepsilon = \Delta l/l$ 为电阻丝的轴向应变。可见在电阻丝拉伸比例极限内，电阻的相对变化与应变成正比，可通过电阻或电压的变化来测量应变，从而测量重量。

电阻应变片有丝式和箔式两种，本设计中采用的是电阻丝应变片。为获得高电阻值，电阻丝排成网状，并贴在绝缘的基片上，电阻丝两端引出导线，线栅上面有覆盖层，起保护作用。电阻应变片传感器安装如图 5-25 所示。

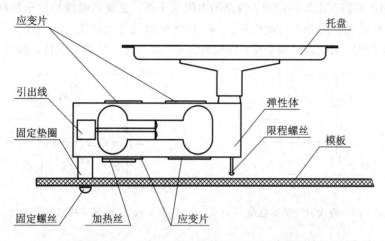

应变片　托盘
引出线　弹性体
固定垫圈　限程螺丝　模板
固定螺丝　加热丝　应变片

图 5-25　电阻应变片传感器安装示意图

电阻应变片也会有误差，产生误差的因素很多，其中温度的影响最主要。环境温度影响电阻值变化的主要原因是：① 电阻丝温度系数引起的测量误差；② 电阻丝与被测元件材料线膨胀系数不同引起的测量误差。

对于因温度变化对桥接零点和输出灵敏度的影响，即使采用同一批应变片，也会因应变片之间稍有温度特性差异而引起误差，所以对要求精度较高的传感器，必须进行温度补偿。解决的方法是在被粘贴的基片上采用适当温度系数的自动补偿片，并从外部对它加以适当的补偿。非线性误差是传感器最重要的特性，结构设计是产生非线性误差的主要原因，通过线性补偿也可得到改善。滞后和蠕变是应变片及黏合剂的误差，由于黏合剂为高分子材料，其特性受温度变化影响较大，所以称重传感器必须在规定的温度范围内使用。

2. 称重传感器的测量电路

常规的电阻应变片 k 值很小，约为 2，机械应变度约为 0.000 001～0.001，电阻应变片的电阻变化范围为 0.0005～0.1 Ω，所以电阻应变片传感器测量电路可精确测量出很小的电阻变化。电阻应变片传感器中最常用的是桥式测量电路，它将应变阻值的变化转换为电压或电流的变化，这个电信号就是可用的输出信号。

桥式测量电路有四个电阻，其中任何一个都可以是电阻应变片电阻。电桥的一条对角线接入工作电压 U_i；另一条对角线为输出电压 U，其特点为：当四个桥臂电阻达到相应的关系时，电桥输出为零，若有电压输出，可利用灵敏检流计来测量，所以电桥能够精确地测量微小的电阻变化。桥式测量电路中，将受力性质相同的两个应变片接入电桥对边，应变片初始阻值 $R_1=R_2=R_3=R_4$，当其变化值 $\Delta R_1=\Delta R_2=\Delta R_3=\Delta R_4$ 时，其桥路输出电压 $U_{out}=kU_1\varepsilon$，输出灵敏度比半桥又提高了一倍，非线性误差和温度误差均得到改善。

测量电路是电子秤设计电路的重要环节，在制作的过程中应尽量选择好元件，调整好测量范围的精确度，以减小测量数据的误差。桥式测量基本电路如图 5-26 所示。

桥式测量电路的输出电压为

$$U_\circ = \frac{R_2 R_4}{R_2 + R_4} \times \left(\frac{\Delta R_1}{R_1} + \frac{\Delta R_2}{R_2} + \frac{\Delta R_3}{R_3} + \frac{\Delta R_4}{R_4} \right) \times U_\mathrm{i} = k\varepsilon U_\mathrm{I}$$

电子秤的传感器在不加负荷时，桥路的电阻应平衡，也就是电桥初始平衡状态输出应为零，但实际上桥路各臂阻值不可能绝对相同，接触电阻及导线电阻也有差异，致使输出不为零。因此，为了使初始状态达到平衡，即输出为零，可增加一个调零电桥，如图 5-27 所示。

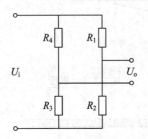
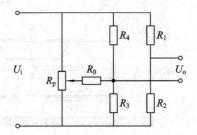

图 5-26　桥式测量基本电路　　　　　图 5-27　可调零桥式测量电路

电子秤传感器的测量条件如表 5-3 所示。

表 5-3　电子秤传感器测量条件

参　　数	大　　小	参　　数	大　　小
激励电压	9~12 V	灵敏度	2±0.1 mV/V
输入阻抗	405±10 Ω	输出阻抗	350±3 Ω
极限过载范围	150%	安全过载范围	120%
使用温度范围	−20℃~+60℃		

（二）放大电路模块

1. 放大电路方案的选择

压力传感器输出的电压信号为毫伏级（0~2 mV），所以对运算放大器要求很高，实现的具体方案如下：

方案一：由普通低温漂运算放大器构成多级放大器。

由普通低温漂运算放大器构成多级放大器时会引入大量噪声。由于 A/D 转换器需要很高的精度，几毫伏的干扰信号就会直接影响最后的测量精度，因此该方案不宜采用。

方案二：由高精度低漂移运算放大器构成差动放大器。

差动放大器具有高输入阻抗、高增益的特点，可以利用普通运放（如 OP07）做一个差动放大器，如图 5-28 所示。

图 5-28 中，电阻 R_1、R_2 和电容 C_1、C_2、C_3、C_4 用于滤除前级的噪声。C_1、C_2 为普通小电容，可以滤除高频干扰；C_3、C_4 为阻值较大的电解电容，主要用于滤除低频噪声。

优点：输入级加入射极输出器，增大了输入阻抗；中间级为差动放大电路，滑动变阻器 R_6 可以调节输出零点；最后一级可以用于微调放大倍数，使输出满足满量程要求；输出级为反相放大器，所以输出电阻不是很大，比较符合应用要求。

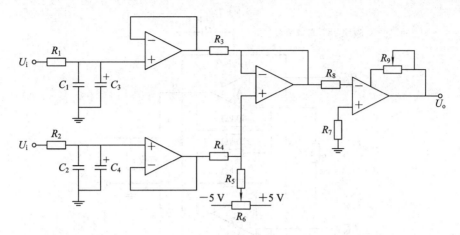

图 5 - 28　差动放大器

缺点：此电路要求 R_3、R_4 相等，否则将会产生误差，从而影响输出精度，难度较大。实际测量时，每一级运放都会引入较大噪声，对精度影响较大。

方案三：采用专用仪表放大器（如 INA126、INA121 等）。

此类芯片内部采用差动输入，共模抑制比高，差模输入阻抗大，增益高，精度也非常好，且外部接口非常简单。以 INA126 为例，其引脚如图 5 - 29 所示。

基于以上分析，方案采用制作方便而且精度很好的专用仪表放大器 INA126。

2. INA126 放大器基本介绍

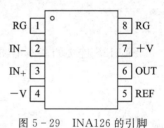

图 5 - 29　INA126 的引脚

INA126 是低功耗、高精度的通用仪表放大器，体积小巧，应用范围广泛。反馈电流（Current-Feedback）输入电路即使在高增益条件下（$G = 100$ 时 200 kHz）也可提供较宽的带宽。单个外部电阻可实现从 1 至 10 000 的任一增益。

INA126 可用激光进行修正微调，具有非常低的偏置电压（50 mV）、温度漂移 $0.5\ \mu V/℃$ 和高共模抑制比。在 $G = 100$ 时，其电源电压低至 ± 2.25 V，且静态电流只有 $700\ \mu A$，是电池供电系统的理想选择，且内部输入保护能经受 ± 40 V 电压而无损坏。INA126 的封装为 8 引脚塑料 DIP 和 SO - 8 表面衬底封装，规定温度范围为 $-40 \sim +85℃$，其工作特性如表 5 - 4 所示。

表 5 - 4　INA126 的工作特性

参　数	大　小	参　数	大　小
低偏置电压	最大 50 μV	低温度漂移	最大 0.5 $\mu V/℃$
低输入偏置电流	最大 5 nA	高共模抑制比 CMR	最小 120 dB
低静态电流	700 μA	宽电源电压范围	$\pm 2.25 \sim \pm 18$ V

3. 放大电路的设计

INA126 的内部结构如图 5 - 30 所示，直接在 1、8 两个引脚间接一电阻便可构成基本放大电路。

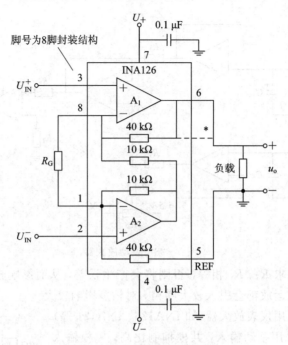

图 5 - 30 INA126 的内部结构

INA126 连接的基本电路如图 5 - 31 所示。

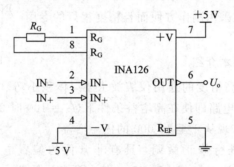

图 5 - 31 INA126 的连接电路

放大器增益 $G=5+80 \text{ k}\Omega/R_G$，通过改变 R_G 的大小来改变放大器的增益。为了改善 INA126 的滤波情况，可在基本放大电路前端接一滤波电路，如图 5 - 32 所示。

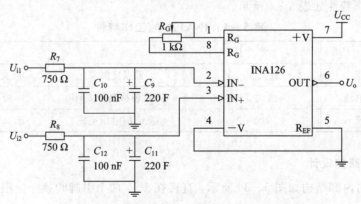

图 5 - 32 由 INA126 构成的放大电路及滤波电路

由 INA126 构成的放大电路及滤波电路可通过调节 R_G 的阻值来改变放大倍数。微弱信号 U_{i1} 和 U_{i2} 分别放大后从 INA126 的第 6 脚输出。A/D 转换器 ICL7107 的输入电压变化范围是 $-200 \sim +200$ mV，传感器的输出电压范围为 $0 \sim 2$ mV，因此放大器的放大倍数为 $100 \sim 200$，可将 R_G 接成 1 kΩ 的滑动变阻器。

（三）A/D 转换模块

1. A/D 转换芯片的选择

A/D 转换器的主要技术指标如下：

(1) 分辨率(Resolution)：指数字量变化一个最小量时模拟信号的变化量，定义为满刻度与 2^n 的比值。分辨率又称精度，通常以数字信号的位数来表示。

(2) 转换速率(Conversion Rate)：指完成一次从模拟量到数字量所需时间的倒数。

(3) 量化误差(Quantizing Error)：由 A/D 的有限分辨率而引起的误差，即有限分辨率 A/D 的阶梯状转移特性曲线与无限分辨率 A/D(理想 A/D)的转移特性曲线(直线)之间的最大偏差，通常是 1 个或半个最小数字量的模拟变化量，表示为 1LSB、(1/2)LSB。

(4) 偏移误差(Offset Error)：输入信号为零时输出信号不为零的值，可外接电位器将偏移误差调至最小。

(5) 满刻度误差(Full Scale Error)：满刻度输出时，对应的输入信号与理想输入信号值之差。

(6) 线性度(Linearity)：实际转换器的转移函数与理想直线的最大偏移。由上面对传感器量程和精度的分析可知，A/D 转换器的误差应在 0.03% 以下。

(7) 12 位 A/D 精度：10 kg/4096＝2.44 g；14 位 A/D 精度：10 kg/16 384＝0.61 g。

考虑到系统容易受到外部干扰，12 位 A/D 无法满足系统精度要求，所以通常需要选择 14 位或者精度更高的 A/D。

方案一：采用逐次逼近型 A/D 转换器，如 ADS7805、ADS7804 等。

逐次逼近型 A/D 转换器一般具有采样/保持功能，且采样频率高，功耗比较低，是理想的高速、高精度、省电型 A/D 转换器。高精度逐次逼近型 A/D 转换器一般都带有内部基准源和内部时钟，基于单片机构成的系统在设计时仅需要外接几个电阻、电容。

考虑到所转换的信号为一慢变信号，逐次逼近型 A/D 转换器的快速优点不能很好地发挥，且根据系统的要求，14 位 A/D 足以满足精度要求，太高的精度反而浪费了系统资源，所以此方案并不是理想的选择。

方案二：采用双积分型 A/D 转换器，如 ICL7135、ICL7107 等。

双积分型 A/D 转换器精度高，但速度较慢(如 ICL7135、ICL7107)，具有精确的差分输入，输入阻抗高(大于 10^3 MΩ)，可自动调零，全部输出信号与 TTL 电平兼容。

双积分型 A/D 转换器具有很强的抗干扰能力，对正负对称的工频干扰信号积分为零，所以对 50 Hz 的工频干扰抑制能力较强，对噪声电压有良好的滤波作用。只要干扰电压的平均值为零，对输出就不产生影响。

电子秤在使用时，受力多为缓慢变化的压力信号，很容易受到工频信号的影响，故采用双积分型 A/D 转换器可大大降低对滤波电路的要求。

作为电子秤，系统对 A/D 的转换速度要求并不高，精度上 14 位的 A/D 足以满足要求。另外，双积分型 A/D 转换器由于具有较强的抗干扰能力、精确的差分输入和低廉的价格等优点，因此它是 A/D 转换模块不错的选择。由于整体方案采用的是方案一，即 A/D 转换器直接驱动数码显示，再考虑到其优点和缺点，最终选择双积分型 A/D 转换器 ICL7107。

2. A/D 转换器 ICL7107 简介

双积分型 A/D 转换器 ICL7107 是一种间接 A/D 转换器。它通过对输入模拟电压和参考电压分别进行两次积分，将输入电压平均值转换成与之成正比的时间间隔，然后利用脉冲时间间隔得出相应的数字性输出。它包括积分器、比较器、计数器、控制逻辑和时钟信号源。

积分器是 A/D 转换器的心脏。在一个测量周期内，积分器先后对输入信号电压和基准电压进行两次积分。

比较器将积分器的输出信号与零电平进行比较，将比较的结果作为数字电路的控制信号。

计数器用于对反向积分过程的时钟脉冲进行计数。

控制逻辑包括分频器、译码器、相位驱动器、控制器和锁存器。分频器用来对时钟脉冲逐渐分频，得到所需的计数脉冲和共阳极 LED 数码管公共电极所需的方波信号。译码器为 BCD - 7 段译码器，用于将计数器的 BCD 码译成 LED 数码管七段笔画组成数字的相应编码。驱动器用于将译码器输出的对应于共阳极数码管七段笔画的逻辑电平变成驱动相应笔画的方波。控制器的作用有三个：第一，识别积分器的工作状态，适时发出控制信号，使各模拟开关接通或断开，A/D 转换器能循环进行；第二，识别输入电压极性，控制 LED 数码管的负号显示；第三，当输入电压超量限时发出溢出信号，使千位显示"1"，其余码全部熄灭。锁存器用来存放 A/D 转换的结果，其输出经译码器译码后驱动 LED，每个测量周期分为自动调零（AZ）、信号积分（INT）和反向积分（DE）三个阶段。

时钟信号源的标准周期 T_c 可作为测量时间间隔的标准时间，由内部的两个反向器以及外部的 RC 组成。

ICL7107 是高性能、低功耗的三位半 A/D 转换电路，可以直接驱动 LED 数码管，是应用非常广泛的集成电路。ICL7107 将高精度、通用性和真正的低成本很好地结合在了一起，其自动校零功能低于 $10~\mu V$，零漂小于 $1~\mu V/℃$，输入电流低于 $10~pA$，极性转换误差小于一个字。

双积分型 A/D 转换器 ICL7107 的基本特点为：

（1）ICL7107 是三位半双积分型 A/D 转换器，属于 CMOS 大规模集成电路，其最大显示值为 ±1999，最小分辨率为 $100~\mu V$，转换精度为 0.05 ± 1 个字。

（2）能直接驱动共阳极 LED 数码管，不需要另加驱动器件，整机线路简化；采用 ±5 V 两组电源供电，并将第 21 脚的 GND 接第 30 脚的 IN。

（3）芯片内部在 V_+ 与 COM 之间有一个稳定性很高的 2.8 V 基准电源，通过电阻分压器可获得所需的基准电压 U_{REF}。

（4）能通过内部的模拟开关实现自动调零和自动极性显示功能。

（5）输入阻抗高，对输入信号无衰减作用。

（6）整机组装方便，无需外加有源器件，配上电阻、电容和 LED 共阳极数码管，就能构成一只直流数字电压表头。

（7）噪音低，温漂小，可靠性好，寿命长，芯片本身功耗小于 15 mW(不包括 LED)。

（8）设有一专门的小数点驱动信号，使用时可将 LED 共阳极数码管的公共阳极接 V_+。

（9）可以方便地进行功能检查。

ICL7107 芯片各引脚如图 5-33 所示。

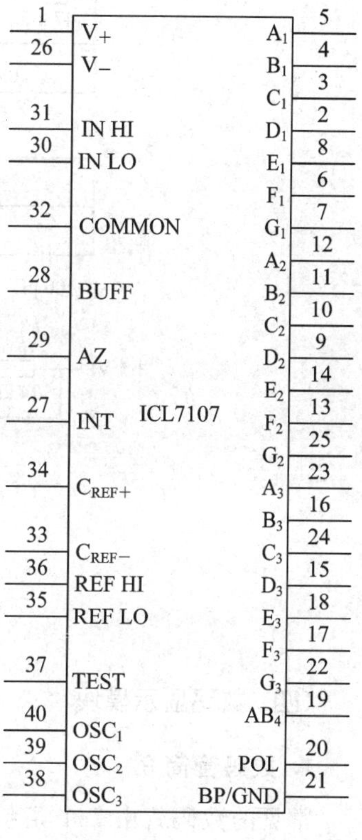

ICL7107 的各引脚功能如下：

V_+ 和 V_-：电源的正极和负极。

$A_1 \sim G_1$、$A_2 \sim G_2$、$A_3 \sim G_3$：分别为个位、十位、百位笔画的驱动信号，依次接个位、十位、百位 LED 显示器的相应笔画电极。

AB_4：千位笔画驱动信号，接千位 LED 显示器的相应笔画电极。

BP/GND：电源地。

$OSC_1 \sim OSC_3$：时钟振荡器的引出端，外接阻容或石英晶体组成的振荡器。第 38 脚至第 40 脚电容量的选择根据下列公式来决定：采样频率 $f_{osl} = 0.45/(RC)$。

COMMON：模拟信号公共端，简称"模拟地"，使用时一般与输入信号的负端以及基准电压的负极相连。

TEST：测试端，该端经过 500 Ω 电阻接至逻辑电路的公共地，故也称"逻辑地"或"数字地"。

REF HI、REF LO：基准电压正、负端。

C_{REF+} 和 C_{REF-}：外接基准电容端。

INT：积分电容器，必须选择温度系数小、不致使积分器的输入电压产生漂移现象的元件。

图 5-33 ICL7107 的引脚

IN HI 和 IN LO：模拟量输入端，分别接输入信号的正端和负端。

AZ：积分器和比较器的反向输入端，接自动调零电容 C_{Az}。其值在 200 mV 满刻度时，选用 0.47 μF；在 2 V 满刻度时，选用 0.047 μF。

BUFF：缓冲放大器输出端，接积分电阻 R_{int}，其输出级的无功电流(Idling Current)是 100 μF，而缓冲器与积分器能够供给 20 μA 的驱动电流。从此脚接一个 R_{int} 的积分电容器，其值在满刻度 200 mV 时，选用 47 $k\Omega$；而在 2 V 满刻度时，使用 470 $k\Omega$。

POL：输出的正负压信号，接千位 g 段位。

3. ICL7107 A/D 转换电路

TEST 为数字地，与 U_{cc} 相接可进行测试。因此，可在第 37 引脚外接一开关与 U_{cc} 相连。A/D 转换电路如图 5-34 所示。

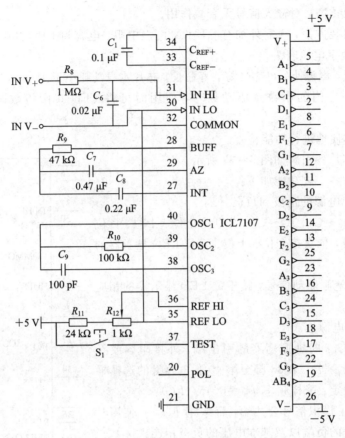

图 5-34   A/D 转换电路

（四）数码显示模块

1. 数码管简介

常见的数码管由 7 个条状和一个点状发光二极管管芯制成，称为七段数码管，如图 5-35(a)所示。

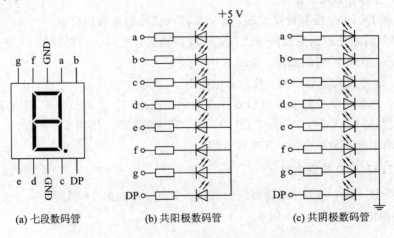

(a) 七段数码管   (b) 共阳极数码管   (c) 共阴极数码管

图 5-35   数码管结构图

七段 LED 数码管是利用 7 个 LED(发光二极管)外加一个小数点的 LED 组合而成的显示设备,可以显示 0～9 等 10 个数字和小数点。这类数码管分为共阳极与共阴极两种。共阳极就是把所有 LED 的阳极连接到共同接点 com,阴极分别为 a、b、c、d、e、f、g 及 DP(小数点),如图 5-35(b)所示;共阴极接法与之相反,如图 5-35(c)所示。图 5-35(a)中的 8 个 LED 分别与 a～DP 各段相对应,通过控制各个 LED 的亮灭来显示数字。

LED 数码管中各段发光二极管的伏安特性和普通二极管类似,差别在于正向压降较大,正向电阻也较大,在一定范围内,其正向电流与发光亮度成正比。由于常规的数码管起辉电流只有 1～2 mA,最大极限电流也只有 10～30 mA,因此,其输入端在与 5 V 电源或高于 TTL 高电平(3.5 V)的电路信号相接时,一定要串加限流电阻,以免损坏器件。

对于单个数码管来说,从其正面看进去,左下角引脚为 1,以逆时针方向依次为 1～10 脚,左上角引脚便是 10。10 个引脚分别与图 5-35(a)中的字母一一对应。

2. 数码管显示电路

由于所选用的芯片 ICL7107 具有译码功能,且其内部有驱动 LED 阳极数码管的电路,因此可选择 4 个共阳极数码管。数码管共阳极端接 U_{CC},其余引脚直接与 ICL7107 对应的脚相连。数码管显示电路如图 5-36 所示。

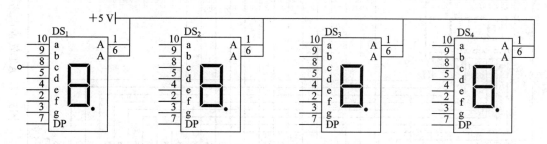

图 5-36 LED 数码管显示电路

3. A/D 转换电路与显示电路

由于 ICL7107 的量程范围为 -200～200,即最大值为 200,所以 4 个数码管依次对应百、十、个、小数位。其中个位的小数点应该显示,因此直接将个位的 DP 脚与地相连,其余三个数码管的 DP 脚直接悬空。A/D 转换电路与显示电路如图 5-37 所示。

四、总原理图及元器件清单

(一)总原理图

结合上述四个模块,用 Altium Designer 软件绘出总原理图,如图 5-38 所示。

(二)元器件清单

元器件清单如表 5-5 所示。

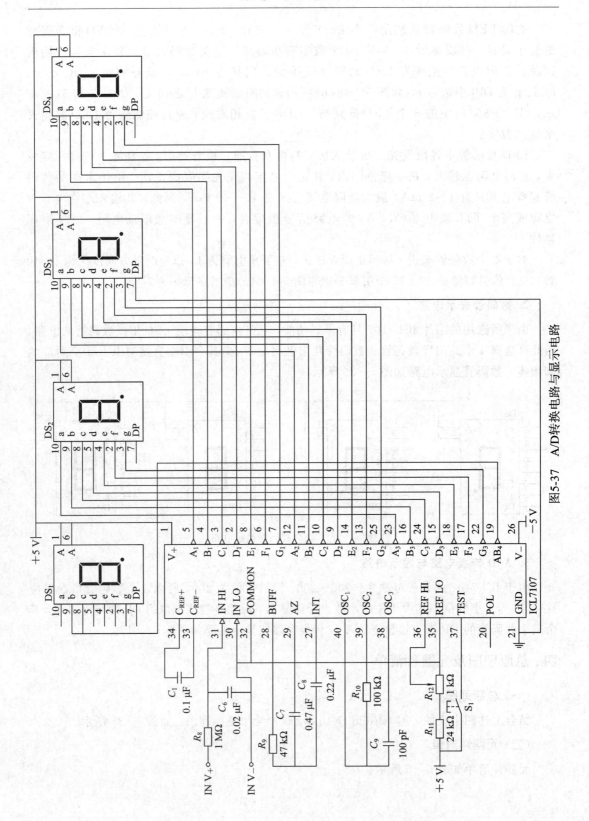

图5-37　A/D转换电路与显示电路

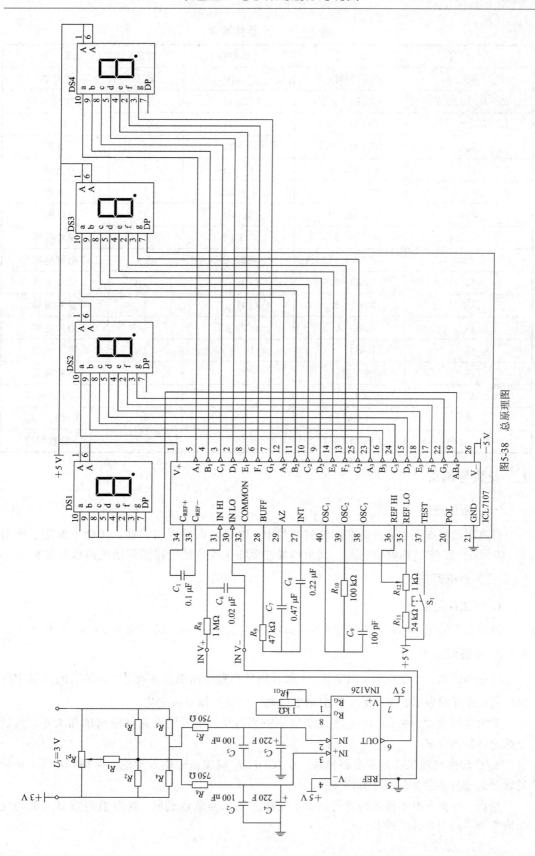

图5-38 总原理图

表 5-5　元器件清单

元件序号	型　号	主要参数	数量	备　注
R_{p1}、R_{G1}、R_{12}	P0T4MM-2	1 kΩ	各 1	电位器
R_2、R_3、R_4、R_5	CF120-1CB	120 Ω	各 1	电阻应变片
R_6、R_7	AXIAL-0.3	750 Ω	各 1	电阻
R_8	AXIAL-0.3	1 MΩ	1	电阻
R_9	AXIAL-0.3	47 kΩ	1	电阻
R_{10}	AXIAL-0.3	100 kΩ	1	电阻
R_{11}	AXIAL-0.3	24 kΩ	1	电阻
C_1、C_2、C_3	RAD-0.3	0.1 μF	各 1	瓷片电容
C_4、C_5	RB7.6-15	220 F	各 1	电解电容
C_6	RAD-0.3	0.02 μF	1	瓷片电容
C_7	RAD-0.3	0.47 μF	1	瓷片电容
C_8	RAD-0.3	0.22 μF	1	瓷片电容
C_9	RAD-0.3	100 pF	1	瓷片电容
S_1	SPST-2		1	按钮开关
V_1	ICL7107		1	A/D 转换器
V_2	INA126		1	仪表放大器
DS_1、DS_2、DS_3、DS_4	LEDDIP-10		各 1	LED 数码管

五、安装与调试

（一）系统安装

将电阻丝排成网状，并贴在绝缘的基片上，电阻丝两端引出导线，线栅上面粘上覆盖层，按图 5-25 安装称重传感器。其余模块按照相应模块的电路图焊接电路板并安装。

（二）系统调试

1. 调试仪器准备

可调直流电源一台，可调范围为 0～200 mV；万用表一只，精度为 0.1 mV；砝码若干。

2. 系统调试

传感器模块：托盘空载，调节 R_{p_1}，用万用表测量输出电压直至为 0；然后向托盘中添加砝码，看万用表是否有示数；逐渐增加砝码，观察示数是否变化。

放大电路模块：在 INA126 输入端加一适当电压，用万用表测量输出电压大小，然后与理论计算值比较。

A/D 转换与数码管显示电路模块：在 ICL7107 模拟信号输入端输入一适当电压，然后观察数码管显示的数字，计算误差。

最后，对整个电子秤系统进行调试，在秤上加标准重量砝码，观察数码管显示值与实际值是否一致，并计算误差。

习　　题

5-1　8位 DAC 的分辨率是多少？

5-2　A/D 转换器中转换速度最快的是哪种？

5-3　时钟周期为 T_c 的 8 位逐次比较式 A/D 转换器的最小转换速度是多少？

5-4　两种 R-$2R$ 电阻 DAC 转换网络在结构上有何不同？

5-5　已知 R-$2R$ 网络型 D/A 转换器 $U_{REF}=+5$ V，试分别求出 4 位 D/A 转换器和 8 位 D/A 转换器的最大输出电压，并说明这种 D/A 转换器最大输出电压与位数的关系。

5-6　一个 6 位并行比较型 A/D 变换器，为量化 $0\sim5$ V 电压，量化值 Δ 应为多少？共需多少比较器？工作时是否要采样保持电路？为什么？

5-7　$n=10$ 位权电阻型 D/A 转换器如图 5-39 所示。① 试推导输出电压 u_o 与输入数字量的关系式；② $U_{REF}=-10$ V 时，如输入数码为 20H，试求输出电压值。

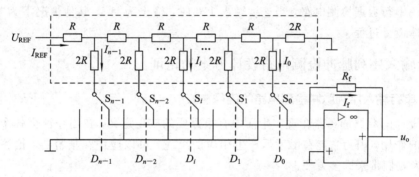

图 5-39　题 5-7 图

5-8　A/D 转换器中取量化单位为 Δ，把 $0\sim10$ V 的模拟电压信号转换为 3 位二进制代码。若最大量化误差为 Δ，要求列表（表格格式如表 5-6 所示）表示模拟电平与二进制代码的关系，并指出 Δ 的值。

表 5-6　题 5-8 表

模拟电平	二进制代码
	000
	001
	010
	011
	100
	101
	110
	111

项目六　综合设计与制作

任务一　通信数据检测电路

本章的主要内容是分析时序逻辑电路设计中的状态化简问题，指出状态化简不会改变电路的逻辑功能，并讨论串行数据检测器的电路设计。时序逻辑也叫时态逻辑(Temporal Logic)，是计算机科学里一个很专业、很重要的领域。时序逻辑被用来描述为表现和推理关于时间限定的命题的规则和符号化的任何系统，主要用于形式验证。

设计一串行数据检测电路，当连续输入 110 时，输出为"1"，其他情况下为"0"。下面介绍其具体设计过程。

一、串行输入序列脉冲检测电路设计方案的论证

（一）串行输入序列脉冲检测电路的应用意义

本次设计的数据选择器在现实生活中有很重要的应用意义，在当今社会各个领域都发挥着重要的作用，因为它能在触发后产生相应的反应，可以应用在报警器、抢答器等电子产品中，为人们带来许多方便。

（二）串行输入序列脉冲检测电路的设计要求

串行输入序列脉冲检测电路的设计要求如下：

（1）分析设计要求，明确性能指标。必须仔细分析课题要求、性能、指标及应用环境等，广开思路，构思出各种总体方案，绘制结构框图。

（2）确定合理的总体方案。对各种方案进行比较，对电路的先进性、结构的繁简、成本的高低及制作的难易等方面作综合比较，并考虑器件的来源，确定可行方案。

（3）设计各单元电路。将总体方案化整为零，分解成若干子系统或单元电路，逐个设计。

（4）组成系统。在一定幅面的图纸上合理布局，通常是按信号的流向，采用左进右出的规律摆放各电路，并标出必要的说明。

（三）设计方案论证

设计这一串行数据检测电路时，首先要有连续的序列脉冲信号输入，其次进行以触发器为基础的同步时序电路设计或是以中大规模集成电路为基础的时序电路的设计，最后还应检测一下电路能否自启动。

若以 X 为输入信号，Y 为输出信号，以触发器为基础进行同步时序电路设计时，还要在原始状态图上补充 X 不是 110 码的各种输入的对应状态及其转换关系，建立完整的原始状态图，然后进行状态化简，并求触发器的级数、类型以及驱动方程，最后画出逻辑电路；

以中大规模集成电路为基础进行时序电路设计时，则需要将 X 序列的串行码按连续 3 位为 1 组转换成并行码，这样就可以用组合电路检测并行码是否正好是 110。用移位寄存器可实现上述转换。

（四）总体设计方案框图及分析

总体设计方案如图 6-1 所示。

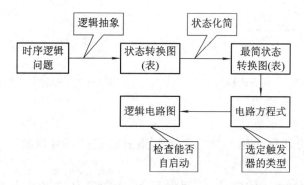

图 6-1　同步时序逻辑电路的设计过程

二、各串行输入序列脉冲检测电路单元电路的设计

（一）原始状态转换图、状态转换表

首先进行逻辑抽象，画出状态转换图，步骤如下：

（1）分析给定的逻辑问题，确定输入变量、输出变量以及电路的状态数。通常都取原因（或条件）作为输入逻辑变量，取结果作输出逻辑变量。

（2）定义输入/输出的逻辑状态和每个电路的状态含义，并将电路状态顺序编号。

（3）按照题意列出电路的状态转换表或画出电路的状态转换图。

取输入数据为输入变量，用 X 表示；取检测结果为输出变量，用 Y 表示。设电路在没有输入 1 以前的状态为 S_0，输入一个 1 以后的状态为 S_1，连续输入两个 1 以后的状态为 S_2，输入 110 后的状态为 S_3。若以 S^n 表示电路的现态，以 S^{n+1} 表示电路的次态，可得状态转换表如表 6-1 所示。

表 6-1　状态转换表

X ＼ S^n ＼ S^{n+1}/Y	S_0	S_1	S_2	S_3
0	$S_0/0$	$S_0/0$	$S_3/1$	$S_0/0$
1	$S_1/0$	$S_2/0$	$S_2/0$	$S_1/0$

（二）状态化简

若两个电路状态在相同输入下有相同的输出，并且转换到同样一个次状态，则称这两个状态为等价状态。显然等价状态是重复的，可以合并为一个。电路的状态数越少，设计出来的电路就越简单。由状态表 6-1 绘制状态转换图，如图 6-2 所示。

状态化简的目的在于将等价状态合并，以求得最简单的状态转换图。化简后的状态转换图如图 6-3 所示。

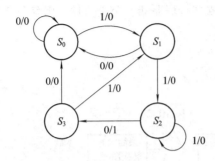
图 6-2 状态转换图

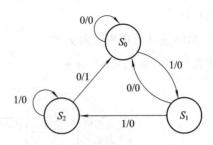
图 6-3 化简后的状态转换图

（三）状态分配

状态分配又称为状态编码。时序逻辑电路的状态是用触发器状态的不同组合来表示的。

首先，需要确定触发器的数目 n。因为 n 个触发器共有 2^n 种状态组合，所以为获得时序电路所需的 M 个状态，必须取 $2^{n-1} < M \leqslant 2^n$。

其次，要给每个电路状态规定对应的触发器状态组合。每组触发器的状态组合都是一组二值代码，因而又将这项工作称为状态编码。在 $M < 2^n$ 的情况下，各状态的排列顺序又有许多种。如果编码方案选择得当，则设计结果可以很简单；如果编码方案选得不好，则设计出来的电路就会复杂得多，这里面有一定的技巧。

此外，为便于记忆和识别，一般选用的状态编码及其排序都有一定的规律。状态分配后的状态转换图如图 6-4 所示。

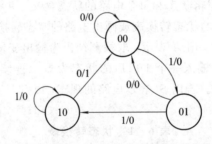
图 6-4 状态分配后的状态转换图

（四）选定触发器类型和输出函数表达式

因为不同逻辑功能的触发器驱动方式不同，所以用不同类型触发器设计出来的电路也不一样。为此，在设计具体的电路前必须选定触发器的类型。选择触发器类型时应考虑到器件的供应情况，并应尽量减少系统中使用的触发器种类。根据状态转换图和选定的状态编码及触发器类型，就可以写出电路的状态方程、驱动方程和输出方程。

电路输出的卡诺图如图 6-5 所示。

将如图 6-5 所示的卡诺图分解为分别表示 Q_1^{n+1}、Q_0^{n+1} 和 Y 的 3 个卡诺图，具体见图 6-6。

X ＼ $Q_1^n Q_0^n$	00	01	11	10
0	00/0	00/0	××/×	00/1
1	10/0	10/0	××/×	10/0

图 6-5 电路输出的卡诺图

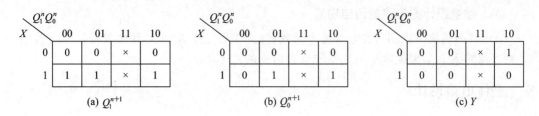

图 6 - 6　卡诺图的分解

电路的状态方程为

$$\begin{cases} Q_1^{n+1} = X \\ Q_0^{n+1} = XQ_0 + XQ_1 \\ Y = \overline{X}Q_1 \end{cases}$$

因为本电路所需触发器个数较少，所以采用 D 触发器。此 D 触发器的驱动方程为

$$\begin{cases} D_1 = X \\ D_0 = XQ_0 + XQ_1 \end{cases}$$

输出方程为

$$Y = \overline{X}Q_1$$

（五）根据得到的方程画出逻辑图

以中大规模集成电路为基础进行时序电路设计时，用移位寄存器可将 X 序列的串行码按连续 3 位为 1 组转换为并行码，这样就可以用组合电路检测并行码是否正好是 110。110 序列检测电路如图 6 - 7 所示。

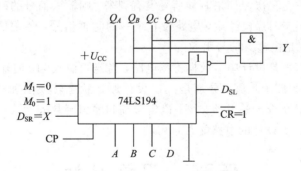

图 6 - 7　110 序列检测电路

以 D 触发器为基础进行时序电路设计时，其数据检测电路如图 6 - 8 所示。

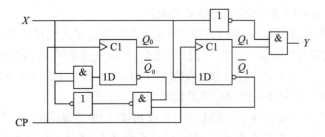

图 6 - 8　用 D 触发器组成的数据检测器电路

（六）检查设计的电路能否自启动

上述状态转换图表明，当电路进入无效状态 11 后，若 $X=1$，则次态转入 10；若 $X=0$，则次态转入 00，因此这个电路是能够自启动的。

三、整体电路设计

整体电路设计如图 6-9 所示。

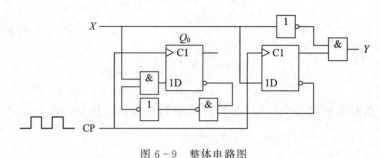

图 6-9　整体电路图

四、电路设计总结

串行输入序列脉冲检测电路是关于时序逻辑电路的设计。时序逻辑电路简称时序电路，分为同步时序电路和异步时序电路两类。在同步时序电路中，有一个公共的时钟信号，电路中各记忆元件受它统一控制。只有在该时钟信号到来时，记忆元件的状态才能发生变化，从而使时序电路的输出发生变化。而且每来一个时钟信号，记忆元件的状态和电路输出状态才可能改变一次。如果时钟信号没有到来，则输入信号的改变不会引起电路输出状态的变化。在异步时序电路中，电路没有统一的时钟信号，各记忆元件也不受同一时钟控制，电路的改变是由输入信号引起的。

本电路设计的思想是设计串行数据检测电路，当连续输入 110 时输出为"1"，其他情况下为"0"。设计共分为四个步骤，分别是：① 设计原始状态转换图和状态转换表，进行状态化简和状态分配；② 选定触发器类型、确定激励和输出函数表达式；③ 根据得到的方程式画出逻辑图；④ 检查设计的电路能否自启动。

任务二　门 铃 设 计

门铃的作用顾名思义就是提醒房屋主人开门。当前，门铃已经广泛应用，各式各样的门铃比比皆是，门铃的作用也不仅仅局限于敲门。

随着人们生活质量的提高，原始的门铃远远不能满足现代生活的需要，人们需要更人性化、个性化、趣味化、智能化的居家门禁系统，可以使人们在外出时不会错过一些来访客人的重要信息。正是基于这种思想，在总结单纯的"叮咚"门铃和语音门铃的基础上，将两者结合起来，设计了一种人性化、智能化的门铃。

随着电子技术的飞速发展，20 世纪 80 年代出现了电子集成电路，这是一种封装在小型印刷电路板上的大规模集成电路。当输入一个触发信号时，它就会按内部存储好的程序，发出一曲优美动听的音乐。近年来，又出现了内存语言程序或声响程序的集成电路，触发后会发出"谢谢光临""请注意倒车""抓小偷"等语言声或模拟动物叫声、叮咚声、警笛声等声响。这种集成电路已被广泛应用于电子玩具、门铃、钟表或报警装置上。

本任务设计的电子门铃不仅具有普通电子门铃的功能，而且还具有一些扩展功能。它的工作状态能够由用户自行设定，并能够用不同的音乐声来区分不同类型的访问者，并给来访者提供必要的语音和文字回应信息。此外，用户还可以对来访信息进行多方面的查询。

一、常见的几种实用门铃

（一）叮咚门铃

图 6-10 是一种能发出"叮咚"声门铃的电路原理图，是由一块时基电路集成块和外围元件组成的。它音质优美逼真，装调简单容易，成本较低，一节 6 V 叠层电池可用三个月以上，耗电量较低。

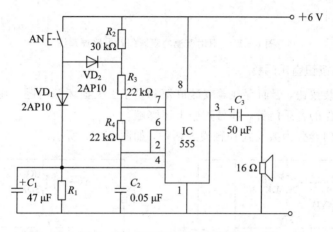

图 6-10 "叮咚"门铃电路原理图

图 6-10 中的 IC 是时基电路集成块 555，构成无稳态多谐振荡器。按下按钮 AN（装在门上）后，振荡器振荡，振荡频率约 700 Hz，扬声器发出"叮"的声音；与此同时，电源通过二极管 VD_1 给 C_1 充电；放开按钮时，C_1 便通过电阻 R_1 放电，维持振荡；但由于 AN 的断开，电阻 R_2 被串入电路，使振荡频率有所改变，大约为 500 Hz 左右，扬声器发出"咚"的声音，直到 C_1 上电压放到不能维持 555 振荡为止。"咚"声的余音长短可通过改变 C_1 的数值来改变。

（二）不用电池的双音门铃

随着电话机的普及率越来越高，拥有住宅电话的家庭也越来越多。现介绍一款不用电池的双音门铃电路，电路原理如图 6-11 所示。不难看出，图 6-11 中电路是常规的电话机振铃电路的变型。a、b 分别是电话机入户线的正、负两端。AN 为常开型门铃按钮，在电话机候机时，按下 AN，程控交换机提供 48 V（或 60 V）电压，直流馈电经 VD_1、R_1 对电容 C_1 充电；当 C_1 端电压 U_C 达到 IC_1 的起振电压时，IC_1 起振送出双音电子铃流使蜂鸣器 B 发声，告知主人有客来访。当电话机正在使用时，a、b 之间的电压较低，达不到 IC_1 的起振电压，此时，即使按下 AN，门铃按钮也不工作，这是因为由于 R_1 取值较大，远大于电话机的阻抗，故 AN 按下时对电话机的正常通话无影响，对程控交换机也无不良影响。仅在使用门铃期间，打入的电话遇忙。

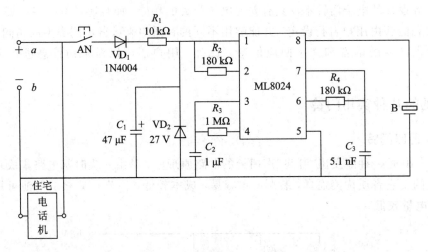

图 6-11 不用电池的双音门铃电路原理图

（三）两种无按钮音乐门铃

门铃均需安装按钮，因而存在着安装麻烦和易于丢失损坏等问题。用复合开关管代替机械触发开关制作的音乐门铃，即可克服上述弊端。

无按钮音乐门铃分为振动式和触摸式两种，如图 6-12 所示。

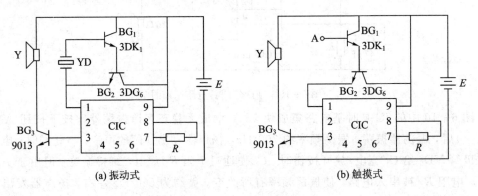

(a) 振动式   (b) 触摸式

图 6-12 两种无按钮音乐门铃

图 6-12(a) 为振动式。当有人敲门时，安装在门内侧的压电陶瓷片 YD 受到振动而产生相应的音频电压，使复合管开关 BG_1 和 BG_2 导通，音乐电路 CIC 受到触发即演奏一段乐曲。压电陶瓷片宜采用直径较大的，用 502 胶水将其黏合在门内偏上的中心位置即可。

图 6-12(b) 为触摸式。当用手指触摸电路 A 点时，人体感应电压使复合管 BG_1 和 BG_2 导通，音乐电路 CIC 受到触发即演奏一段乐曲。触摸电极 A 可用一个大小适中的金属片固定在门框上即可。

（四）触摸式门铃

触摸式门铃用触摸的方式代替机械开关，简单可靠，实用有趣，电路原理如图 6-13 所示。其工作原理为：555 时基集成电路工作在单稳状态，平时 3 脚和 7 脚均为低电平。

当用手触摸金属感应片 M 时，人体的感应信号通过 $0.1~\mu F$ 的电容加至 555 时基集成电路的 2 脚，使电路翻转进入暂稳态；此时 3 脚输出的高电平直接加到门铃芯片的触发端，芯片被触发并通过三极管推动扬声器发声；同时 7 脚也变为高电平，电源通过 $100~k\Omega$ 的电阻对 $4.7~\mu F$ 的电容充电；当电容上的电压充至 2/3 电源电压时，电路又翻转，暂稳态结束，3 脚又变为低电平。待再触摸一次 M 时，上述工作过程周而复始。因此每触摸一次 M，门铃就被触发一次。3 脚上的 $0.01~\mu F$ 的电容为抗干扰电容，可防止门铃被误触发。

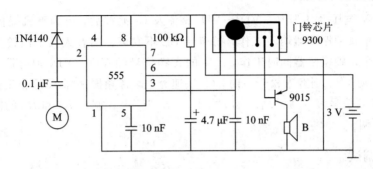

图 6-13　触摸式门铃电路原理图

本电路的门铃芯片选用"叮咚"（HL9300）芯片，被触发后，尽管 3 脚变为低电平，它仍可连续发出三次"叮咚"声。如选用的是需要触发端一直为高电平才可发声的芯片（如音乐芯片），应适当调整 7 脚上的阻容时间常数来调整暂稳态的时间，使 3 脚的高电平足以使芯片发出一曲完整的音乐后才变成低电平。另外还应通电测量一下门铃芯片推动三极管的基极电位，如静态（不发声）时为低电平，则改用 NPN 型三极管作推动管，目的是防止静态动耗，延长电池使用寿命。触摸片的引线太长时最好使用屏蔽线并将屏蔽层接地。本电路制作简单，只要安装无误即可正常工作。此外，本电路还可扩展为触摸开关、触摸报警器等实用电路。

二、电路的设计与工作原理

（一）电路的组成

该电子门铃电路由电源电路、触发控制电路、音频振荡器输出电路组成，如图 6-14 所示。

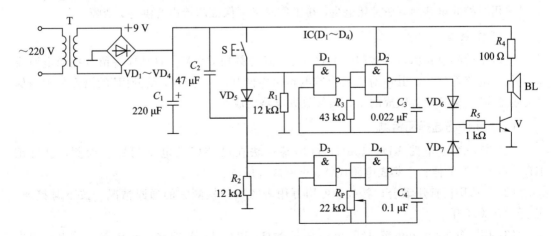

图 6-14　电子门铃电路原理图

其中：电源电路由电源变压器 T、整流二极管 $VD_1 \sim VD_4$ 及滤波电容器 C_1 组成；触发控制电路由门铃按钮 S、二极管 VD_5、电容器 C_2 及电阻器 R_1、R_2 组成；音频振荡器 A 由四与非门集成电路 $IC(D_1 \sim D_4)$ 内部的 D_1、D_2 及电阻器 R_3、电容器 C_3 组成。音频振荡器 B 由 IC 内部的 D_3、D_4 及电位器 R_P、电容器 C_4 组成；音频输出电路由电阻器 R_4 和 R_5、二极管 VD_6 和 VD_7、晶体管 V 及扬声器 BL 组成。

（二）电路的工作原理

交流 220 V 电压经 T 降压、$VD_1 \sim VD_4$ 整流及 C_1 滤波后，可为整机提供 9 V 工作电压。平时，两个音频振荡器均不工作，扬声器 BL 不发声。当客人按下门铃按钮 S 时，C_2 快速放电，两个音频振荡器同时工作，产生的音频信号经 VD_6、VD_7 混合后通过 V 放大，驱动 BL 发出"叮"声；当客人松开 S 时，C_2 快速充电，音频振荡器 A 停止工作，音频振荡器 B 产生的音频信号经 V 放大后，推动 BL 发出"咚"声。调整 R_3 和 R_P 的阻值，可改变"叮咚"声的音调。

三、电路的调试

（一）电路简介

图 6-15 所示的门铃是利用一块时基电路集成块和外围元件组成的，电路组成简单，耗电量较低。

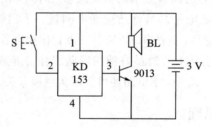

图 6-15　门铃的电路原理图

1. 采用音控式电路

采用音控式电路后，平时耗电少，在工作时又可保证门铃声音洪亮、清晰。

2. 工作原理

该电子门铃电路由对讲式门铃电路、音控式音频功放电路、自动应答留音控制电路及留言录音电路等组成。其中对讲式门铃电路由内储"叮咚，您好，请开门"的语音片和内储"欢迎光临"的语音片等组成的留言信号放大电路组成。

（二）元件的选择和检测

（1）音乐集成电路 KD-153H，可用替代法在已装好的电子门铃上检测，也可用 KD-9300 型的其他音乐集成电路代替，可制成音乐电子门铃。

（2）S 选用门铃用动合口按钮，可用万用表欧姆挡检测它的通断情况。按下时接通，松开后开关断开。

（3）BL 采用 $\phi55$ mm 或 $\phi65$ mm、阻抗 8 Ω、功率 25 W 的永磁扬声器。可用万用表 $R \times 1$ 挡检测，当两只表笔分别碰触扬声器两个接线片时，扬声器将发出"喀喀"声。

（4）$R_1 \sim R_5$ 选用 $(1/4)$ W 金属膜电阻器或碳膜电阻器，R_P 选用微型可变电阻器。利用万用表检测电阻的性能。

（5）C_1 和 C_2 均选用耐压值为 16 V 的铝电解电容器，C_3 和 C_4 选用涤纶电容器或独石电容器，利用万用表测量电容的性能。

（6）$VD_1 \sim VD_4$ 选用 1N4001 或 1N4007 型硅整流二极管，$VD_5 \sim VD_7$ 均选用 1N4148 型硅开关二极管，利用万用表测量二极管的性能。

（7）V 选用 S9013 或 C8050 型硅 NPN 晶体管，利用万用表测量三极管的极性和放大倍数。

（三）焊接电路

（1）将所用导线、三极管引脚、扬声器接线片用小刀刮亮后镀锡。

（2）将三极管按电路板上的标志插入小孔，用电烙铁焊好。为防止电烙铁外壳感应带电损坏集成电路，电烙铁外壳应妥善接地或在电烙铁烧热后，拔下电源插头后趁热焊接。焊接时间要短，焊点要小而圆。注意防止相邻焊点相碰而发生短路。

（3）焊接扬声器。将两根短导线一端焊在扬声器接线片上，另一端分别焊在印刷板的 1、3 两端；接上由两节电池组成的电源，注意正负极；按一下按钮开关，扬声器将发出三声悦耳、响亮的"叮咚"声。

（4）焊接电源引线。红线焊在 1 端，黑线焊在 4 端，红黑导线的另一端分别接在电池组正负极上。

（5）焊接按钮开关。导线采用多股软线，长度应视安装门铃的实际情况而定，但不可过长。注意：焊接多股导线时，应将多股细线拧在一起焊接；2 根导线分别焊在印刷板 1、2 两端，另一端分别接在按钮开关上。

（四）检验和试听

焊接完毕后应逐个检查各焊点的焊接情况。不应有假焊和虚焊，各焊点应小，防止相邻焊点短路。尤其印刷板 1 端同时焊有 3 根引线，不易焊好。可请同学帮助，将 3 根导线镀锡后并在一起，同时焊在 1 端上。用万用表 $R \times 1$ k 挡测量两根电源线间的电阻，应在几千欧左右，不可为零（若为零，电路中有短路的地方）。

（五）用音乐集成电路制作报警器

在电子门铃的基础上，增加少量元件，就可以制成自动报警器。我们知道，在上面的门铃电路中，当按下开关时，电路板上的 2 端和 1 端接通，音乐集成电路被触发而发声。如果去掉开关，而用其他方法去触发电路，就可以制成自动报警器。

利用传感器可以自动触发音乐集成电路。传感器可以把周围环境中"非电量"的变化，如亮度变化、温度变化、水位变化等转化为电路的通断，所以利用不同的传感器可以在不同的环境变化时触发音乐集成电路而报警。

四、总结

本电子门铃从另一个角度扩展了电子门铃的功能，而且系统电路简单，运行稳定。如果要记录大量的来访信息，只需要更换同系列且容量更大的存储芯片，并在软件上对存储信息的相关起始地址作简单的修改即可。

任务三　温度检测电路的设计与装调

温度检测在自动控制系统电路设计中的使用是相当广泛的。系统往往需要对控制系统内部以及外部环境的温度进行检测，并根据温度条件的变化进行必要的处理，如补偿某些参数、实现某种控制和处理、进行超温报警等。因此，对所监控环境温度进行精确检测是非常必要的，尤其是一些对温度检测精度要求很高的控制系统。

良好的设计可以准确地提取系统的真实温度，为系统的其他控制提供参考，而相对不完善的电路设计则会给系统留下极大的安全隐患，对系统的正常工作产生非常不利的影响。本任务结合实践经验给出两种在实际应用中验证过的设计方案。

一、电路方框图

数字温度计的电路原理系统方框图如图 6-16 所示。

图 6-16　电路原理方框图

由图 6-16 可看出，通过温度传感器采集到温度信号，经过放大电路送到 A/D 转换器，然后通过译码器驱动数码管显示温度。温度采集可选用 LM35 温度传感器，因为其校准方式简单，使用温度范围适中。A/D 转换和译码可选用 ICL7107 芯片，因为它集模/数转换与译码器于一体，外围电路简单，易于焊接，而且抗干扰能力强。

二、单元电路设计和器件选择

（一）温度采集电路设计

1. 工作原理

传感器电路采用的核心部件是 LM35 AH，供电电压为直流 15 V 时，工作电流为 120 mA，功耗极低；在全温度范围工作时，电流变化很小。LM35 AH 具有很高的工作精度和较宽的线性工作范围，该器件输出电压与摄氏温度成线性关系。0℃时输出为 0 V，每升高 1℃，输出电压增加 10 mV。因而从使用角度来说，LM35 AH 与用开尔文标准的线性温度传感器相比更有优越之处，LM35 AH 无需外部校准或微调，可以提供±1/4℃的常用室温精度。

LM35 AH 具有以下特点：

（1）工作电压：直流 4～30 V；

（2）工作电流：小于 133 μA；

（3）输出电压：+6～−1.0 V；

（4）输出阻抗：1 mA 负载时，阻抗为 0.1 Ω；

（5）精度：0.5℃精度（在+25℃时）；

（6）漏泄电流：小于 60 μA；

（7）比例因数：线性+10.0 mV/℃；

（8）非线性值：$\pm 1/4$℃；

（9）校准方式：直接用摄氏温度计校准；

（10）封装：密封 TO - 46 晶体管封装或塑料 TO - 92 晶体管封装；

（11）使用温度范围：$-55 \sim +150$℃额定范围。

OP - 07 芯片是一种低噪声、非斩波稳零的单运算放大器集成电路。由于 OP - 07 具有非常低的输入失调电压，所以在很多应用场合不需要额外的调零措施。OP - 07 同时具有输入偏置电流低（OP - 07A 为 ± 2 nA）和开环增益高（对于 OP - 07A 为 300 V/mV）的特点，这种低失调、高开环增益的特性使得 OP - 07 特别适用于高增益的测量设备和放大传感器的微弱信号等方面。

2. 内部电路框图及引脚功能

LM35 AH 的引脚功能如图 6 - 17 所示。

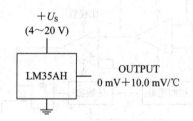

图 6 - 17　LM35 AH 的引脚功能图

OP - 07 芯片引脚功能说明：1 和 8 为偏置平衡（调零端），2 为反向输入端，3 为正向输入端，4 接地，5 空脚，6 为输出，7 接电源＋，引脚如图 6 - 18 所示。

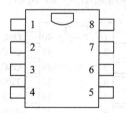

图 6 - 18　OP - 07 引脚图

3. 温度采集电路

温度采集电路如图 6 - 19 所示。

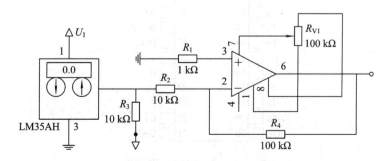

图 6 - 19　温度采集电路

（二）A/D 转换以及数码管驱动电路的设计

1. 工作原理

ICL7107 是高性能、低功耗的三位半 A/D 转换器，同时包含七段译码器、显示驱动器、参考源和时钟系统。ICL7107 可直接驱动共阳极 LED 数码管，将高精度、通用性和真正的低成本很好地结合在了一起。它有低于 $10~\mu F$ 的自动校零功能，零漂小于 $1~\mu V/℃$，输入电流低于 10 pA，极性转换误差小于一个字。

真正的差动输入和差动参考源在各种系统中都很有用。在用于测量负载单元、压力硅管和其他桥式传感器时会有更突出的特点。ICL7107 转化器原理如图 6-20 所示。

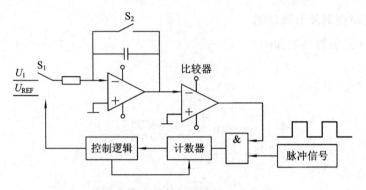

图 6-20　ICL7107 转化原理图

2. 引脚排列

ICL7107 A/D 转换器的引脚排列如图 6-21 所示。

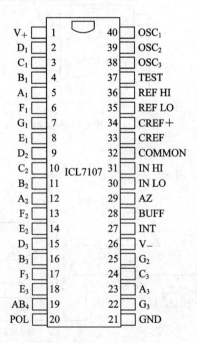

V_+	1	40	OSC_1
D_1	2	39	OSC_2
C_1	3	38	OSC_3
B_1	4	37	TEST
A_1	5	36	REF HI
F_1	6	35	REF LO
G_1	7	34	CREF+
E_1	8	33	CREF
D_2	9	32	COMMON
C_2	10	31	IN HI
B_2	11	30	IN LO
A_2	12	29	AZ
F_2	13	28	BUFF
E_2	14	27	INT
D_3	15	26	V_-
B_3	16	25	G_2
F_3	17	24	C_3
E_3	18	23	A_3
AB_4	19	22	G_3
POL	20	21	GND

（中间标注：ICL7107）

图 6-21　ICL7107 引脚排列

（三）温度显示电路的设计

数码管可以分为共阳极与共阴极两种。在本次设计中，由于 ICL7107 只能驱动共阳极数码管，故选用共阳极七段数码管。在连接数码管时，要注意数码管各个引脚，而且在引脚之前要接上电阻，以免烧坏芯片和数码管。图 6-22 为共阳极数码管的内部结构。

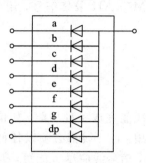

图 6-22 共阳极数码管内部结构

三、整机电路及其工作原理介绍

整机电路的原理如图 6-23 所示。

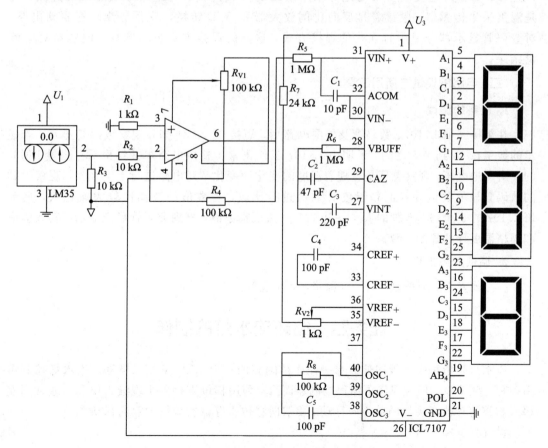

图 6-23 整机电路原理图

通过温度传感器 LM35 AH 采集到温度信号，经过放大电路送到 A/D 转换器，然后通过译码器驱动数码管显示温度。ICL7107 集 A/D 转换和译码器于一体，可以直接驱动数码管，省去了译码器的接线，使电路精简了不少，而且成本也不是很高。ICL7107 只需要很少的外部元件就可以精确测量 0～200 mV 的电压，且 LM35 AH 本身就可以将温度线性转换成电压输出。因此，采用 LM35 AH 采集信号，用 ICL7107 驱动数码管实现信号的显示。

四、电路的组装调试

（一）合理布局

在制作电路的过程中，信号线能完成各种功能，如信号输入、反馈、输出以及提供基准信号等。因此，对于不同的应用，信号线都必须以各种方式进行优化。但是，有一个公认的准则就是在所有模拟电路中，信号线应尽可能短，因为信号线越长，电路中的感应和电容耦合就越多，这是不希望看到的。所以此电路的布线应采用最短的直线距离，以减少产生的干扰和损耗。

此电路有数字部分和模拟部分，对数字电路部分的布局也应尽量以最短的距离进行连接；对不可避免要交叉的地方采用跳线的方式连接；电路以方框的布局连接，先是温度采集传感器，紧接着是反向比例放大器和 A/D 转换，最后是数码管驱动电路。对数码管显示部分采用直立式的焊接方式，这样的焊接方式虽然麻烦，但容易观察测量结果。

（二）电路的调试与所用工具

1. 电路的调试

在焊接完 ICL7107、数码管及外围电路后，短接 30 和 31 脚并观察数码管显示，若显示的数字在 95 到 105 之间，说明 ICL7107 工作正常。整机电路焊接结束后，测量 LM35 的 2 脚对地电压，观察电压是否随着温度的变化而变化。对电路进行上电观察，观察得到的数码管显示数值并和酒精温度计数值进行比较，若数值的波动比较大而且快，调节 ICL7107 的 35 脚和 36 脚的 R_9，一边调节一边观察数值，直到数码管稳定显示，其数值应和酒精温度计的显示一致。

2. 调试所用工具

一字螺丝刀，酒精温度计，电源箱，万用表等。

任务四　循环流水灯的制作

流水灯是指按一定规律像流水一样连续闪亮的一串 LED 发光二极管。流水灯控制可用多种方法实现，但对现代可编程控制器而言，利用移位寄存器实现最为便利。通常用左移或右移寄存器实现灯的单方向移动，用双向移位寄存器实现灯的双向移动。

设计任务和要求：

（1）电路开启后，8 个流水彩灯能够自动循环点亮。

（2）流水彩灯循环显示，并且频率为 1 s。

一、循环流水灯的逻辑电路设计

(一)设计方案

如图 6-24 所示,本方案主要利用 74LS194D 的双向移位功能和置数功能,彩灯采用共阳极接法,触发信号采用 555 定时器 3 脚产生的 1 Hz 矩形波信号,通过开关控制其全亮或全灭以及左移或右移来满足设计要求。

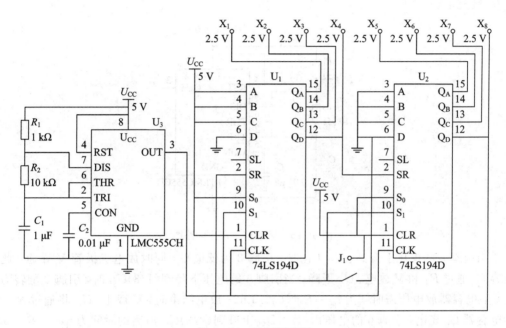

图 6-24 彩灯原理图

(二)循环流水灯组成框图

根据设计任务和功能要求,循环流水灯应该由脉冲源、控制电路、复位/置数电路和显示电路等几部分组成,其原理如图 6-25 所示。

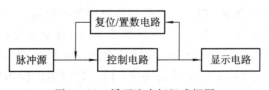

图 6-25 循环流水灯组成框图

其中,由振荡器构成 1 Hz 信号发生器,由移位寄存器控制彩灯的左移和右移循环系统及全亮控制电路。1 Hz 信号送入移位寄存器,并且将此时移位寄存器的并行输出状态通过发光二极管显示出来,这就是显示电路。移位寄存器本身具有清零和置数功能,可通过反馈来实现左循环和右循环功能,这就构成了复位/置数电路。

二、流水灯的各部分电路设计

（一）脉冲信号产生电路

1. 1 Hz 脉冲信号发生器的设计原理图

脉冲信号发生器的设计原理如图 6-26 所示，其中 R_1 为 1 kΩ 的电阻，R_2 为 10 kΩ 的电阻，C_1 为 1 μF、C_2 为 0.01 μF 的电容，U_{cc} 为 +5 V 电源，GND 接地。接通电源后，电容 C_1 被充电。

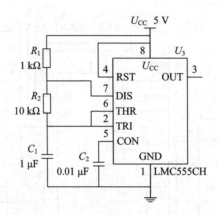

图 6-26　脉冲信号产生电路图

当引脚 6 的电压上升到 $(2/3)U_{cc}$ 时，引脚 3 为低电平，同时放电三极管 V 导通，此时电容 C_1 通过 R_2 和 V 放电，U_0 下降；当引脚 6 的电压下降到 $(1/3)U_{cc}$ 时，引脚 3 翻转为高电平，电容器放电所需时间为 $t_{pL} = R_2 \times C_1 \times Ln2$；放电结束时，V 截止，$U_{cc}$ 将通过 R_1、R_2 的电容器 C_1 充电，引脚 6 的电压由 $(1/3)U_{cc}$ 上升到 $(2/3)U_{cc}$ 所需的时间为 $t_{pH} = (R_1 + R_2)$ $C_1 \times Ln2$；当引脚 6 的电压上升到 $(2/3)U_{cc}$ 时，电路又翻转为低电平。如此周而复始，在电路的输出端就可以得到一个周期性的矩形波。

2. 555 定时器的功能及工作原理

1）555 定时器的功能介绍

555 定时器是一种模拟和数字功能相结合的中规模集成器件，因其输出可与 TTL、CMOS 或者模拟电路电容兼容，故 555 定时器的电压范围较宽，可在 4.5～16 V 的电压下工作，输出驱动电流约为 200 mA。555 定时器成本低，性能可靠，只需要外接几个电阻、电容，就可以实现多谐振荡器、单稳态触发器及施密特触发器等脉冲产生与变换电路。

555 定时器的功能主要由两个比较器决定，两个比较器的输出电压控制 RS 触发器和放电管状态。如图 6-26 所示，电源与地之间加上电压，当 5 脚悬空时，则电压比较器 C_1 的同相输入端的电压为 $(2/3)U_{cc}$，C_2 的反相输入端电压为 $(1/3)U_{cc}$。若触发输入端 TR 的电压小于 $(1/3)U_{cc}$，则比较器 C_2 的输出为 0，可使 RS 触发器置 1，使其输出 OUT=1；如果阈值的输入端 THR 的电压大于 $(2/3)U_{cc}$，同时 TRI 端的电压大于 $(1/3)U_{cc}$，则 C_1 的输出为 0，C_2 的输出为 1，可使 RS 触发器置 0，使输出为 0 电平。

2）555 定时器的工作原理

555 定时器有两个电压比较器，一个基本 RS 触发器，一个放电开关 T。比较器的参考电压由三个 5 kΩ 的电阻器构成分压，分别可使高电平比较器 C_1 的同相比较端和低电平比较器 C_2 的反相输入端的参考电平为 $(2/3)U_{CC}$ 和 $(1/3)U_{CC}$。C_1 和 C_2 的输出端控制 RS 触发器状态和放电管开关状态。当输入信号超过 $(2/3)U_{CC}$ 时，触发器复位，555 的输出端 3 脚输出低电平，同时放电，开关管导通；当输入信号自 2 脚输入并低于 $(1/3)U_{CC}$ 时，触发器置位，555 的 3 脚输出高电平，同时放电，开关管截止。

$\overline{R}_D$ 是复位端，当其为 0 时，555 输出低电平。平时该端开路或接 U_{CC}。

U_{CON} 是控制电压端（5 脚），平时输出 $2/3U_{CC}$ 作为比较器 A_1 的参考电平。在不接外加电压时，通常接一个 $0.01~\mu F$ 的电容器到地，起滤波作用，消除外来的干扰，确保参考电平的稳定。若引脚 5 外接一个输入电压，将改变比较器的参考电平。

T 为放电管，当 T 导通时，将给接于 7 脚的电容器提供低阻放电电路。

（二）显示电路

显示电路如图 6-27 所示，四个发光二极管的阳极同时接高电平，阴极通过 22 Ω 的电阻分别与移位寄存器的 Q_0、Q_1、Q_2、Q_3 相连。当移位寄存器对应的输出端输出为高电平时，与之对应的二极管点亮，反之则熄灭。通过移位寄存器输出的高低电平，就可以控制发光二极管的点亮和熄灭。

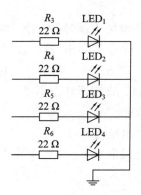

图 6-27　循环彩灯显示电路

（三）移位控制电路

1. 74LS194D 引脚图及功能介绍

74LS194D 引脚如图 6-28 所示。

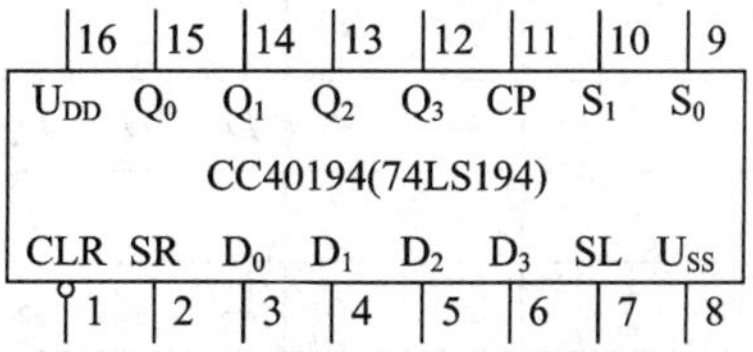

图 6-28　74LS194D 的引脚图

图 6-28 中：$D_0 \sim D_3$ 为并行输入端，$Q_0 \sim Q_3$ 为并行输出端；SR、SL 为右移、左移串行输入端；CLR 为清零端；S_1、S_0 为方式控制。

表 6 - 2　74LS194D 的功能表

功能	输入										输出			
	CLR	S_1	S_0	CP	SL	SR	D_0	D_1	D_2	D_3	Q_0^{n+1}	Q_1^{n+1}	Q_2^{n+1}	Q_3^{n+1}
清除	0	×	×	×	×	×	×	×	×	×	0	0	0	0
保持	1	×	×	×	×	×	×	×	×	×	保持			
	1	0	0	↑	×	×	×	×	×	×				
送数	1	1	1	↑	×	×	D_0	D_1	D_2	D_3	D_0	D_1	D_2	D_3
右移	1	0	1	↑	×	1	×	×	×	×	1	Q_0^n	Q_1^n	Q_2^n
	1	0	1	↑	×	0	×	×	×	×	0	Q_0^n	Q_1^n	Q_2^n
左移	1	1	0	↑	1	×	×	×	×	×	Q_1^n	Q_2^n	Q_3^n	1
	1	1	0	↑	0	×	×	×	×	×	Q_1^n	Q_2^n	Q_3^n	0

如表 6 - 2 所示，74LS194D 是集成移位寄存器，是四位可逆、可并行预置的移位寄存器。由功能表可知，74LS194D 具有异步清零作用，输入端输入低电平信号，四个输出端都立即变成"0"。在异步清零无效时，工作方式输入端 S_1、S_0 的电平决定 74LS194D 的工作方式。S_1、S_0 的工作模式如下：

$S_1 S_0 = 11$ 时，并行预置数，在时钟上调时刻，并行输入数据 $D_3 D_2 D_1 D_0$ 预置到并行输出端；$S_1 S_0 = 10$ 时，左移寄存，左移输入端 SL 输入数据寄存到 Q_0，各位数据向高位移动；$S_1 S_0 = 01$ 时，右移寄存，右移输入端 SR 输入数据寄存到 Q_3，各位数据向低位移动；$S_1 S_0 = 00$ 时，寄存器处于保持工作方式，寄存器状态不变。

74LS194D 的芯片具有下述性能：

（1）具有 4 位串入、并入与并出结构。

（2）脉冲上升沿触发，可完成同步并入、串入左移位、右移位和保持等四种功能。

（3）有直接清零端 CLR。

2. 熟悉各引脚的功能

完成芯片的接线，测试 74LS194D 的功能，并将结果填入表 6 - 3 中。

表 6 - 3　引 脚 功 能

CLR	S_1	S_0	CP	SR	SL	D_0	D_1	D_2	D_3	Q_0	Q_1	Q_2	Q_3
0	×	×	×	×	×	×	×	×	×				
1	×	×	0	×	×	×	×	×	×				
1	1	1	5	×	×	D_0	D_1	D_2	D_3				
1	0	1	5	1	×	×	×	×	×				
1	0	1	5	0	×	×	×	×	×				
1	1	0	5	×	1	×	×	×	×				
1	1	0	5	×	0	×	×	×	×				
1	0	0	×	×	×	×	×	×	×				

（四）移位寄存器的应用

1. 74LS194D 芯片构成的 8 位移位寄存器

用两片 74LS194D 芯片构成的 8 位移位寄位器电路如图 6-29 所示。

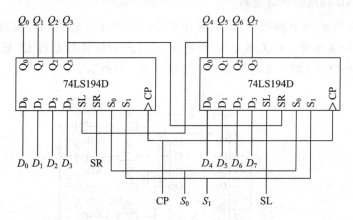

图 6-29　8 位移位寄存器

2. 74LS194D 芯片构成的 8 位串行-并行转换电路

图 6-30 中，74LS194D(1)、(2)和 DFF 实现 8 位串行-并行转换，74LS194D(3)、(4)作为数据寄存。

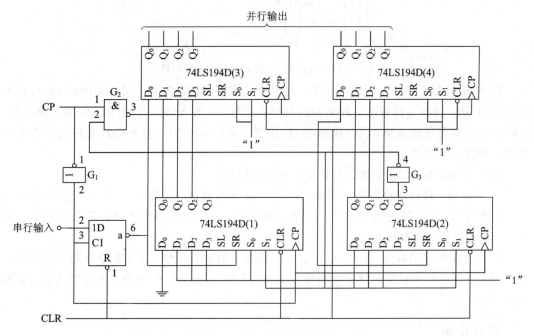

图 6-30　8 位串行-并行转换电路

电路的输出 $Q_0 \sim Q_7$ 接 8 位发光二极管显示状态。

选择下列几组串行数码输入，观察并记录电路的输出状态：

(1) 10011，0011。

（2）00011，1011。

（3）11101，1010。

（4）10101，1000。

3. 74LS194D 构成的循环电路

如图 6-31 所示，CP 脚接 1 Hz 的脉冲信号，CLR 接高电平，D_0 接低电平，D_1、D_2、D_3 接高电平。接通电源，开关 S_1、S_2 均断开，74LS194D 置数使得 Q_0 输出低电平，Q_1、Q_2、Q_3 均输出高电平，第一个灯发光，其余均熄灭。分析如下：

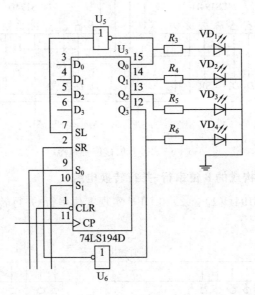

图 6-31　74LS194D 构成的四位循环彩灯

若 S_1 输入低电平，S_0 输入高电平，此时移位寄存器进行右移，同时输出端 Q_3 接到右移输入端 SR，这样使得每隔一秒从左到右换一个灯亮；若 S_1 输入高电平，S_0 输入低电平，此时移位寄存器进行左移，同时输出端 Q_1 接到左移输入端 SL，这样循环使得灯从右到左每隔一秒换一个灯亮。

如图 6-32 所示，接通电源后，有以下两种情况：

S_2 闭合时，移位寄存器进行清零，所有的输出为低电平，此时 8 个二极管全亮；S_2、S_3、S_4 断开时，移位寄存器具有置数功能，此时芯片的 Q_0 输出低电平，其余均输出高电平，所以只有第一个灯被点亮。

在上述置数的基础上，若将 S_3 闭合、S_4 断开，则进行移位，其工作原理与 4 位循环彩灯类似，可以进行 8 位流水灯右移循环。同理，若将 S_3 断开、S_4 闭合，也可使其进行右移位循环。

三、总体电路

将前面所述的单元电路进行组装即可得到如图 6-33 所示的总电路，555 定时器构成频率为 1 Hz 的脉冲源，为系统提供脉冲信号。2 片 74LS194D 构成 8 位循环电路。

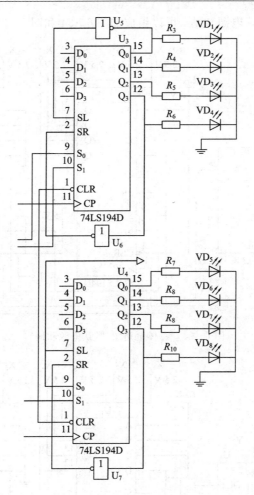

图 6 - 32 8 彩灯循环电路

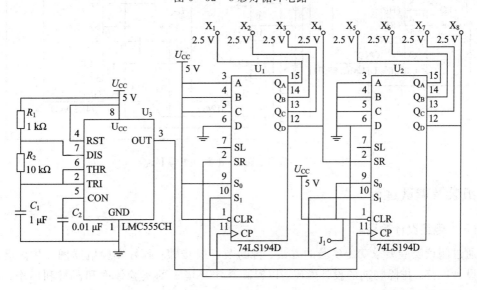

图 6 - 33 总体电路图

根据总电路是否默认电源和地，可以组成如图 6-34 和图 6-35 所示的两种电路形式。

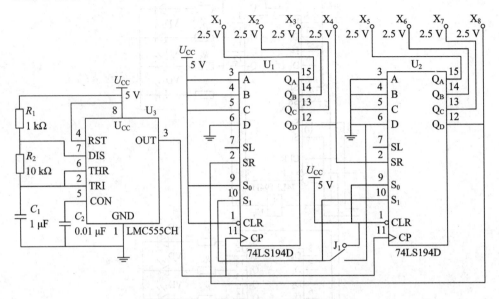

图 6-34   总体电路图（默认电源和地）

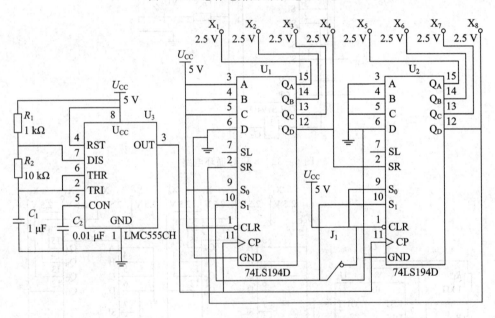

图 6-35   总体电路图（不默认电源和地）

四、组装及调试过程

（一）电路设计前期

通过阅读实验要求确定实验的方法、目的及一般步骤；画好实验电路图，并在模拟环境下设计电路，排除初期的设计障碍，以提高真实环境下的实验效率和器材利用率；准备并检查实验器材。

（二）电路设计中期

依照电路图，在实验室完成器件的连接。在连接过程中要注意短路、断路等故障，注意电路排布的整齐和美观，这样有助于电路的故障排查。

本电路在调试过程中，发现很多问题，如发光二极管不亮，不能左移和右移，不能循环，甚至不能置数等问题。经过检查之后发现，芯片引脚电压不正常，可能是芯片已损坏。通过讨论，决定更换新的芯片，再重新接线。经过认真检查，最终调试成功，彩灯能够顺利地进行右移循环功能。

1. 接线过程中的注意事项

（1）线一定要插好；

（2）仔细核对引脚图，不能出现接错引脚的情况；

（3）芯片接线时要先接好电源和地，再接其他引脚，避免出错。

2. 调试过程中的相关技巧

（1）在连接电路之前先检查导线是否完好，否则出现问题时很难分辨出到底是哪部分电路出现问题；

（2）调试过程中可在脉冲输出端接一个发光二极管，可以很直接判定脉冲是否正常，可以节省很多时间；

（3）出现问题时，不要急着拆线。要先分析出哪里出错，用万用表检查电路连接是否正确，不能盲目组装。

习　　题

6-1　什么是时序逻辑？其主要应用是什么？

6-2　串行输入序列脉冲检测电路的设计要求是什么？

6-3　设计同步时序逻辑电路的一般步骤是什么？

6-4　什么是电子门铃？常用的电子门铃有哪几种？

6-5　绘制"叮咚"门铃电路的原理图，并简述其工作原理。

6-6　无按钮音乐门铃有哪几种？简述其工作原理。

6-7　绘制数字温度计电路原理系统方框图，并简述其运行过程。

6-8　绘制温度采集电路的原理图。

6-9　什么是 OP-07 芯片？它有什么特点？

6-10　简述循环流水灯的组成部分，并绘制其原理框图。

6-11　绘制 74LS194D 构成的四位循环彩灯原理图。

6-12　简述流水灯组装接线过程中的注意事项。

参 考 文 献

[1]　陈继荣. 智能电子创新制作[M]. 北京：科学出版社，2007.

[2]　吴友宇. 模拟电子技术基础[M]. 北京：清华大学出版社，2008.

[3]　康华光. 电子技术基础[M]. 北京：高等教育出版社，2006.

[4]　秦曾煌. 电子技术[M]. 北京：高等教育出版社，2014.

[5]　伍时和. 数字电子技术基础[M]. 北京：清华大学出版社，2009.

[6]　江晓安. 数字电子技术[M]. 3 版. 西安：西安电子科技大学出版社，2012.

[7]　曹国清. 数字电路与逻辑设计[D]. 徐州：中国矿业大学，2003.

[8]　华沙，康广荃. 电子技术课程设计[M]. 北京：机械工业出版社，2008.

[9]　阎石. 数字电子技术基础[M]. 4 版. 北京：高等教育出版社，1998.